广 联 达 **BIM** 造 价 实 训 系 列 教 程

BIM 建筑工程
计量与计价实训（陕西版）

BIM Jianzhu Gongcheng
Jiliang yu Jijia Shixun

主　编　惠雅莉

副主编　张玲玲　党　斌　王　龙

参　编　李琴

重庆大学出版社

内容简介

本书分建筑工程计量和建筑工程计价上、下两篇。上篇建筑工程计量详细介绍了如何识图,如何从清单定额和平法图集角度进行分析,确定算什么,如何算的问题;讲解了如何应用广联达 BIM 土建计量平台 GTJ2018 软件完成工程量的计算。下篇建筑工程计价主要介绍了如何运用广联达云计价平台 GCCP5.0 完成工程量清单计价的全过程,并提供了报表实例。通过本书的学习,可以让学生掌握正确的算量流程和组价流程,掌握软件的应用方法,能够独立完成工程量计算和清单计价。

本书可作为高校工程造价专业的实训教材,也可以作为建筑工程技术、工程管理等专业的教学参考用书以及岗位技能培训教材或自学用书。

图书在版编目(CIP)数据

BIM 建筑工程计量与计价实训:陕西版/惠雅莉主编.--重庆:重庆大学出版社,2020.11

广联达 BIM 造价实训系列教程

ISBN 978-7-5689-2455-9

Ⅰ.①B… Ⅱ.①惠… Ⅲ.①建筑工程—计量—教材
②建筑造价—教材 Ⅳ.①TU723.32

中国版本图书馆 CIP 数据核字(2020)第 191570 号

BIM 建筑工程计量与计价实训

(陕西版)

主 编 惠雅莉

副主编 张玲玲 党 斌 王 龙

策划编辑:林青山 刘颖果

责任编辑:刘颖果 版式设计:林青山

责任校对:刘志刚 责任印制:赵 晟

*

重庆大学出版社出版发行

出版人:饶帮华

社址:重庆市沙坪坝区大学城西路 21 号

邮编:401331

电话:(023)88617190 88617185(中小学)

传真:(023)88617186 88617166

网址:http://www.cqup.com.cn

邮箱:fxk@ cqup.com.cn(营销中心)

全国新华书店经销

重庆升光电力印务有限公司印刷

*

开本:787mm×1092mm 1/16 印张:24.5 字数:613 千

2020 年 11 月第 1 版 2020 年 11 月第 1 次印刷

印数:1—2 000

ISBN 978-7-5689-2455-9 定价:59.00 元

出版说明

随着科学技术日新月异的发展,近两年"云、大、移、智"等技术深刻影响着社会的方方面面,数字建筑时代悄然到来。建筑业传统建造模式已不再符合可持续发展的要求,迫切需要利用以信息技术为代表的现代科技手段,实现中国建筑产业转型升级与跨越式发展。在国家政策倡导下,积极探索基于信息化技术的现代建筑业的新材料、新工艺、新技术发展模式已成大势所趋。中国建筑产业转型升级就是以互联化、集成化、数据化、智能化的信息化手段为有效支撑,通过技术创新与管理创新,带动企业与人员能力的提升,最终实现建造过程、运营过程、建筑及基础设施产品三方面的升级。数字建筑集成了人员、流程、数据、技术和业务系统,管理建筑物从规划、设计开始到施工、运维的全生命周期。数字时代,建筑将呈现数字化、在线化、智能化的"三化"新特性,建筑全生命周期也呈现出全过程、全要素、全参与方的"三全"新特征。

在工程造价领域,住房和城乡建设部于 2017 年发布《工程造价事业发展"十三五"规划》,提出要加强对市场价格信息、造价指标指数、工程案例信息等各类型、各专业造价信息的综合开发利用;提出利用"云 + 大数据"技术丰富多元化信息服务种类,培育全过程工程咨询,建立健全合作机制,促进多元化平台良性发展;提出大力推进 BIM 技术在工程造价事业中的应用,大力发展以 BIM、大数据、云计算为代表的先进技术,从而提升信息服务能力,构建信息服务体系。造价改革顶层设计为工程造价领域指出了以数据为核心的发展方向,也为数字化指明了方向。

行业深刻变革的背后,需要新型人才。为了顺应新时代、新建筑、新教育的趋势,广联达科技股份有限公司(以下简称"广联达公司")再次联合国内各大建筑相关院校,组织编写新版《广联达 BIM 造价实训系列教程》,以帮助院校培养建筑行业的新型人才。新版教材编制框架分为 7 个部分,具体如下:

①图纸分析:解决识图的问题。

②业务分析:从清单、定额两个方面进行分析,解决本工程要算什么以及如何算的问题。

③如何应用软件进行计算。

④本阶段的实战任务。

⑤工程实战分析。

⑥练习与思考。

⑦知识拓展。

新版教材、配套资源以及授课模式讲解如下:

1.系列教材及配套资源

本系列教材包含案例图集《1 号办公楼施工图(含土建和安装)》和分地区版的《BIM 建筑工程计量与计价实训》。为了方便教师开展教学,与目前新清单、新定额、16G 平法相配套,切实提高教学质量,按照新的内容全面更新实训教学配套资源,具体教学资源如下:

①BIM 建筑工程计量与计价实训教学指南。

②BIM 建筑工程计量与计价实训授课 PPT。

③BIM 建筑工程计量与计价实训教学参考视频。

④BIM 建筑工程计量与计价实训阶段参考答案。

2.教学软件

①广联达 BIM 土建计量平台 GTJ 2018。

②广联达云计价平台 GCCP5.0。

③广联达测评认证考试平台:学生提交土建工程/计价工程成果后自动评分,出具评分报告,并自动汇总全班成绩,教师可快速掌握学生作答提交的数据和学习情况。

以上所列除教材以外的资料,由广联达公司以课程的方式提供。

3.教学授课模式

在授课方式上,建议老师采用"团建八步教学法"模式进行教学,充分合理、有效利用教学资料包的所有内容,高效完成教学任务,提升课堂教学效果。

何为团建? 团建就是将班级学生按照成绩优劣等情况合理地搭配并分成若干组,有效地形成若干团队,形成共同学习、相互帮助的小团队。同时,老师引导各个团队形成不同的班级管理职能小组(学习小组、纪律小组、服务小组、娱乐小组等)。授课时,老师组织引导各职能小组发挥作用,帮助老师有效管理课堂和自主组织学习。本授课方法主要以组建团队为主导,以团建形式培养学生自我组织学习、自我管理的能力,形成团队意识、竞争意识。在实训过程中,所有学生以小组团队身份出现。老师按照八步教学法的步骤,先对整个实训工程案例进行切片式阶段任务设计,每个阶段任务按照八步教学法合理贯穿实施。整个课程利用我们提供的教学资料包进行教学,备、教、练、考、评一体化课堂设计,老师主要扮演组织者、引导者的角色,学生作为实训学习的主体发挥主要作用,实训效果在学生身上得到充分体现。

八步教学法授课的操作流程如下：

第一步，明确任务：本堂课的任务是什么？该任务的前提条件是什么？确定该任务的计算范围（哪些项目需要计算，哪些项目不需要计算）。

第二步，识图与任务分析（结合案例图纸）：以团队的方式进行图纸及任务分析，找出各任务中涉及构件的关键参数及图纸说明，从定额、清单两个角度进行任务分析，确定算什么，如何算。

第三步，观看视频与上机演示：老师可以播放完整的案例操作及业务讲解视频，也可以根据需要自行上机演示操作，主要是明确本阶段软件应用的重要功能、操作上机的重点及难点。

第四步，任务实战：老师根据布置的任务，规定完成任务的时间；团队学生自己动手操作，配合老师的辅导，在规定时间内完成阶段任务。学生在规定时间内完成任务后，提交个人成果至考试平台自动评分，得出个人成绩；老师在考试平台直接查看学生的提交情况和成绩汇总。

第五步，组内对量：评分完毕后，团队学生根据每个人的成绩，在小组内利用对量软件进行对量，讨论完成对量问题，如找问题、查错误、优劣搭配、自我提升。老师要求每个小组最终出具一份能代表小组实力的结果文件。

第六步，小组PK：每个小组上交最终成果文件后，老师再次使用评分软件进行评分，测出各个小组的成绩优劣，通过小组成绩刺激小组的团队意识以及学习动力。

第七步，二次对量：老师下发标准答案，学生再次利用对量软件与标准答案进行结果对比，从而找出错误点并加以改正。

第八步，总结及拓展：学生小组及个人总结；老师针对本堂课的情况进行总结及知识拓展，最终共同完成本堂课的教学任务。

随着高校实训教学的深入开展，广联达教育事业部造价组联合全国建筑类高校资深专业教师，倾力打造完美的造价实训课堂。

本书由广联达公司张玲玲负责组织制订编写思路及大纲，陕西理工大学惠雅莉担任主编，广联达公司张玲玲、商洛学院党斌、陕西立信工程项目管理有限公司王龙担任副主编。

具体编写分工如下:陕西理工大学惠雅莉负责编写第 2—12 章,商洛学院党斌负责编写第 1.1—1.5 节、第 13 章,陕西立信工程项目管理有限公司王龙负责完成计价文件并负责编写第 14 章,陕西理工大学李琴负责编写第 1.6 节,广联达公司张玲玲负责绪论、附录的编写。

本系列教材在编写过程中,虽然经过反复斟酌和校对,但由于时间紧迫,编者能力有限,书中难免存在不足之处,诚望广大读者提出宝贵意见,以便再版时修改完善。

张玲玲

2019 年 7 月于北京

目录
CONTENTS

下篇　建筑工程计价

0 绪 论

1) BIM 给造价行业带来的优势

(1) 提高工程量的准确性

从理论上讲,从工程图纸上得出的工程量是一个唯一确定的数值,然而不同的造价人员由于受各自专业知识水平所限,他们对图纸的理解不同,最后会得到不同的数据。利用 BIM 技术计算工程量,主要是指运用三维图形算量软件中的建模法和数据导入法。建模法是在计算机软件中绘制建筑物基础、墙、柱、梁、板、楼梯等构件模型图,然后软件根据设置的清单和定额工程量计算规则,充分利用几何数学的原理自动计算工程量。计算时以楼层为单位,在计算机界面输入相关构件数据,建立整栋楼层基础、墙、柱、梁、板、楼梯等的建筑模型,根据建好的模型进行工程量计算。数据导入法是指将工程图纸的 CAD 电子文档直接导入三维图形算量软件,软件会智能识别工程设计图中的各种建筑结构构件,快速虚拟出仿真建筑,结合对构件属性的定义,以及对构件进行转化就能准确计算出工程量。这两种基于 BIM 技术计算工程量的方法,不仅可以减少造价人员对经验的依赖,同时还可以使工程量计算更加准确真实。BIM 的 5D 模型可以为整个项目各个时期的造价管理提供精确的数据支撑,同时可以通过模型获得施工各个时期甚至任意时间段的工程量,大大降低了造价人员的计算量,极大地提高了工程量的准确性。

(2) 提升工程结算效率

工程结算中一个比较麻烦的问题就是核对工程量。尤其是对单价合同,在单价确定的情况下,工程量对合同总价的影响甚大,因此核对工程量就显得尤为重要。钢筋、模板、混凝土、脚手架等在工程中被大量采用的材料,都是造价工程师核对工程量的重点,需要耗费大量的时间和精力。BIM 技术引入后,承包商利用 BIM 模型对该施工阶段的工程量进行一定的修改及深化,并将其包含在竣工资料里提交给业主,经过设计单位审核后,作为竣工图的一个最主要组成部分转交给咨询公司进行竣工结算,施工单位和咨询公司基于 BIM 模型导出的工程量是一致的。这就意味着承包商在提交竣工模型的同时也提交了工程量,设计单位在审核模型的同时就已经审核了工程量。也就是说,只要是项目参与人员,无论是咨询单位、设计单位,还是施工单位或业主,所有获得这个 BIM 模型的人,得到的工程量都是一样的,从而大大提高了工程结算的效率。

(3) 提高核心竞争力

造价人员是否会被 BIM 技术所取代呢? 其实不然,只要造价人员积极了解 BIM 技术给造价行业带来的变革,积极提升自身的能力,就不会被取代。

当然,如果造价人员的核心竞争力仅体现在对数字、计算等简单重复的工作,那么软件的高度自动化计算一定会取代造价人员。相反,如果造价人员能够掌握一些软件很难取代的知识,比如精通清单、定额、项目管理等知识,BIM 软件还将成为提高造价人员专业能力的好帮手。因此,BIM 技术的引入和普及发展,不过是淘汰专业技术能力差的从业人员。算量是基础,软件只是减少了工作强度,这样会让造价人员的工作不再局限于算量这一小部分,而是上升到对整个项目的全面管控,例如全过程造价管理、项目管理、精通合同、施工技术、法律法规等,掌握这些能显著提高造价人员核心竞争力的专业能力,将会为造价人员带来更好的职业发展。

2) BIM 在建设工程全过程造价管理中的应用

(1) BIM 在投资决策阶段的应用

投资决策阶段是建设项目最关键的一个阶段,据有关资料统计,它对项目工程造价的影响高达 70% ~ 90%。通过 BIM 技术,可以利用相关的造价信息以及 BIM 模型来比较精确地预估不可预见费用,减少风险,从而更加准确地确定投资估算。在进行多方案比选时,还可以通过 BIM 技术进行方案的造价对比,从而选择更合理的方案。

(2) BIM 在设计阶段的应用

设计阶段对整个项目工程造价管理有着十分重要的影响。在设计阶段使用的主要措施是限额设计,通过它可以对工程变更进行合理控制,确保总投资不增加。完成建设工程设计图纸后,将图纸内的构成要素通过 BIM 数据库与相应的造价信息相关联,从而实现限额设计的目标。

在设计交底和图纸审查时,通过 BIM 技术,可以将与图纸相关的各个内容汇总到 BIM 平台进行审核。利用 BIM 的可视化模拟功能进行建造模拟、碰撞检查,可以减少设计失误,降低因设计错误或设计冲突导致的返工费用,实现设计方案在经济和技术上的最优。

(3) BIM 在招投标阶段的应用

BIM 技术的推广与应用,极大地提高了招投标管理的精细化程度和管理水平。招标单位通过 BIM 模型可以准确计算出招标所需的工程量,编制招标文件,最大限度地减少施工阶段因工程量问题产生的纠纷。投标单位的商务标是基于较为准确的模型工程量清单制订的,同时可以利用 BIM 模型进一步完善施工组织设计,进行重大施工方案预演,做出较为优质的技术标,从而综合有效地制订本单位的投标策略,提高中标率。

(4) BIM 在施工阶段的应用

在进度款支付时,往往会因为数据难以统一而花费大量的时间和精力,利用 BIM 技术中的 5D 模型可以直观地反映不同建设时间点的工程量完成情况,并及时进行调整。BIM 还可以将招投标文件、工程量清单、进度审核预算等进行汇总,便于成本测算和工程款的支付。另外,利用 BIM 技术的虚拟碰撞检查,可以在施工前发现并解决图纸中的错、漏、碰、缺问题,有效地减少工程变更,从而有利于控制工程成本,加快工程进度。

(5) BIM 在竣工验收阶段的应用

传统模式下的竣工验收阶段,造价人员需要核对工程量,重新整理资料,计算细化到柱、梁,由于造价人员的经验水平和计算逻辑不尽相同,因此在对量过程中经常产生争议。

BIM 模型可将前几个阶段的量价信息进行汇总,真实完整地记录建设全过程发生的各项数据,提高工程结算效率并更好地控制建造成本。

3) BIM 对建设工程全过程造价管理模式带来的改变

（1）建设工程项目采购模式的选择变化

建设工程全过程造价管理作为建设工程项目管理的一部分，其能否顺利开展和实施与建设工程项目采购模式（承发包模式）是密切相关的。

目前，在我国建设工程领域应用最为广泛的采购模式是 DBB 模式，即设计—招标—施工模式。在 DBB 模式下应用 BIM 技术，虽然可为设计单位提供更好的设计软件和工具，增强设计效果，但是由于缺乏各阶段、各参与方之间的共同协作，BIM 技术作为信息共享平台的作用和价值将难以实现，BIM 技术在全过程造价管理中的应用价值将被大大削弱。

相对于 DBB 模式，在我国目前的建设工程市场环境下，DB 模式（设计—施工模式）更加有利于 BIM 的实施。在 DB 模式下，总承包商从项目开始到项目结束都承担着总的管理及协调工作，有利于 BIM 在全过程造价管理中的实施，但是该模式下也存在业主过于依赖总承包商的风险。

（2）工作方式的变化

传统的建设工程全过程造价管理是从建设工程项目投资决策开始，到竣工验收直至试运行投产为止，对所有的建设阶段进行全方位、全面的造价控制和管理，其工作方式多为业主主导，具体由一家造价咨询单位承担全过程的造价管理工作。这种工作方式能够有效避免多头管理，利于明确职责与风险，使全过程造价管理工作系统地开展与实施。但在这种工作方式下，项目参建各方无法有效融入造价管理全过程。

在基于 BIM 的全过程造价管理体系下，全过程造价管理工作不再只是造价咨询单位的职责，甚至不是由其承担主要职责。项目各参与方在早期便介入项目中，共同进行全过程造价管理，工作方式不再是传统的由造价咨询单位与各个参与方之间的"点对点"的形式，而是各个参与方之间的造价信息都聚集在 BIM 信息共享平台上，组成信息"面"。因此，工作方式变成造价咨询单位、各个项目参与方与 BIM 平台之间的"点对面"的形式，信息的交流从"点"升级为"面"，信息传递更为及时、准确，造价管理的工作效率也更高。

（3）组织架构的变化

传统的建设工程全过程造价管理的工作组织架构较为简单，负责全过程造价管理的造价咨询单位是组织架构中的主导，各参与方之间的造价管理人员配合造价咨询单位完成全过程造价管理工作。

在基于 BIM 的建设工程全过程造价管理体系下，各参与方最理想的组织架构应该是类似于集成项目交付（Integrated Project Delivery，IPD）模式下的组织架构，即由各参与方抽调具备基于 BIM 技术能力的造价管理人员，组建基于 BIM 的造价管理工作小组（该工作小组不再以造价咨询单位为主导，甚至可以不再需要造价咨询单位的参与）。这个基于 BIM 的造价管理工作小组以业主为主导，从建设工程项目投资决策阶段开始，到项目竣工验收直至试运行投产为止，贯穿建设工程的所有阶段，涉及所有项目参与方，承担建设工程全过程的造价管理工作。这种组织架构有利于 BIM 信息流的集成与共享，有利于各阶段之间、各参与方之间造价管理工作的协调与合作，有利于建设工程全过程造价管理工作的开展与实施。

国外大量成功的实践案例证明，只有找到适合 BIM 特点的项目采购模式、工作方式、组织架构，才能更好地发挥 BIM 的应用价值，才能更好地促进基于 BIM 的建设工程全过程造价管理体系的实施。

4)将 BIM 应用于建设工程全过程造价管理的障碍

（1）具备基于 BIM 的造价管理能力的专业人才缺乏

基于 BIM 的建设工程全过程造价管理,要求造价管理人员在早期便参与到建设工程项目中来,参与决策、设计、招投标、施工、竣工验收等全过程,从技术、经济的角度出发,在精通造价管理知识的基础上,熟知 BIM 应用技术,制订基于 BIM 的造价管理措施及方法,能够通过 BIM 进行各项造价管理工作的实施,与各参与方之间进行信息共享、组织协调等工作,这对造价管理人员的素质要求更为严格。显然,在我国目前的建筑业环境中,既懂 BIM,又精通造价管理的人才十分缺乏,这些都不利于我国 BIM 技术的应用及推广。

（2）基于 BIM 的建设工程全过程造价管理应用模式障碍

BIM 意味着一种全新的行业模式,而传统的工程承发包模式并不足以支持 BIM 的实施,因此需要一种新的适应 BIM 特征的建设工程项目承发包模式。目前应用最为广泛的 BIM 应用模式是集成产品开发(Integrated Product Development,IPD)模式,即把建设单位、设计单位、施工单位及材料设备供应商等集合在一起,各方基于 BIM 进行有效合作,优化建设工程的各个阶段,减少浪费,实现建设工程效益最大化,进而促进基于 BIM 的全过程造价管理的顺利实施。IPD 模式在建设工程中收到了很好的效果,然而即使在国外,也是通过长期的摸索,最终形成了相应的制度及合约模板,才使得 IPD 模式的推广应用成为可能。将 BIM 技术引入我国建筑业中,IPD 是一个很好的可供借鉴的应用模式,然而由于我国当前的建筑工程市场仍不成熟,相应的制度仍不完善,与国外的应用环境差别较大,因此 IPD 模式在我国的应用及推广也会面临很多问题。

上篇

建筑工程计量

1 算量基础知识

通过本章的学习,你将能够:
(1)掌握软件算量的基本原理;
(2)掌握软件算量的操作流程;
(3)掌握软件绘图学习的重点;
(4)能够正确识读建筑施工图和结构施工图。

1.1 软件算量的基本原理

通过本节的学习,你将能够:
掌握软件算量的基本原理。

建筑工程量计算是一项工作量大且繁重的工作,工程量计算的算量工具也随着信息化技术的发展,经历算盘、计算器、计算机表格、计算机建模几个阶段,如图1.1所示。现在我们采用的是通过建筑模型进行工程量的计算。

图1.1

目前建筑设计输出的图纸绝大多数采用二维设计,提供建筑的平、立、剖面图纸以及各结构构件的配筋图,对建筑物进行表达。而建模算量则是将建筑平、立、剖面图结合,建立建筑的空间模型。模型的正确建立可以准确地表达各类构件之间的空间位置关系,BIM土建算量软件则按计算规则计算各类构件的工程量,构件之间的扣减关系则根据模型由程序内置的扣减规则进行处理,从而准确计算出各类构件的工程量。为方便工程量的调用,将工程量以代码的方式提供,套用清单与定额时可以直接套用,如图1.2所示。

使用土建算量软件进行工程量计算,已经从手工计算的大量书写与计算转化为建立建筑模型。无论用手工算量还是软件算量,都有一个基本的要求,那就是知道算什么以及如何算。知道算什么,是做好算量工作的第一步,也就是业务关,手工算、软件算只是采用了不同的手段而已。

图1.2

软件算量的重点:一是快速地按照图纸的要求,建立建筑模型;二是将算出来的工程量和工程量清单及定额进行关联;三是掌握特殊构件的处理及灵活应用。

1.2　软件算量操作流程

通过本节的学习,你将能够:
描述软件算量的基本操作流程。

在进行实际工程的绘制和计算时,广联达 BIM 土建计量平台 GTJ 相对以往的图形算量软件 GCL 与钢筋算量软件 GGJ 来说,在操作上有很多相同的地方,但在流程上更加有逻辑性,也更简便,大体流程如图1.3所示。

图1.3

1)分析图纸

拿到图纸后应先分析图纸,熟悉工程建筑结构图纸说明,正确识读图纸。

2)新建工程/打开文件

启动软件后,会出现新建工程界面,单击鼠标左键即可,如果已有工程文件,单击打开文件即可,详细步骤见"2.1 节新建工程"部分内容。

3)工程设置

工程设置包括基本设置、土建设置和钢筋设置三大部分。在基本设置中可以进行工程信息和楼层设置;在土建设置中可以进行计算设置和计算规则设置;在钢筋设置中可以进行计算设置、比重设置、弯钩设置、损耗设置和弯曲调整值设置。

4)建立模型

建立模型有两种方式:第一种是通过 CAD 识别,第二种是通过手工绘制。CAD 识别包括识别构件和识别图元。手工绘制包括定义属性、套用做法及绘制图元。在建模过程中,可以通过建立轴网→建立构件→设置属性/做法套用→绘制构件完成建模。轴网的创建可以为整个模型的创建确定基准。建立的构件包括柱、墙、门窗洞、梁、板、楼梯、装修、土方、基础等。新创建出的构件需要设置属性,并进行做法套用,包括清单和定额项的套用。最后,在绘图区域将构件绘制到相应的位置即可完成建模。

5)云检查

模型绘制好后可以进行云检查,软件会从业务方面检查构件图元之间的逻辑关系。

6)汇总计算

云检查无误后,进行汇总计算,计算出钢筋和土建工程量。

7)查量

汇总计算后,查看钢筋和土建工程量,包括查看钢筋三维显示、钢筋及土建工程量的计算式。

8)查看报表

最后是查看报表,包括钢筋报表和土建报表。

【说明】

在进行构件绘制时,针对不同的结构类型,采用不同的绘制顺序,一般为:

● 剪力墙结构:剪力墙→门窗洞→暗柱/端柱→暗梁/连梁。

● 框架结构:柱→梁→板→砌体墙部分。

● 砖混结构:砖墙→门窗洞→构造柱→圈梁。

软件做工程的处理流程一般为:

● 先地上、后地下:首层→二层→三层→……→顶层→基础层。

● 先主体、后零星:柱→梁→板→基础→楼梯→零星构件。

1.3 软件绘图学习的重点——点、线、面的绘制

通过本节的学习,你将能够:

掌握软件绘图的重点。

GTJ2018 主要是通过绘图建立模型的方式来进行工程量的计算,构件图元的绘制是软件使用中的重要部分。对绘图方式的了解是学习软件算量的基础,下面概括介绍软件中构件图元的形式和常用的绘制方法。

1) 构件图元的分类

工程实际中的构件按照图元形状可以分为点状构件、线状构件和面状构件。

①点状构件包括柱、门窗洞口、独立基础、桩、桩承台等。

②线状构件包括梁、墙、条形基础等。

③面状构件包括现浇板、筏板等。

不同形状的构件,有不同的绘制方法。

2) "点"画法和"直线"画法

(1)"点"画法

"点"画法适用于点状构件(如柱)和部分面状构件(如现浇板),其操作方法如下:

①在构件工具条中选择一种已经定义的构件,如 KZ-1,如图 1.4 所示。

图 1.4

②在"建模"选项卡下的"绘图"面板中选择"点",如图 1.5 所示。

图 1.5

③在绘图区,用鼠标左键单击一点作为构件的插入点,完成绘制。

(2)"直线"画法

"直线"画法主要用于线状构件(如梁和墙)。当需要绘制一条或多条连续直线时,可以采用绘制"直线"的方式,其操作方法如下:

①在构件工具条中选择一种已经定义好的构件,如墙 QTQ-1。

②在"建模"选项卡下的"绘图"面板中选择"直线",如图 1.6 所示。

图 1.6

③用鼠标点取第一点,再点取第二点即可画出一道墙,再点取第三点,就可以在第二点和第三点之间画出第二道墙,以此类推。这种画法是系统默认的画法。当需要在连续画的中间从一点直接跳到一个不连续的地方时,先单击鼠标右键临时中断,然后再到新的轴线交点上继续点取第一点开始连续画图,如图 1.7 所示。

图 1.7

1.4 建筑施工图

通过本节的学习,你将能够:
(1)熟悉建筑设计总说明的主要内容;
(2)熟悉建筑施工图及其详图的重要信息。

对于房屋建筑土建施工图纸,大多数分为建筑施工图和结构施工图。建筑施工图纸大多由总平面布置图、建筑设计说明、各层平面图、立面图、剖面图、楼梯详图、节点详图等组成。下面就这些分类结合《1 号办公楼施工图(含土建和安装)》分别对其功能、特点逐一介绍。

1)总平面布置图

(1)概念

建筑总平面布置图表明新建房屋所在基础有关范围内的总体布置,它反映新建、拟建、原有和拆除的房屋、构筑物等的位置和朝向,室外场地、道路、绿化等的布置,地形、地貌、标高等以及原有环境的关系和邻界情况等。建筑总平面图也是房屋及其他设施施工的定位、土方施工以及绘制水、暖、电等管线总平面图和施工总平面图的依据。

(2)对编制工程预算的作用

①结合拟建建筑物位置,确定塔吊的位置及数量。

②结合场地总平面位置情况,考虑是否存在二次搬运。

③结合拟建工程与原有建筑物的位置关系,考虑土方支护、放坡、土方堆放调配等问题。

④结合拟建工程之间的关系,综合考虑建筑物的共有构件等问题。

2)建筑设计说明

(1)概念

建筑设计说明是对拟建建筑物的总体说明。

(2)包含的主要内容

①建筑施工图目录。

②设计依据:设计所依据的标准、规范、规定、文件等。

③工程概况:内容一般应包括建筑名称、建设地点、建设单位、建筑面积、建筑基底面积、建筑工程等级、设计使用年限、建筑层数和建筑高度、防火设计建筑分类和耐火等级,人防工程防护等级、屋面防水等级、地下室防水等级、抗震设防烈度等,以及能反映建筑规模的主要技术经济指标,如住宅的套型和套数(包括每套的建筑面积、使用面积、阳台建筑面积,房间的使用面积可在平面图中标注)、旅馆的客房间数和床位数、医院的门诊人次和住院部的床位数、车库的停车泊位数等。

④建筑物定位及设计标高、高度。

⑤图例。

⑥用料说明和室内外装修。

⑦对采用新技术、新材料的做法说明及对特殊建筑造型和必要建筑构造的说明。

⑧门窗表及门窗性能(防火、隔声、防护、抗风压、保温、空气渗透、雨水渗透等)、用料、颜色、玻璃、五金件等的设计要求。

⑨幕墙工程(包括玻璃、金属、石材等)及特殊的屋面工程(包括金属、玻璃、膜结构等)的性能及制作要求,平面图、预埋件安装图等,以及防火、安全、隔声构造。

⑩电梯(自动扶梯)选择及性能说明(功能、载重量、速度、停站数、提升高度等)。

⑪墙体及楼板预留孔洞需封堵时的封堵方式说明。

⑫其他需要说明的问题。

3)各层平面图

在窗台上边用一个水平剖切面将房子水平剖开,移去上半部分,从上向下透视它的下半部分,可看到房子的四周外墙和墙上的门窗、内墙和墙上的门,以及房子周围的散水、台阶等。将看到的部分都画出来,并注上尺寸,就是平面图。

4)立面图

在与房屋立面平行的投影面上所作房屋的正投影图称为建筑立面图,简称立面图。其中,反映主要出入口或比较显著地反映房屋外貌特征的那一面的立面图称为正立面图,其余的立面图相应地称为背立面图和侧立面图。

5)剖面图

剖面图的作用是对无法在平面图及立面图上表述清楚的局部剖切,以表述清楚建筑内部的构造,从而补充说明平面图、立面图所不能显示的建筑物内部信息。

6)楼梯详图

楼梯详图由楼梯剖面图、平面图组成。由于平面图、立面图只能显示楼梯的位置,而无法清楚显示楼梯的走向、踏步、标高、栏杆等细部信息,因此设计中一般将楼梯用详图表达。

7) 节点详图表示方法

为了补充说明建筑物细部的构造,从建筑物的平面图、立面图中特意引出需要说明的部位,对相应部位作进一步详细描述就构成了节点详图。下面就节点详图的表示方法作简要说明。

①被索引的详图在同一张图纸内,如图1.8所示。

图 1.8

②被索引的详图不在同一张图纸内,如图1.9所示。

图 1.9

③被索引的详图参见图集,如图1.10所示。

图 1.10

④索引的剖视详图在同一张图纸内,如图1.11所示。

图 1.11

⑤索引的剖视详图不在同一张图纸内,如图1.12所示。

图 1.12

1.5 结构施工图

通过本节的学习,你将能够:

(1)熟悉结构设计总说明的主要内容;

(2)熟悉结构施工图及其详图的重要信息。

结构施工图纸一般包括图纸目录、结构设计总说明、基础平面图及其详图、墙柱定位图、各层结构平面图(模板图、板配筋图、梁配筋图)、墙柱配筋图及其留洞图、楼梯及其他构筑物详图(水池、坡道、电梯机房、挡土墙等)。

对造价工作者来讲,结构施工图主要是计算混凝土、模板、钢筋等工程量,进而计算其造价,而为了计算这些工程量,还需要了解建筑物的钢筋配置、摆放信息,了解建筑物的基础及其垫层、墙、梁、板、柱、楼梯等的混凝土强度等级、截面尺寸、高度、长度、厚度、位置等信息,预算角度也着重从这些方面加以详细阅读。下面结合《1 号办公楼施工图(含土建和安装)》分别对其功能、特点逐一介绍。

1)结构设计总说明

(1)主要内容

①工程概况:建筑物的位置、面积、层数、结构抗震类别、设防烈度、抗震等级、建筑物合理使用年限等。

②工程地质情况:土质情况、地下水位等。

③设计依据。

④结构材料类型、规格、强度等级等。

⑤分类说明建筑物各部位设计要点、构造及注意事项等。

⑥需要说明的隐蔽部位的构造详图,如后浇带加强、洞口加强筋、锚拉筋、预埋件等。

⑦重要部位图例等。

(2)编制预算时需注意的问题

①建筑物抗震等级、设防烈度、檐高、结构类型等信息,作为钢筋搭接、锚固的计算依据。

②土质情况,作为针对土方工程组价的依据。

③地下水位情况,考虑是否需要采取降排水措施。

④混凝土强度等级、保护层等信息,作为查套定额、计算钢筋的依据。

⑤钢筋接头的设置要求,作为计算钢筋的依据。

⑥砌体构造要求,包括构造柱、圈梁的设置位置及配筋、过梁的参考图集、砌体加固钢筋的设置要求或参考图集,作为计算圈梁、构造柱、过梁的工程量及钢筋量的依据。

⑦砌体的材质及砌筑砂浆要求,作为套砌体定额的依据。

⑧其他文字性要求或详图,有时不在结构平面图纸中画出,但应计算其工程量,举例如下:

a.现浇板分布钢筋；

b.施工缝止水带；

c.次梁加筋、吊筋；

d.洞口加强筋；

e.后浇带加强钢筋等。

2）桩基平面图

编制预算时需注意的问题：

①桩基类型，结合"结构设计总说明"中的地质情况，考虑施工方法及相应定额子目。

②桩基钢筋详图，是否存在铁件，用来准确计算桩基钢筋及铁件工程量。

③桩顶标高，用来考虑挖桩间土方等因素。

④桩长。

⑤桩与基础的连接详图，考虑是否存在凿截桩头情况。

⑥其他计算桩基需要考虑的问题。

3）基础平面图及其详图

编制预算时需注意的问题：

①基础类型是什么？决定查套的子目。例如，需要注意判断是有梁式条形基础还是无梁式条形基础？

②基础详图情况，帮助理解基础构造，特别注意基础标高、厚度、形状等信息，了解在基础上生根的柱、墙等构件的标高及插筋情况。

③注意基础平面图及详图的设计说明，有些内容不画在平面图上，而是以文字的形式表达。

4）柱子平面布置图及柱表

编制预算时需注意的问题：

①对照柱子位置信息（b 边、h 边的偏心情况）及梁、板、建筑平面图柱的位置，从而理解柱子作为支座类构件的准确位置，为以后计算梁、墙、板等工程量做准备。

②柱子不同标高部位的配筋及截面信息（常以柱表或平面标注的形式出现）。

③特别注意柱子生根部位及高度截止信息，为理解柱子高度信息做准备。

5）梁平面布置图

编制预算时需注意的问题：

①结合剪力墙平面布置图、柱平面布置图、板平面布置图综合理解梁的位置信息。

②结合柱子位置，理解梁跨的信息，进一步理解主梁、次梁的概念及在计算工程量过程中的次序。

③注意图纸说明，捕捉关于次梁加筋、吊筋、构造钢筋的文字说明信息，防止漏项。

6）板平面布置图

编制预算时需注意的问题：

①结合图纸说明，阅读不同板厚的位置信息。

②结合图纸说明,理解受力筋范围信息。

③结合图纸说明,理解负弯矩钢筋的范围及其分布筋信息。

④仔细阅读图纸说明,捕捉关于洞口加强筋、阳角加筋、温度筋等信息,防止漏项。

7) 楼梯结构详图

编制预算时需注意的问题:

①结合建筑平面图,了解不同楼梯的位置。

②结合建筑立面图、剖面图,理解楼梯的使用性能。

③结合建筑楼梯详图及楼层的层高、标高等信息,理解不同踏步板的数量、休息平台、平台的标高及尺寸。

④结合图纸说明及相应踏步板的钢筋信息,理解楼梯钢筋的布置情况,注意分布筋的特殊要求。

⑤结合详图及位置,阅读梯板厚度、宽度及长度,平台厚度及面积,楼梯井宽度等信息,为计算楼梯实际混凝土体积做准备。

1.6 图纸修订说明

①建筑物四层层高在建筑施工图、结构施工图中统一按照 3.3 m 计算,四层板顶结构标高为 14.35 m,建筑标高为 14.4 m。

②考虑让学生熟悉陕西相关装饰做法,部分装饰构件做法按照《建筑用料及做法》(陕09J01)图集调整如下:

A.内墙面装饰做法

内墙面刷乳胶漆:陕 09J01,内 33。

内墙饰面:a.乳胶漆两道;b.满刮腻子两遍;c.刷稀释乳胶漆一道;d.局部刮腻子找平。

内墙基层:a.5 mm 厚 1 : 2.5 水泥砂浆找平;b.9 mm 厚 1 : 3 水泥砂浆打底扫毛;c.刷素水泥浆一道(内掺建筑胶)。

B.外墙涂料做法

外墙面层(刷喷外墙乳胶漆涂料):陕 09J01,外涂 2。

a.刮防水腻子,涂饰面丙烯酸乳胶漆两遍;b.涂饰底涂料;c.涂抹腻子、磨平;d.填补缝隙,局部腻子磨平;e.清理基层。

外墙基层(水泥砂浆抹外墙面):陕 09J01,外 4。

a.8 mm 厚 1 : 2.5 水泥砂浆抹面;b.12 mm 厚 1 : 3 水泥砂浆打底扫毛;c.刷聚合物水泥砂浆一道(砖墙无此道工序)。

C.飘窗板做法

飘窗板侧面:a.30 mm 厚聚苯板保温层;b.20 mm 厚 1 : 3 水泥砂浆罩面;c.刮防水腻子,刷丙烯酸乳胶漆两遍。

飘窗底板底面:a.50 mm 厚聚苯板保温层;b.10 mm 厚 1∶3 水泥砂浆罩面;c.刮防水腻子,刷丙烯酸乳胶漆两遍。

飘窗顶板顶面:a.50 mm 厚聚苯板保温层;b.20 mm 厚 1∶3 水泥砂浆罩面;c.3 mm 厚高聚物改性沥青防水卷材。

D.大理石楼面做法

大理石楼面(800 mm×800 mm 大理石板):陕 09J01,楼 46。

a.20 mm 厚大理石铺面,灌稀水泥浆擦缝;b.撒素水泥面(洒适量清水);c.20 mm 厚1∶3 干硬性水泥砂浆结合层(内掺建筑胶);d.水泥浆一道(内掺建筑胶);e.现浇钢筋混凝土楼板或预制楼板现浇叠合层,随打随抹光。

③一层、三层大堂上空无结构板,吊顶标高在二层和四层。一层按照二层大堂吊顶处理,三层大堂顶部按照四层天棚抹灰处理。

④飘窗顶板防水做法按照保温层上做 SBS 防水卷材一道。

⑤建筑平面图中未标识办公室 1、办公室 2,处理方法:带阳台房间为办公室 2,其余均为办公室 1。

⑥楼梯踏步面层按照楼面 1 处理。

⑦负一层 Q2 建筑与结构标高不一致,Q2 顶标高统一按照层顶标高-0.05 处理。

⑧图纸门窗表(图 1.13):

编号	名称	规格(洞口尺寸)		数量						备注
		宽	高	地下一层	一层	二层	三层	四层	总计	
FM甲1021	甲级防火门	1000	2100	2					2	甲级防火门
FM乙1121	乙级防火门	1100	2100	1	1				2	乙级防火门
M5021	玻璃旋转门	5000	2100		1				1	甲方确定
M1021	木质夹板门	1000	2100	18	22	22	22	22	106	甲方确定
C0924	塑钢窗	900	2400		4	4	4	4	16	详见立面
C1524	塑钢窗	1500	2400		2	2	2	2	8	详见立面
C1624	塑钢窗	1600	2400	2	2	2	2	2	10	详见立面
C1824	塑钢窗	1800	2400		4	4	4	4	16	详见立面
C2424	塑钢窗	2400	2400		3	3	3	3	12	详见立面
PC1	飘窗(塑钢窗)	见平面	2400		2	2	2	2	8	详见立面
C5027	塑钢窗	5000	2700			1	1	1	3	详见立面
MQ1	玻璃幕墙	6927	14400							详见立面
MQ2	玻璃幕墙	7200	14400							详见立面

图 1.13　图纸门窗表

⑨外墙防水做法不明确,按照 2 层 3 mm 厚 SBS 改性沥青防水卷材处理,Q1 防水层顶标高+500 mm 处理,Q2 防水层顶标高-0.05 mm 处理。

⑩楼梯建筑图中 TZ2,在结构图中无此构件,按 TZ1 处理。

⑪独立基础钢筋与止水板锚固做法详图矛盾,修改为独立基础钢筋在止水板中锚固,在计算设置中"独立基础下部钢筋弯折长度"一栏中修改设置为"37d"。

⑫地下室外墙、水池池壁在迎水面做混凝土保护层增加 Φ 4@ 150 单层双向钢筋网片,按照剪力墙计算钢筋及混凝土工程量,不再计算模板工程量。

⑬结施-12,屋面层电梯井顶板位置有连梁,尺寸与其余各层一致,其下部洞口按照砌体

墙处理。墙做法同室内砌体墙:a.墙体厚度:200 mm;b.砌块品种、规格、强度等级:煤陶粒空心砖 400 mm×250 mm×200 mm;c.砂浆强度等级:M5.0 水泥砂浆。

⑭四层飘窗距离地面高度修改为 300 mm。四层飘窗下圈梁高改为 300 mm。

⑮各层外墙外窗下标高处增加钢筋混凝土现浇带,按圈梁新建,两边锚固到构造柱;若无构造柱,锚固到框架柱。

⑯负一层顶梁 KL3 中间跨下部受力钢筋按照 4 Φ 25,四层顶梁 KL3 中间跨梁高修改为 300 mm。

⑰结施-02 中"屋面 1"修订为不上人屋面。

a.卷材自带保护层;b.防水层:3 mm 厚 SBS 四周上卷 250 mm;c.20 mm 厚 1∶3 水泥砂浆找平层;d.平均 40 mm 厚 1∶0.2∶3.5 水泥粉煤灰页岩陶粒找 2％坡;e.80 mm 厚现喷硬质发泡聚氨酯保温层;f.现浇混凝土屋面板。

2 建筑工程量计算准备工作

通过本章的学习,你将能够:
(1)正确选择清单与定额规则,以及相应的清单库和定额库;
(2)正确选择钢筋规则;
(3)正确设置室内外高差及输入工程信息;
(4)正确定义楼层及统一设置各类构件混凝土强度等级;
(5)正确进行工程计算设置;
(6)按图纸定义、绘制轴网。

2.1 新建工程

通过本节的学习,你将能够:
(1)正确选择清单与定额规则,以及相应的清单库和定额库;
(2)正确选择钢筋规则;
(3)区分做法模式。

一、任务说明

根据《1号办公楼施工图(含土建和安装)》,在软件中完成新建工程的各项设置。

二、任务分析

①清单与定额规则及相应的清单库和定额库都是做什么用的?
②清单规则和定额规则如何选择?
③钢筋规则如何选择?

三、任务实施

1)分析图纸

在新建工程前,应先分析图纸中的"结构设计总说明(一)"。"四、本工程设计所遵循的标准、规范和规程"中第6条《混凝土结构施工图平面整体表示方法制图规则和构造详图》16G101—1和16G101—2,软件算量要依照此规定。

2）新建工程

①在分析图纸、了解工程的基本概况之后,启动软件,进入软件"开始"界面,如图2.1所示。

图 2.1

②鼠标左键单击界面上的"新建工程",进入新建工程界面,输入各项工程信息,如图2.2所示。

图 2.2

工程名称:按工程图纸名称输入,保存时会作为默认的文件名。本工程名称输入为"1号办公楼"。

计算规则:如图 2.2 所示。

平法规则:选择"16 系平法规则"。

单击"创建工程",即完成了工程的新建。

四、任务结果

任务结果如图 2.2 所示。

2.2 计算设置

通过本节的学习,你将能够:
(1)正确进行工程信息输入;
(2)正确进行工程计算设置。

一、任务说明

根据《1 号办公楼施工图(含土建和安装)》,在软件中完成新建工程的各项设置。

二、任务分析

①软件中新建工程的各项设置都有哪些?
②室外地坪标高的设置如何查询?

三、任务实施

创建工程后,进入软件界面,如图 2.3 所示,分别对基本设置、土建设置和钢筋设置进行修改。

图 2.3

1)基本设置

首先对基本设置中的工程信息进行修改,单击"工程信息",出现如图 2.4 所示的界面。

图 2.4

蓝色字体部分必须填写,黑色字体所示信息只起标识作用,可以不填,不影响计算结果。

由结施-01(1)可知:

结构类型为框架结构;

抗震设防烈度为 7 度;

框架抗震等级为三级。

由建施-09 可知:

室外地坪相对±0.000 标高为−0.45 m。

檐高:14.85 m(设计室外地坪到屋面板板顶的高度为 14.4 m+0.45 m=14.85 m)。

【注意】

　　①抗震等级由结构类型、设防烈度、檐高 3 项确定。

　　②若已知抗震等级,可不必填写结构类型、设防烈度、檐高 3 项。

　　③抗震等级必须填写,其余部分可以不填,不影响计算结果。

填写信息如图 2.5 所示。

图 2.5

2)土建设置

土建规则在前面"创建工程"时已选择,此处不需要修改。

3)钢筋设置

①"计算设置"修改,如图 2.6 所示。

图 2.6

a.修改梁计算设置。结施-05 中设计说明"4.主次梁交接处,主梁内次梁两侧按右图各附加 3 根箍筋,间距 50 mm,直径同主梁箍筋"。

单击"框架梁",修改"26.次梁两侧共增加箍筋数量"为"6",如图 2.7 所示。

图 2.7

b.修改板计算设置。结施-01(2)中,"(7)板内分布钢筋(包括楼梯跑板),除注明者外见表 2.1"。

表 2.1　板内分布钢筋

楼板厚度(mm)	≤110	120~160
分布钢筋配置	φ6@200	φ8@200

单击"板",修改"3.分布钢筋配置"为"同一板厚的分布筋相同",如图 2.8 所示,单击"确定"按钮即可。

图 2.8

查看各层板结构施工图,"跨板受力筋标注长度位置"为"支座外边线","板中间支座负筋标注是否含支座"为"否","单边标注支座负筋标注长度位置"为"支座内边线",修改后如图 2.9 所示。

板	20	跨中板带下部受力筋伸入支座的长度	max(ha/2,12*d)
	21	跨中板带上部受力筋伸入支座的长度	0.6*Lab+15*d
基础	22	柱上板带受力筋根数计算方式	向上取整+1
基础主梁／承台梁	23	跨中板带受力筋根数计算方式	向上取整+1
基础次梁	24	柱上板带/板带暗梁的箍筋起始位置	距柱边50 mm
	25	柱上板带/板带暗梁的箍筋加密长度	3*h
砌体结构	26	跨板受力筋标注长度位置	支座外边线
其他	27	柱上板带暗梁部位是否扣除平行板带筋	是
	28	⊟ 负筋	
	29	单标注负筋锚入支座的长度	能直锚就直锚,否则按公式计算:ha-bhc+15*d
	30	板中间支座负筋标注是否含支座	否
	31	单边标注支座负筋标注长度位置	支座内边线

图 2.9

②"搭接设置"修改。结施-01(1)"八、钢筋混凝土结构构造"中"2.钢筋接头形式及要求"下的"(1)框架梁、框架柱　当受力钢筋直径≥16 mm 时,采用直螺纹机械连接,接头性能等级为一级;当受力钢筋直径<16 mm 时,可采用绑扎搭接。"单击并修改"搭接设置",如图 2.10 所示。

图 2.10

③比重设置修改。单击"比重设置",进入"比重设置"对话框,将直径为 6.5 mm 的钢筋比重复制到直径为 6 mm 的钢筋比重中,如图 2.11 所示。

图 2.11

【注意】

市面上直径 6 mm 的钢筋较少,一般采用 6.5 mm 的钢筋。

其余不需要修改。

四、任务结果

见以上各图。

2.3 新建楼层

通过本小节的学习,你将能够:

(1)定义楼层;

(2)定义各类构件混凝土强度等级设置。

一、任务说明

根据《1号办公楼施工图(含土建和安装)》,在软件中完成新建工程的楼层设置。

二、任务分析

①软件中新建工程的楼层应如何设置?

②如何对楼层进行添加或删除操作?

③各层对混凝土强度等级、砂浆标号的设置,对哪些操作有影响?

④工程楼层的设置应依据建筑标高还是结构标高?区别是什么?

⑤基础层的标高应如何设置?

三、任务实施

1)分析图纸

层高按照《1号办公楼施工图(含土建和安装)》结施-05中"结构层楼面标高表"建立,见表2.2。

表2.2 结构层楼面标高表

楼层	层底标高(m)	层高(m)
屋顶	14.35	
4	11.05	3.3
3	7.45	3.6
2	3.85	3.6
1	−0.05	3.9
−1	−3.95	3.9

2）建立楼层

（1）楼层设置

单击"工程设置"→"楼层设置"，进入"楼层设置"界面，如图2.12所示。

图 2.12

鼠标定位在首层，单击"插入楼层"，则插入地上楼层；鼠标定位在基础层，单击"插入楼层"，则插入地下室。按照楼层表（见表2.2）修改层高。

①软件默认给出首层和基础层。

②首层的结构底标高输入为−0.05 m，层高输入为3.9 m，板厚本层最常用的为120 mm。鼠标左键选择首层所在的行，单击"插入楼层"，添加第2层，层高输入为3.6 m，最常用的板厚为120 mm。

③按照建立2层同样的方法，建立3层和4层，3层层高为3.6 m，4层层高为3.3 m（此处图纸有修改）。

④鼠标左键选择基础层所在的行，单击"插入楼层"，添加地下一层，地下一层的层高为3.9 m。

修改层高后，如图2.13所示。

首层	编码	楼层名称	层高(m)	底标高(m)	相同层数	板厚(mm)	建筑面积(m2)
☐	5	第5层	0.9	14.35	1	120	(0)
☐	4	第4层	3.3	11.05	1	120	(630.116)
☐	3	第3层	3.6	7.45	1	120	(630.116)
☐	2	第2层	3.6	3.85	1	120	(630.116)
☑	1	首层	3.9	-0.05	1	120	(629.841)
☐	-1	第-1层	3.9	-3.95	1	120	(633.851)
☐	0	基础层	2.35	-6.3	1	500	(0)

图 2.13

（2）混凝土强度等级及保护层厚度修改

在结施-01（1）"七、主要结构材料"的"2.混凝土"中，混凝土强度等级见表2.3。

表 2.3　混凝土强度等级

混凝土所在部位	混凝土强度等级	备注
基础垫层	C15	
独立基础、地梁	C30	
基础层~屋面主体结构：墙、柱、梁、板、楼梯	C30	
其余各结构构件：构造柱、过梁、圈梁等	C25	

在结施-01（1）"八、钢筋混凝土结构构造"中，主筋的混凝土保护层厚度信息如下：

基础钢筋：40 mm；

梁：20 mm；

柱：25 mm；

板：15 mm。

【注意】

各部分主筋的混凝土保护层厚度同时应满足不小于钢筋直径的要求。

混凝土强度等级分别修改后，如图 2.14 所示。

楼层混凝土强度和锚固搭接设置（工程1 第-1层，-3.95 ~ -0.05 m）						锚固			
	抗震等级	混凝土强度等级	混凝土类型	砂浆标号	砂浆类型	HPB235(A) ...	HRB335(B) ...	HRB400(C) ...	HRB500(E) ...
垫层	(非抗震)	C15	普通砼(坍...	M5	混合砂浆...	(39)	(38/42)	(40/44)	(48/53)
基础	(三级抗震)	C30	普通砼(坍...	M5	混合砂浆...	(32)	(30/34)	(37/41)	(45/49)
基础梁 / 承台梁	(三级抗震)	C30	普通砼(坍...			(32)	(30/34)	(37/41)	(45/49)
柱	(三级抗震)	C30	普通砼(坍...	M5	混合砂浆...	(32)	(30/34)	(37/41)	(45/49)
剪力墙	(三级抗震)	C30	普通砼(坍...			(32)	(30/34)	(37/41)	(45/49)
人防门框墙	(三级抗震)	C30	普通砼(坍...			(32)	(30/34)	(37/41)	(45/49)
墙柱	(三级抗震)	C30	普通砼(坍...			(32)	(30/34)	(37/41)	(45/49)
墙梁	(三级抗震)	C30	普通砼(坍...			(32)	(30/34)	(37/41)	(45/49)
框架梁	(三级抗震)	C30	普通砼(坍...			(32)	(30/34)	(37/41)	(45/49)
非框架梁	(非抗震)	C30	普通砼(坍...			(30)	(29/32)	(35/39)	(43/47)
现浇板	(非抗震)	C30	普通砼(坍...			(30)	(29/32)	(35/39)	(43/47)
楼梯	(非抗震)	C30	普通砼(坍...			(30)	(29/32)	(35/39)	(43/47)
构造柱	(三级抗震)	C25	普通砼(坍...			(36)	(35/38)	(42/46)	(50/56)
圈梁 / 过梁	(三级抗震)	C25	普通砼(坍...			(36)	(35/38)	(42/46)	(50/56)
砌体墙柱	(非抗震)	C25	普通砼(坍...	M5	混合砂浆...	(34)	(33/36)	(40/44)	(48/53)
其它	(非抗震)	C20	普通砼(坍...	M5	混合砂浆...	(39)	(38/42)	(40/44)	(48/53)
叠合板(预制底板)	(非抗震)	C20	普通砼(坍...			(39)	(38/42)	(40/44)	(48/53)

图 2.14

在建施-01、结施-01（1）中提到砌块墙体、砖墙都为 M5 水泥砂浆砌筑，修改砂浆标号为 M5，砂浆类型为水泥砂浆。保护层厚度依据结施-01（1）说明依次修改即可。

首层修改完成后,单击左下角"复制到其他楼层",如图 2.15 所示。

	抗震等级	混凝土强度等级	混凝土类型	砂浆标号	砂浆类型	锚固			
						HPB235(A) ...	HRB335(B) ...	HRB400(C) ...	HRB500(E) ...
垫层	(非抗震)	C15	普通砼(坍...	M5	混合砂浆...	(39)	(38/42)	(40/44)	(48/53)
基础	(三级抗震)	C30	普通砼(坍...	M5	混合砂浆...	(32)	(30/34)	(37/41)	(45/49)
基础梁 / 承台梁	(三级抗震)	C30	普通砼(坍...			(32)	(30/34)	(37/41)	(45/49)
柱	(三级抗震)	C30	普通砼(坍...	M5	混合砂浆...	(32)	(30/34)	(37/41)	(45/49)
剪力墙	(三级抗震)	C30	普通砼(坍...			(32)	(30/34)	(37/41)	(45/49)
人防门框墙	(三级抗震)	C30	普通砼(坍...			(32)	(30/34)	(37/41)	(45/49)
墙柱	(三级抗震)	C30	普通砼(坍...			(32)	(30/34)	(37/41)	(45/49)
墙梁	(三级抗震)	C30	普通砼(坍...			(32)	(30/34)	(37/41)	(45/49)
框架梁	(三级抗震)	C30	普通砼(坍...			(32)	(30/34)	(37/41)	(45/49)
非框架梁	(非抗震)	C30	普通砼(坍...			(30)	(29/32)	(35/39)	(43/47)
现浇板	(非抗震)	C30	普通砼(坍...			(30)	(29/32)	(35/39)	(43/47)
楼梯	(非抗震)	C30	普通砼(坍...			(30)	(29/32)	(35/39)	(43/47)
构造柱	(三级抗震)	C25	普通砼(坍...			(36)	(35/38)	(42/46)	(50/56)
圈梁 / 过梁	(三级抗震)	C25	普通砼(坍...			(36)	(35/38)	(42/46)	(50/56)
砌体墙柱	(非抗震)	C25	普通砼(坍...	M5	混合砂浆...	(34)	(33/36)	(40/44)	(48/53)
其它	(非抗震)	C20	普通砼(坍...	M5	混合砂浆...	(39)	(38/42)	(40/44)	(48/53)
叠合板(预制底板)	(非抗震)	C20	普通砼(坍...			(39)	(38/42)	(40/44)	(48/53)

基本锚固设置　复制到其他楼层　恢复默认值(D)　导入钢筋设置　导出钢筋设置

图 2.15

选择其他所有楼层,单击"确定"按钮即可,如图 2.16 所示。

图 2.16

四、任务结果

完成楼层设置,如图 2.17 所示。

图 2.17

2.4 建立轴网

通过本小节的学习,你将能够:

(1)按图纸定义轴网;

(2)对轴网进行二次编辑。

一、任务说明

根据《1 号办公楼施工图(含土建和安装)》,在软件中完成轴网建立。

二、任务分析

①建施与结施图中,采用什么图的轴网最全面?

②轴网中上、下开间及左、右进深如何确定?

三、任务实施

1)建立轴网

楼层建立完毕后,需要建立轴网。施工时是用放线来定位建筑物的位置,使用软件做工程时则是用轴网来定位构件的位置。

（1）分析图纸

由建施-03可知,该工程的轴网是简单的正交轴网,上下开间的轴距相同,左右进深的轴距也都相同。

（2）轴网的定义

①选择导航树中的"轴线"→"轴网",单击鼠标右键,选择"定义"按钮,将软件切换到轴网的定义界面。

②单击"新建"按钮,选择"新建正交轴网",新建"轴网-1"。

③输入"下开间",在"常用值"下面的列表中选择要输入的轴距,双击鼠标左键即添加到轴距中;或者在"添加"按钮下的输入框中输入相应的轴网间距,单击"添加"按钮或回车即可。按照图纸从左到右的顺序,"下开间"依次输入 3300,6000,6000,7200,6000,6000,3300。因为上下开间的轴距相同,所以上开间可以不输入轴距。

④切换到"左进深"的输入界面,按照图纸从下到上的顺序,依次输入左进深的轴距为2500,4700,2100,6900。修改轴号分别为Ⓐ,Ⓤ/Ⓐ,Ⓑ,Ⓒ,Ⓓ。因为左右进深的轴距相同,所以右进深可以不输入轴距。

⑤可以看到,右侧的轴网图显示区域已经显示了定义的轴网,轴网定义完成(图2.19)。

2）轴网的绘制

（1）绘制轴网

①轴网定义完毕后,切换到绘图界面。

图2.18

②弹出"请输入角度"对话框,提示用户输入定义轴网需要旋转的角度。本工程轴网为水平竖直方向的正交轴网,旋转角度按软件默认输入"0"即可,如图2.18所示。

③单击"确定"按钮,绘图区显示轴网,这样就完成了对本工程轴网的绘制。

如果要将右进深、上开间的轴号和轴距显示出来,在绘图区域,鼠标左键单击修改轴号位置,按住鼠标左键拉框选择所有轴线,按右键确定;选择"两端标注",然后单击"确定"按钮即可,如图2.19所示。

图2.19

（2）轴网的其他功能

①设置插入点：用于轴网拼接，可以任意设置插入点（不在轴线交点处或在整个轴网外都可以设置）。

②修改轴号和轴距：当检查到已经绘制的轴网有错误时，可以直接修改。

③软件提供了辅助轴线用于构件辅轴定位。辅轴在任意图层都可以直接添加。辅轴主要有两点、平行、点角、圆弧。

四、任务结果

完成轴网，如图 2.20 所示。

图 2.20

五、总结拓展

①新建工程中，主要确定工程名称、计算规则以及做法模式。蓝色字体的参数值影响工程量计算，按照图纸输入，其他信息只起标识作用。

②首层标记在楼层列表中的首层列，可以选择某一层作为首层。勾选后，该层作为首层，相邻楼层的编码自动变化，基础层的编码不变。

③底标高是指各层的结构底标高。软件中只允许修改首层的底标高，其他层标高自动按层高反算。

④相同板厚是软件给出的默认值，可以按工程图纸中最常用的板厚设置。在绘图输入新建板时，会自动默认取这里设置的数值。

⑤可以按照结构设计总说明对应构件选择标号和类型。对修改的标号和类型，软件会以反色显示。在首层输入相应的数值后，可以使用右下角的"复制到其他楼层"命令，把首层的数值复制到参数相同的楼层。各个楼层的标号设置完成后，就完成了对工程楼层的建立，可以进入"绘图输入"进行建模计算。

⑥有关轴网的编辑、辅助轴线的详细操作，请查阅"帮助"菜单中的"文字帮助"→"绘图

输入"→"轴线"。

⑦建立轴网时,输入轴距有两种方法:常用的数值可以直接双击;常用值中没有的数据直接添加即可。

⑧当上下开间或者左右进深的轴距不一样时(即错轴),可以使用轴号自动生成功能将轴号排序。

⑨比较常用的建立辅助轴线的功能:二点辅轴(直接选择两个点绘制辅助轴线);平行辅轴(建立平行于任意一条轴线的辅助轴线);圆弧辅轴(可以通过选择 3 个点绘制辅助轴线)。

⑩在任何界面下都可以添加辅轴。轴网绘制完成后,就进入"绘图输入"部分。"绘图输入"部分可以按照后面章节的流程进行。

3 首层工程量计算

通过本章的学习,你将能够:

(1)定义柱、墙、板、梁、门窗、楼梯等构件;

(2)绘制柱、墙、板、梁、门窗、楼梯等图元;

(3)掌握飘窗、过梁在 GTJ2018 软件中的处理方法;

(4)掌握暗柱、连梁在 GTJ2018 软件中的处理方法。

3.1 首层柱工程量计算

通过本节的学习,你将能够:

(1)依据定额和清单确定柱的分类和工程量计算规则;

(2)依据平法、定额和清单确定柱的钢筋类型及工程量计算规则;

(3)应用造价软件定义各种柱(如矩形柱、圆形柱、参数化柱、异形柱)的属性并套用做法;

(4)能够应用造价软件绘制本层柱图元;

(5)统计并核查本层柱的个数、土建及钢筋工程量。

一、任务说明

①完成首层各种柱的定义、做法套用及图元绘制。

②汇总计算,统计本层柱的土建及钢筋工程量。

二、任务分析

①各种柱在计量时的主要尺寸有哪些?从哪个图中的什么位置找到?有多少种柱?

②工程量计算中柱都有哪些分类?都套用什么定额?

③软件如何定义各种柱?各种异形截面端柱如何处理?

④构件属性、做法套用、图元之间有什么关系?

⑤如何统计本层柱的相关清单工程量和定额工程量?

三、任务实施

1)分析图纸

在《1 号办公楼施工图(含土建和安装)》结施-04 的柱表中得到柱的截面信息,本层以矩形框架柱为主,主要信息见表 3.1。

表 3.1 柱表

类型	名称	混凝土强度等级	截面尺寸（mm）	标高	角筋	b 每侧中配筋	h 每侧中配筋	箍筋类型号	箍筋
矩形框架柱	KZ1	C30	500×500	基础顶~+3.85	4⚎22	3⚎18	3⚎18	1(4×4)	⚎8@100
	KZ2	C30	500×500	基础顶~+3.85	4⚎22	3⚎18	3⚎18	1(4×4)	⚎8@100/200
	KZ3	C30	500×500	基础顶~+3.85	4⚎25	3⚎18	3⚎18	1(4×4)	⚎8@100/200
	KZ4	C30	500×500	基础顶~+3.85	4⚎25	3⚎20	3⚎20	1(4×4)	⚎8@100/200
	KZ5	C30	600×500	基础顶~+3.85	4⚎25	4⚎20	3⚎20	1(5×4)	⚎8@100/200
	KZ6	C30	500×600	基础顶~+3.85	4⚎25	3⚎20	4⚎20	1(4×5)	⚎8@100/200

还有一部分剪力墙柱、YBZ 约束边缘构件和 GBZ 构造边缘构件,如图 3.1 所示。

图 3.1

2)现浇混凝土柱基础知识

（1）清单计算规则学习

柱清单计算规则见表 3.2。

表 3.2　柱清单计算规则

编号	项目名称	单位	计算规则
010402001	矩形柱	m³	按设计图示尺寸以体积计算,不扣除构件内钢筋、预埋铁件所占体积。柱高: 1.有梁板的柱高,应自柱基上表面(或楼板上表面)至上一层楼板上表面之间的高度计算
010402002	构造柱		2.无梁板的柱高,应自柱基上表面(或楼板上表面)至柱帽下表面之间的高度计算 3.框架柱的柱高,应自柱基上表面至柱顶高度计算
010402003	异形柱		4.构造柱按全高计算,嵌接墙体部分(马牙槎)并入柱身体积 5.依附柱上的牛腿和升板的柱帽并入柱身体积计算
010416001	现浇构件钢筋	t	按设计图示钢筋(网)长度(面积)乘单位理论质量计算

（2）定额计算规则学习

柱定额计算规则见表 3.3。

表 3.3　柱混凝土定额计算规则

编号	项目名称	单位	计算规则
B4-1（商品混凝土）	柱混凝土	m³	混凝土的工程量按设计图示尺寸以体积计算。不扣除构件内钢筋、螺栓、预埋铁件及 0.3 m² 以内的孔洞所占体积 柱高的计算规定: 1.有梁板、平板的柱高,应自柱基上表面至楼板(屋面板)上表面高度计算 2.无梁板的柱高,应自柱基上表面(或楼板上表面)至柱帽下表面高度计算 3.框架柱的柱高:现浇框架柱的柱高,有楼隔层者自柱基上表面或楼板上表面至上一层楼板上表面高度计算;无楼隔层者,应自柱基上表面至柱顶高度计算,柱基上表面系指柱基扩大顶面。基础上部的现浇柱,不论是否伸出地面,凡柱基扩大顶面以上部分,均应套用"柱"模板子目 4.附属于柱的牛腿并入柱身体积内计算 5.构造柱(抗震柱)应包括"马牙槎"体积在内,以"m³"计算
4-1（现场搅拌混凝土）			
4-5,4-6,4-7,4-8,3-34	现浇混凝土钢筋	t	钢筋、铁件工程量按设计图示钢筋长度乘以单位理论质量以"t"计算 1.长度:按设计图示长度(钢筋中轴线长度)计算。钢筋搭接长度按设计图示及规范进行计算 2.接头:钢筋的搭接(接头)数量按设计图示及规范计算,设计图示及规范未标明的,以构件的单根钢筋确定。水平钢筋直径按每 9 m 长计算一个搭接(接头)。竖向钢筋搭接(接头)按自然层计算,当自然层层高大于 9 m 时,除按自然层计算外,应增加每 9 m 长计算的接头量

续表

编号	项目名称	单位	计算规则
4-5,4-6,4-7,4-8,3-34	现浇混凝土钢筋	t	3.箍筋:计算公式为 $2×(b+h)+2×L_w+L$,b 表示箍筋 B 边的长度,$b=B-2×$保护层厚度,B 为柱截面宽;h 表示箍筋 H 边的长度,$h=H-2×$保护层厚度,H 为柱截面高;L_w 表示弯钩长度;L 表示箍筋调整长度 4.设计图未明确钢筋根数,以间距布置钢筋的根数时,按以向上取整加 1 的原则计算 5.混凝土内植入钢筋,区别不同的钢筋规格,以"根"计算。设计采用套筒冷接头时,按个数列项计算。钢筋直螺纹连接和锥螺纹连接区别钢筋直径按"个"计算
4-31	矩形柱模板,周长在 1.8 m 以内	m³	按混凝土体积以"m³"计算 1.有梁板、平板的柱高,应自柱基上表面至楼板(屋面板)上表面高度计算;无梁板的柱高,应自柱基上表面至柱帽下表面高度计算 2.现浇框架柱的柱高,有楼隔层者自柱基上表面或楼板上表面至上一层楼板上表面高度计算;无楼隔层者,应自柱基上表面至柱顶高度计算,柱基上表面系指柱基扩大顶面。基础上部的现浇柱,不论是否伸出地面,凡柱基扩大顶面以上部分,均应套用"柱"模板子目
4-32	矩形柱模板,周长在 1.8 m 以上		
4-33	异形柱模板		
4-34	圆形柱模板		
4-35	构造柱模板	m³	按全高计算,与砖墙嵌接部分的体积,并入柱体积内计算
4-69	高度超过 3.6 m 每超过 1 m(柱)	m³	模板支撑高度大于 3.6 m 时,按超过部分全部体积计算工程量

(3)柱平法知识

柱类型有框架柱、框支柱、芯柱、梁上柱、剪力墙柱等。从形状上可分为圆形柱、矩形柱、异形柱等。柱钢筋的平法表示有两种:一是列表注写方式;二是截面注写方式。

①列表注写。在柱表中注写柱编号、柱段起止标高、几何尺寸(含柱截面对轴线的偏心情况)与配筋信息、箍筋信息,如图 3.2 所示。

柱表

柱号	标高	$b×h$ (圆柱直径D)	b_1	b_2	h_1	h_2	全部纵筋	角筋	b边一侧中部筋	h边一侧中部筋	箍筋类型号	箍筋	备注
KZ1	−0.030~19.470	750×700	375	375	150	550	24⽳25				1(5×4)	Φ10@100/200	—
	19.470~37.470	650×600	325	325	150	450		4⽳22	5⽳22	4⽳20	1(4×4)	Φ10@100/200	
	37.470~59.070	550×500	275	275	150	350		4⽳22	5⽳22	4⽳20	1(4×4)	Φ8@100/200	
XZ1	−0.030~8.670						8⽳25				按标准构造详图	Φ10@100	③×Ⓑ轴 KZ1 中设置

图 3.2

②截面注写。在同一编号的柱中选择一个截面,直接注写截面尺寸和柱纵筋及箍筋信息,如图3.3所示。

图3.3

3)柱的属性定义

(1)矩形框架柱KZ1

①在导航树中单击"柱"→"柱",在"构件列表"中单击"新建"→"新建矩形柱",如图3.4所示。

②在属性编辑框中输入相应的属性值,框架柱的属性定义如图3.5所示。

图3.4

图3.5

【注意】

①名称:根据图纸输入构件的名称 KZ1,该名称在当前楼层的当前构件类型下是唯一的。

②结构类别:类别会根据构件名称中的字母自动生成,如 KZ 生成的是框架柱,也可以根据实际情况进行选择,KZ1 为框架柱。

③定额类别:选择为普通柱。

④截面宽度(B 边):KZ1 柱的截面宽度为 500 mm。

⑤截面高度(H 边):KZ1 柱的截面高度为 500 mm。

⑥全部纵筋:表示柱截面内所有的纵筋,如 24 ⊈ 28;如果纵筋有不同的级别和直径,则使用"+"连接,如 4 ⊈ 28+16 ⊈ 22。此处 KZ1 的全部纵筋值设置为空,采用角筋、B 边一侧中部筋和 H 边一侧中部筋详细描述。

⑦角筋:只有当全部纵筋属性值为空时才可输入,根据结施-04 的柱表可知 KZ1 的角筋为 4 ⊈ 22。

⑧箍筋:KZ1 的箍筋为 ⊈ 8@ 100(4×4)。

⑨节点区箍筋:KZ1 无节点区箍筋。

⑩箍筋肢数:通过单击当前框中省略号按钮选择肢数类型,KZ1 的箍筋肢数为 4× 4 肢箍。

(2)参数化柱(以首层约束边缘柱 YBZ1 为例)

①新建柱,选择"新建参数化柱"。

②在弹出的"选择参数化图形"对话框中,设置截面类型与具体尺寸,如图 3.6 所示。单击"确认"按钮后显示属性列表。

图 3.6

③参数化柱的属性定义,如图 3.7 所示。

	属性名称	属性值
1	名称	YBZ1
2	截面形状	L-d形
3	结构类别	暗柱
4	定额类别	框架薄壁柱
5	截面宽度(B边)(...	500
6	截面高度(H边)(...	500
7	全部纵筋	12Φ20
8	材质	商品混凝土
9	混凝土类型	(特细砂塑性混凝土(坍落...
10	混凝土强度等级	(C30)
11	混凝土外加剂	(无)
12	泵送类型	(混凝土泵)
13	泵送高度(m)	(3.85)
14	截面面积(m²)	0.16
15	截面周长(m)	2
16	顶标高(m)	层顶标高(3.85)
17	底标高(m)	层底标高(-0.05)
18	备注	
19	⊞ 钢筋业务属性	
33	⊞ 土建业务属性	
38	⊞ 显示样式	

图 3.7

【注意】
①截面形状:可以单击当前框中的省略号按钮,在弹出的"选择参数化图形"对话框中进行再次编辑。
②截面宽度(B 边):柱截面外接矩形的宽度。
③截面高度(H 边):柱截面外接矩形的高度。

(3)异形柱(以 YZB2 为例)
①新建柱,选择"新建异形柱"。
②在弹出的"异形截面编辑器"中绘制线式异形截面,单击"确认"按钮后可编辑属性,如图 3.8 所示。

图 3.8

③异形柱的属性定义,如图 3.9 所示。

图 3.9

【注意】

  对于 YBZ1 和 YBZ2 的钢筋信息的输入,单击"定义"按钮,进入"截面编辑"对话框,进行纵筋和箍筋的输入,如图 3.10 所示为 YBZ1 的输入。

图 3.10

(4)圆形框架柱(拓展)

  选择"新建"→"新建圆形柱",方法同矩形框架柱属性定义。本工程无圆形框架柱,属性信息均是假设的。圆形框架柱的属性定义如图 3.11 所示。

图 3.11

【注意】
　　截面半径:设置圆形柱截面半径,可用"数值/数值"来表示变截面柱,输入格式为
"柱顶截面尺寸/柱底截面尺寸"(圆形柱没有截面宽、截面高属性)。

4)做法套用

柱构件定义好后,需要进行套用做法操作。套用做法是指构件按照计算规则计算汇总出做法工程量,方便进行同类项汇总,同时与计价软件数据对接。构件套用做法,可通过手动添加清单定额、查询清单定额库添加、查询匹配清单定额添加实现。

单击"定义",在弹出的"定义"界面中,单击构件做法,可通过查询清单库的方式添加清单。KZ1 混凝土的清单项目编码为 010402001,完善后 3 位编码,模板不单独列清单项,定额子目在措施项目费中记取。通过查询定额库可以添加定额,正确选择对应定额项,KZ1 的做法套用如图 3.12 所示,暗柱的做法套用如图 3.13 所示。

	编码	类别	名称	项目特征	单位	工程量表达式	表达式说明	单价	综合单价
1	⊟ 010402001	项	矩形柱 1.混凝土强度等级:C30 2.混凝土拌和料要求:商品混凝土 3.柱高:3.9m		m3	TJ	TJ〈体积〉		
2	B4-1	定	C20混凝土,非现场搅拌		m3	TJ	TJ〈体积〉	214.13	

图 3.12

	编码	类别	名称	项目特征	单位	工程量表达式	表达式说明	单价	综合单价
1	⊟ 010404001	项	电梯井墙 1.墙厚度:3.9m 2.墙厚度:200 3.混凝土强度等级:C30 4.混凝土拌和料要求:商品混凝土		m3	TJ	TJ〈体积〉		
2	B4-1	定	C20混凝土,非现场搅拌		m3	TJ	TJ〈体积〉	214.13	

图 3.13

5)柱的画法讲解

柱定义完毕后,切换到绘图界面。

(1)点绘制

通过"构件列表"选择要绘制的构件 KZ1,用鼠标捕捉①轴与①轴的交点,直接单击鼠标左键即可完成柱 KZ1 的绘制,如图 3.14 所示。

图 3.14

（2）偏移绘制

偏移绘制常用于绘制不在轴线交点处的柱，Ⓓ轴上，④~⑤轴之间的 TZ1 不能直接用鼠标选择点绘制，需要使用"Shift 键+鼠标左键"相对于基准点偏移绘制。

①把鼠标放在Ⓓ轴和④轴的交点处，同时按下"Shift"键和鼠标左键，弹出"输入偏移量"对话框。由结施-04 可知，TZ1 的中心相对于Ⓓ轴与④轴交点向右偏移1650 mm，在对话框中输入 X = "1500+150"，Y = "100"，表示水平方向偏移量为 1650 mm，竖直方向向上偏移100 mm，如图 3.15 所示。

图 3.15

②单击"确定"按钮,TZ1 就偏移到指定位置了,如图 3.16 所示。

图 3.16

（3）智能布置

当图 3.16 中某区域轴线相交处的柱都相同时,可采用"智能布置"方法来绘制柱。如结施-04 中,②~⑦轴与Ⓓ轴的 6 个交点处都为 KZ3,即可利用此功能快速布置。选择 KZ3,单击"建模"→"柱二次编辑"→"智能布置",选择按"轴线"布置,如图 3.17 所示。

图 3.17

然后在图框中框选要布置柱的范围,单击鼠标右键确定,则软件自动在所有范围内所有轴线相交处布置上 KZ3,如图 3.18 所示。

图 3.18

（4）镜像

通过图纸分析可知,①~④轴的柱与⑤~⑧轴的柱是对称的,因此在绘图时可以使用一

种简单的方法:先绘制①~④轴的柱,然后使用"镜像"功能绘制⑤~⑧的轴。操作步骤如下:

①选中①~④轴间的柱,单击"建模"页签下"修改"面板中的"镜像"命令,如图 3.19 所示。

图 3.19

②点中显示栏的"中点",捕捉④~⑤轴的中点,可以看到屏幕上有一个黄色的三角形,选中第二点,单击鼠标右键确定即可,如图 3.20 所示。在状态栏的地方会提示需要进行的下一步操作。

图 3.20

6)闯关练习

老师讲解演示完毕,可登录测评认证平台安排学生练习。学生打开测评认证平台考试端,练习完毕提交工程文件后系统可自动评分。老师可在网页直接查看学生成绩汇总和作答数据统计。平台可帮助老师和学生专注学习本身,实现快速完成评分、成绩汇总和分析。

方式一:老师安排学生到测评认证考试平台闯关模块进行相应的关卡练习,增加练习的趣味性和学生的积极性。

方式二:老师自己安排练习。

(1)老师安排随堂练习

老师登录测评认证平台(http://kaoshi. glodonedu.com/),在考试管理页面,单击"安排考试"按钮,如图 3.21 所示。

步骤一:填写考试基础信息,如图 3.22 所示。

图 3.21

图 3.22

①填写考试名称:首层柱钢筋量计算。

②选择考试的开始时间与结束时间(自动计算考试时长)。

③单击"选择试卷"按钮选择试卷。

选择试题时,可从"我的试卷库"中选择,也可在"共享试卷库"中选择,如图 3.23 所示。

图 3.23

步骤二:考试设置,如图 3.24 所示。

①添加考生信息,从群组选择中选择对应的班级学生。

②设置成绩查看权限:交卷后立即显示考试成绩。

③设置防作弊的级别:0 级。

④设置可进入考试的次数(留空为不限制次数)。

发布成功后,可在"未开始的考试"中查看,如图 3.25 所示。

① 第一步,填写基本信息 ——— ② 第二步,权限设置

基本信息填写不全,请先暂存试卷,后续进行补充,考试的基本信息填写完整才能正式发布

▼ 基本权限

　　*考试参与方式: ◉ 私有考试 ❓ ①

　　　　　　　　👥 7　　添加考生

▼ 高级权限

　　*成绩权限: ◉ 可以查看成绩 ❓ ②　　　 ○ 不可以查看成绩 ❓

　　　　　　　☑ 交卷后立即显示考试成绩　　□ 允许考试结束后下载答案

　　*考试位置: ◉ PC端 ❓　　○ WEB端 ❓

　　③ *防作弊: ◉ 0级: 不开启防作弊 ❓

　　　　　　　　○ 1级: 启用考试专用桌面 ❓

　　　　　　　　○ 2级: 启用考试专用桌面和文件夹 ❓

　　进入考试次数: [　　　] 次 ❓

图 3.24

图 3.25

【小技巧】

　　建议提前安排好实战任务,设置好考试的时间段,在课堂上直接让学生练习即可;或者直接使用闯关模块安排学生进行练习,与教材内容配套使用。

　　(2)参加老师安排的任务

　　步骤一:登录考试平台,从桌面上双击打开广联达测评认证4.0考试端。用学生账号登录考试平台,如图3.26所示。

图 3.26

步骤二:参加考试。老师安排的考试位于"待参加考试"页签,找到要参加的考试,单击"进入考试"即可,如图 3.27 所示。

图 3.27

(3)考试过程跟进

考试过程中,单击考试右侧的"成绩分析"按钮,即可进入学生作答监控页面,如图3.28所示。

图 3.28

在成绩分析页面,老师可以详细看到每位学生的作答状态:未参加考试、未交卷、作答中、已交卷,如图 3.29 所示。这 4 种状态分别如下:

图 3.29

①未参加考试:考试开始后,学生从未进入过考试作答页面。

②未交卷:考试开始后,学生进入过作答页面,没有交卷又退出考试了。

③作答中:当前学生正在作答页面。

④已交卷:学生进入过考试页面,并完成了至少 1 次交卷,当前学生不在作答页面。

(4)查看考试结果(图 3.30)

图 3.30

考试结束后,老师可以在成绩分析页面查看考试的数据统计及每位考生的考试结果和成绩分析,如图 3.31 所示。

序号	构件类型			标准工程量(千克)	工程量(千克)	偏差(%)	基准分	得分	得分分析
1	▼柱			8348.578	8348.578	0	92.4731	92.4729	
2		▼工程1		8348.578	8348.578	0	92.4731	92.4729	
3			▼首层	8348.578	8348.578	0	92.4731	92.4729	
4			ΦC20,1,0,柱	2350.4	2350.4	0	25.8064	25.8064	
5			ΦC18,1,0,柱	1792.896	1792.896	0	25.8064	25.8064	
6			ΦC25,1,0,柱	1687.224	1687.224	0	13.9785	13.9785	
7			ΦC22,1,0,柱	577.76	577.76	0	5.3763	5.3763	
8			ΦC16,1,0,柱	24.984	24.984	0	1.6129	1.6129	
9			ΦC8,1,0,柱	1902.42	1902.42	0	19.3548	19.3548	
10			ΦC10,1,0,柱	12.894	12.894	0	0.5376	0.5376	
11	▼暗柱/端柱			1052.82	1052.82	0	7.5269	7.5269	
12		▼工程1		1052.82	1052.82	0	7.5269	7.5269	
13			▼首层	1052.82	1052.82	0	7.5269	7.5269	
14			ΦC10,1,0,暗柱/端柱	410.88	410.88	0	3.2258	3.2258	
15			ΦC20,1,0,暗柱/端柱	641.94	641.94	0	4.3011	4.3011	

图 3.31

【提示】

其他章节,老师可参照本"闯关练习"的做法,安排学生在闯关模块进行练习,或在测评认证考试平台布置教学任务。

四、任务结果

单击"工程量"页签下的"云检查",云检查无误后单击"汇总计算"(或者按快捷键"F9"),弹出"汇总计算"对话框,选择首层下的柱,如图 3.32 所示。

图 3.32

汇总计算后,在"工程量"页签下可以查看土建计算结果和钢筋计算结果,分别见表 3.4
和表 3.5。

表 3.4　首层框架柱清单、定额工程量

编码	项目名称	单位	工程量明细	
			绘图输入	表格输入
010402001001	矩形柱 1.混凝土种类:商品混凝土 2.混凝土强度等级:C30 3.周长:1.8 m 以外 4.柱高:3.9 m	m³	31.98	
B4-1	矩形柱 商品混凝土	m³	31.98	
010402001002	矩形柱 1.混凝土种类:商品混凝土 2.混凝土强度等级:C30 3.周长:1.8 m 以内	m³	0.117	
B4-1	矩形柱 商品混凝土	m³	0.117	
柱模板				
4-32	矩形柱模板,周长 1.8 m 以外 模板高度:3.9 m	m³	31.98	
4-69	构件超高模板 高度超过 3.6 m 每超过 1 m 柱	m³	2.46	
4-31	矩形柱模板,周长 1.8 m 以内 模板高度:3.6 m 以内	m³	0.117	

表 3.5 首层柱钢筋工程量

汇总信息	汇总信息钢筋总重(kg)	构件名称	构件数量	HRB400
暗柱/端柱	915.556	YBZ1[1740]	2	416.152
		YBZ2[1739]	2	499.404
		合计		915.556
柱	7206.36	KZ1[1743]	4	873.008
		KZ2[1741]	4	793.048
		KZ2[1751]	2	392.526
		KZ3[1735]	6	1258.674
		KZ4[1738]	12	2777.988
		KZ5[1744]	2	535.244
		KZ6[1752]	2	535.244
		TZ1[2133]	1	40.668
		合计		7206.36

五、总结拓展

1)查改标注

框架柱主要使用"点"绘制,或者用偏移辅助"点"绘制。如果有相对轴线偏心的柱,则可使用以下"查改标注"的方法进行偏心的设置和修改,操作步骤如下:

①选中图元,单击"建模"→"柱二次编辑"→"查改标注",如图 3.33 所示。

②回车依次修改绿色字体的标注信息,全部修改后用鼠标左键单击屏幕的其他位置即可,右键结束命令,如图 3.34 所示。

图 3.33

图 3.34

2)修改图元名称

如果需要修改已经绘制的图元名称,也可采用以下两种方法:

①"修改图元名称"功能。如果要把一个构件的名称替换成另一个名称,假如要把 KZ6 修改为 KZ1,可以使用"修改图元名称"功能。选中 KZ6,单击鼠标右键选择"修改图元名称",则会弹出"修改图元名称"对话框,如图 3.35 所示,将 KZ6 修改成 KZ1 即可。

图 3.35

②通过属性列表修改。选中图元,"属性列表"对话框中会显示图元的属性,点开下拉名称列表,选择需要的名称,如图 3.36 所示。

3)构件图元名称显示功能

柱构件绘到图上后,如果需要在图上显示图元的名称,可使用"视图"选项卡下的"显示设置"功能。在弹出如图 3.37 所示"显示设置"对话框中,勾选显示的图元或显示名称,方便查看和修改。

图 3.36

图 3.37

例如,显示柱子及其名称,则在柱显示图元及显示名称后面打钩;也可通过按"Z"键将柱图元显示出来,按"Shift+Z"键将柱名称显示出来。

4)柱的属性

在柱的属性中有标高的设置,包括底标高和顶标高。软件默认竖向构件是按照层底标高和层顶标高,可根据实际情况修改构件或图元的标高。

5)构件属性编辑

在对构件进行属性编辑时,属性编辑框中有两种颜色的字体:蓝色字体和灰色字体。蓝色字体显示的是构件的公有属性,灰色字体显示的是构件的私有属性。对公有属性部分进行操作,所做的改动对所有同名称构件起作用。

问题思考

(1)在绘图界面怎样调出柱属性编辑框对图元属性进行修改?

(2)在参数化柱模型中找不到的异形柱如何定义?

(3)如何定义柱构件做法? 怎么计算现浇混凝土柱模板工程量?

3.2 首层剪力墙工程量计算

通过本节的学习,你将能够:

(1)定义剪力墙的属性;

(2)绘制剪力墙图元;

(3)掌握连梁在软件中的处理方式;

(4)统计本层剪力墙的阶段性工程量。

一、任务说明

①完成首层剪力墙的属性定义、做法套用及图元绘制。

②汇总计算,统计本层剪力墙的工程量。

二、任务分析

①剪力墙在计量时的主要尺寸有哪些? 从哪个图中的什么位置找到?

②剪力墙的暗柱、端柱分别是如何计算钢筋工程量的?

③剪力墙的暗柱、端柱分别是如何套用清单定额的?

④当剪力墙墙中心线与轴线不重合时,该如何处理?

⑤电梯井壁剪力墙的施工措施有什么不同?

三、任务实施

1)分析图纸

(1)分析剪力墙

分析结施-04、结施-01,可以得到首层剪力墙的信息,见表3.6。

表 3.6　剪力墙表

序号	类型	名称	混凝土型号	墙厚(mm)	标高	水平筋	竖向筋	拉筋
1	内墙	Q3	C30	200	−0.05～+3.85	ⱷ12@150	ⱷ14@150	ⱷ8@450

(2)分析连梁

连梁是剪力墙的一部分。结施-06 中,剪力墙上有 LL1(1),尺寸为 200 mm×1000 mm,下方有门洞,箍筋为ⱷ10@100(2),上部纵筋为 4ⱷ22,下部纵筋为 4ⱷ22,侧面纵筋为 Gⱷ12@200。

2)剪力墙清单、定额计算规则学习

(1)清单计算规则学习

剪力墙清单计算规则见表 3.7。

表 3.7　剪力墙清单计算规则

编号	项目名称	单位	计算规则
010404001	直形墙	m³	按设计图示尺寸以体积计算。不扣除构件内钢筋、预埋铁件所占体积,扣除门窗洞口及单个面积0.3 m²以外的孔洞所占体积,墙垛及突出墙面部分并入墙体体积内计算

(2)定额计算规则

剪力墙定额计算规则见表 3.8。

表 3.8　剪力墙定额计算规则

编号	项目名称	单位	计算规则
B4-1	直形墙 商品混凝土	m³	混凝土的工程量按设计图示尺寸以体积计算。不扣除构件内钢筋、螺栓、预埋铁件及0.3 m²以内的孔洞所占体积
4-1	直形墙 现场搅拌混凝土		
4-43	直形墙模板 厚度 200 mm 以内	m³	按设计图示尺寸以体积计算。 墙与柱连接时墙算至柱侧面,墙与梁连接时墙算至梁底。按墙身厚度,分别套用"墙"相应子目。 电梯井四壁按壁厚分别套用相应"墙"的子目。墙内的暗柱、暗梁、连梁并入"墙"内计算。单面支模的"墙",模板套用相应墙的子目乘以系数0.6
4-69	高度超过3.6 m 每超过1 m 墙	m³	模板支撑高度>3.6 m 时,按超过部分全部体积计算工程量

3)剪力墙属性定义

(1)新建剪力墙

在导航树中选择"墙"→"剪力墙",在"构件列表"中单击"新建"→"新建内墙",如图 3.38所示。

在"属性列表"中对图元属性进行编辑,如图 3.39 所示。

图 3.38

图 3.39

(2)新建连梁

在导航树中选择"梁"→"连梁",在"构件列表"中单击"新建"→"新建矩形连梁",如图 3.40所示。

图 3.40

在"属性列表"中对图元属性进行编辑,如图 3.41 所示。

(3)通过复制建立新构件

分析结施-04 可知,该案例工程有 Q3(基础～11.05 m)和 Q4(11.05～15.90 m)两种类型的剪力墙,厚度都是 200 mm,水平筋分别为 Φ12@150 和 Φ10@200,竖向筋分别为 Φ14@150 和 Φ10@200,拉筋分别为 Φ8@450 和 Φ8@600。其区别在于墙体的名称和钢筋信息以及布置位置不一样。在新建好的 Q3 后,选中"Q3",单击鼠标右键选择"复制",或者直接单击"复制"按钮,软件自动建立名为"Q4"的构件,然后对"Q4"进行属性编辑,如图 3.42 所示。

图 3.41　　　　　　　　　　　　　　　　　图 3.42

4)做法套用

①剪力墙做法套用,如图 3.43 所示。

	编码	类别	名称	项目特征	单位	工程量表达式	表达式说明	单价	综
1	⊟ 010404001	项	电梯井墙 1.墙高度:3.9m 2.墙厚度:200 3.混凝土强度等级:C30 4.混凝土拌和料要求:商品混凝土		m3	TJ	TJ〈体积〉		
2	B4-1	定	C20混凝土,非现场搅拌		m3	TJ	TJ〈体积〉	214.13	

图 3.43

②连梁是归到剪力墙里的,因此连梁做法套用如图 3.44 所示。

	编码	类别	名称	项目特征	单位	工程量表达式	表达式说明	单价
1	⊟ 010404001	项	电梯井墙 1.墙高度:3.9m 2.墙厚度:200 3.混凝土强度等级:C30 4.混凝土拌和料要求:商品混凝土		m3	TJ	TJ〈体积〉	
2	B4-1	定	C20混凝土,非现场搅拌		m3	TJ	TJ〈体积〉	214.13

图 3.44

5)画法讲解

(1)剪力墙的画法

剪力墙定义完毕后,切换到绘图界面。

①直线绘制。在导航树中选择"墙"→"剪力墙",通过"构件列表"选择要绘制的构件Q3,依据结施-04 和结施-05 可知,剪力墙和暗柱都是 200 mm 厚,且内外边线对齐,用鼠标捕捉左下角的 YBZ1,左键单击 Q3 的起点,再左键单击终点即可完成绘制。

②对齐。用直线完成 Q3 的绘制后,检查剪力墙是否与 YBZ1 和 YBZ2 对齐,假如不对齐,可采用"对齐"功能将剪力墙和 YBZ 对齐。选中 Q3,单击"对齐",左键单击需要对齐的目标线,再左键单击选择图元需要对齐的边线,完成绘制,如图 3.45 所示。

(2)连梁的画法

连梁定义完毕后,切换到绘图界面。采用"直线"绘制的方法绘制。

通过"构件列表"选择"梁"→"连梁",单击"建模"→"直线",依据结施-05 可知,连梁和暗柱都是 200 mm 厚,且内外边线对齐,用鼠标捕捉连梁 LL-1 的

图 3.45

起点,再捕捉终点即可。

四、任务结果

绘制完成后,单击"工程量"选项卡下的"汇总计算",进行汇总计算工程量,或者按"F9"键进行汇总计算。再选择"查看报表",单击"设置报表范围",选择首层剪力墙、暗柱和连梁,单击"确定"按钮,首层剪力墙清单、定额工程量见表 3.9。

表 3.9　首层剪力墙清单、定额工程量

编码	项目名称	单位	工程量明细	
			绘图输入	表格输入
010404001001	电梯井墙 1.墙高度:3.9 m 2.墙厚度:200 mm 3.混凝土强度等级:C30 4.混凝土拌合料要求:商品混凝土	m³	6.694	
B4-1	直形墙 厚度 200 mm 以内 商品混凝土	m³	6.694	
直形墙模板				
4-43	现浇混凝土模板 直形墙厚度 200 mm 以内 模板高度:3.9 m	m³	6.694	
4-69	构件超高模板 高度超过 3.6 m 每超过 1 m 墙	m³	0.515	

首层剪力墙钢筋工程量见表 3.10。

表 3.10 首层剪力墙钢筋工程量

| 楼层名称 | 构件类型 | 钢筋总重（kg） | HPB300 | HRB400 | | | | | |
			6	8	10	12	14	20	22
首层	暗柱/端柱	915.556			414.64			500.916	
	剪力墙	747.471		10.434		386.829	350.208		
	连梁	107.247	1.044		16.577	17.65			71.976
	合计	1770.274	1.044	10.434	441.217	416.479	350.208	500.916	71.976

五、总结拓展

对属性编辑框中的"附加"进行勾选，方便用户对所定义的构件进行查看和区分。

问题思考

(1)剪力墙为什么要区分内、外墙定义?

(2)电梯井壁墙的模板是否存在超高? 电梯井壁墙的模板如何套用?

(3)剪力墙内的暗柱、暗梁、连梁模板如何套用?

3.3 首层梁工程量计算

通过本节的学习,你将能够:

(1)依据定额和清单确定梁的分类和工程量计算规则;

(2)依据平法、定额和清单确定梁的钢筋类型及工程量计算规则;

(3)定义梁的属性,对梁进行正确的做法套用;

(4)绘制梁图元,正确对梁进行二次编辑;

(5)统计梁的工程量。

一、任务说明

①完成首层梁的属性定义、做法套用及图元绘制。

②汇总计算,统计本层梁的钢筋及土建工程量。

二、任务分析

①梁在计量时的主要尺寸有哪些? 可以从哪个图中的什么位置找到? 有多少种梁?

②梁是如何套用清单定额的? 软件中如何处理变截面梁?

③梁的标高如何调整？起点顶标高和终点顶标高不同会有什么结果？

④绘制梁时,如何使用"Shift+左键"实现精确定位？

⑤各种不同名称的梁如何能快速套用做法？

⑥参照 16G101—1 第 84-97 页,分析框架梁、普通梁、屋框梁、悬臂梁纵筋及箍筋的配筋构造。

⑦按图集构造分别列出各种梁中各种钢筋的计算公式。

三、任务实施

1) 分析图纸

①分析结施-06,从左至右、从上至下,本层有框架梁和非框架梁两种。

②框架梁 KL1～KL10b,非框架梁 L1,主要信息见表 3.11。

表 3.11　梁表

序号	类型	名称	混凝土强度等级	截面尺寸(mm)	顶标高	备注
1	框架梁	KL1(1)	C30	250×500	层顶标高	钢筋信息参考结施-06
		KL2(2)	C30	300×500	层顶标高	
		KL3(3)	C30	250×500	层顶标高	
		KL4(1)	C30	300×600	层顶标高	
		KL5(3)	C30	300×500	层顶标高	
		KL6(7)	C30	300×500	层顶标高	
		KL7(3)	C30	300×500	层顶标高	
		KL8(1)	C30	300×600	层顶标高	
		KL9(3)	C30	300×600	层顶标高	
		KL10(3)	C30	300×600	层顶标高	
		KL10a(3)	C30	300×600	层顶标高	
		KL10b(1)	C30	300×600	层顶标高	
2	非框架梁	L1(1)	C30	300×550	层顶标高	

2) 现浇混凝土梁基础知识学习

（1）清单计算规则学习

梁清单计算规则见表 3.12。

表 3.12　梁清单计算规则

编号	项目名称	单位	计算规则
010403002	矩形梁	m³	按设计图纸尺寸以体积计算。不扣除构件内钢筋、预埋铁件所占体积,伸入墙内的梁头、梁垫并入梁体积内。梁长:
010403006	弧形梁		1.梁与柱连接时,梁长算至柱侧面 2.主梁与次梁连接时,次梁长算至主梁侧面
010405001	有梁板	m³	按设计图纸尺寸以体积计算。不扣除构件内钢筋、预埋铁件所占体积,有梁板(包括主梁、次梁与板)按梁、板体积之和计算

（2）定额计算规则学习

梁定额计算规则见表 3.13。

表 3.13　梁定额计算规则

编号	项目名称	单位	计算规则
B4-1	现浇混凝土梁 商品混凝土	m³	混凝土的工程量按设计图示体积以"m³"计算,不扣除构件内钢筋、螺栓、预埋铁件及单个面积 0.3 m² 以内的孔洞所占体积
4-1	现浇混凝土梁 现场搅拌混凝土		1.梁与柱(墙)连接时,梁长算至柱(墙)侧面 2.次梁与主梁连接时,次梁长算至主梁侧面 3.伸入砌体墙内的梁头、梁垫体积,并入梁体积内计算 4.梁的高度算至梁顶,不扣除板的厚度
4-37	矩形梁 模板	m³	捣制梁及框架梁的梁端与柱交接时,梁长计算至柱侧面;次梁与框架梁(或主梁)交接时,次梁长算至框架梁(或主梁)侧面;梁端与混凝土墙交接时,梁算至墙侧面;梁端与砖墙交接时,伸入砖墙内部分(包括梁头和捣制梁垫)并入梁内计算
4-41	弧形梁 模板		
4-48	现浇混凝土板 有梁板(板厚 100 mm 以内)	m³	按设计图示尺寸以体积计算。有梁板包括次梁与板,按梁、板体积之和计算
4-49	现浇混凝土板 有梁板(板厚 100 mm 以上)		
4-68	高度超过 3.6 m 每增 1 m 梁	m³	模板支撑高度在 3.6 m 以上时,执行超高相应定额子目,按超过部分全部面积计算工程量,"支模每增加 1 m"子目指建筑设计层高超过 3.6 m 部分(不含 3.6 m),不足 1 m 者按 1 m 计算应增加的消耗量定额,梁、板处于层高 3.6 m 以上时则应全部计算其支模增加消耗量,墙、柱为超过 3.6 m 以上部分则计算支模增加消耗量

（3）梁平法知识

梁类型有楼层框架梁、屋面框架梁、框支梁、非框架梁、悬挑梁等。梁平面布置图上采用平面注写方式或截面注写方式表达。

①平面注写:在梁平面布置图上,分别在不同编号的梁中各选一根梁,在其上注写截面尺寸和配筋具体数值的方式来表达梁平法施工图,如图 3.46 所示。平面注写包括集中标注与原位标注,集中标注表达梁的通用数值,原位标注表达梁的特殊数值。当集中标注中的某项数值不适用于梁的某部位时,则将该项数值原位标注。施工时,原位标注取值优先。

②截面注写:在分标准层绘制的梁平面布置图上,分别在不同编号的梁中各选择一根梁用剖面号引出配筋图,并在其上注写截面尺寸和配筋具体数值的方式来表达梁平法施工图,如图 3.47 所示。

图 3.46

图 3.47

③框架梁钢筋类型及软件输入方式:以上/下部通长筋为例,侧面钢筋、箍筋、拉筋为例,见表 3.14。

表 3.14 框架梁钢筋类型及软件输入方式

钢筋类型	输入格式	说明
上部贯通筋	2⊈22	数量+级别+直径,有不同的钢筋信息用"+"连接,注写时将角部纵筋写在前面
	2⊈25+2⊈22	
	4⊈20 2/2	当存在多排钢筋时,使用"/"将各排钢筋自上而下分开
	2⊈20/2⊈22	
	1−2⊈25	图号−数量+级别+直径,图号为悬挑梁弯起钢筋图号
	2⊈25+(2⊈22)	当有架立筋时,架立筋信息输在加号后面的括号中
下部贯通筋	2⊈22	数量+级别+直径,有不同的钢筋信息用"+"连接
	2⊈25+2⊈22	
	4⊈20 2/2	当存在多排钢筋时,使用"/"将各排钢筋自上而下分开
	2⊈20/2⊈22	
侧面钢筋(总配筋值)	G42⊈16 或 N42⊈16	梁两侧侧面筋的总配筋值
	G⊈16@100 或 N⊈16@100	
箍筋	20⊈8(4)	数量+级别+直径+肢数,肢数不输入时按肢数属性中的数据计算
	⊈8@100(4)	级别+直径+@+间距+肢数,加密区间距和非加密区间距用"/"分开,加密区间距在前,非加密区间距在后
	⊈8@100/200(4)	
	13⊈8@100/200(4)	此种输入格式主要用于指定梁两端加密箍筋数量的设计方式。"/"前面表示加密区间距,后面表示非加密区间距。当箍筋肢数不同时,需要在间距后面分别输入相应的肢数
	9⊈8@100/12⊈12@150/⊈16@200(4)	此种输入格式表示从梁两端到跨内,按输入的间距、数量依次计算。当箍筋肢数不同时,需要在间距后面分别输入相应的肢数
	10⊈10@100(4)/⊈8@200(2)	此种输入格式主要用于加密区和非加密区箍筋信息不同时的设计方式。"/"前面表示加密区间距,后面表示非加密区间距
	⊈10@100(2)[2500];⊈12@100(2)[2500]	此种输入格式主要用于同一跨梁内不同范围存在不同箍筋信息的设计方式

续表

钢筋类型	输入格式	说明
拉筋	𝟄16	级别+直径,不输入间距按照非加密区箍筋间距的 2 倍计算
	4𝟄16	排数+级别+直径,不输入排数按照侧面纵筋的排数计算
	𝟄16@100 或𝟄16@100/200	级别+直径+@+间距,加密区间距和非加密区间距用"/"分开,加密区间距在前,非加密区间距在后
支座负筋	4𝟄16 或 2𝟄22+2𝟄25	数量+级别+直径,有不同的钢筋信息用"+"连接
	4𝟄16 2/2 或 4𝟄14/3𝟄18	当存在多排钢筋时,使用"/"将各排钢筋自上而下分开
	4𝟄16+2500	数量+级别+直径+长度,长度表示支座筋伸入跨内的长度。此种输入格式主要用于支座筋指定伸入跨内长度的设计方式
	4𝟄16 2/2+1500/2000	数量+级别+直径+数量/数量+长度/长度。该输入格式表示:第一排支座筋 2𝟄16,伸入跨内 1500,第二排支座筋 2𝟄16 伸入跨内 2000
跨中筋	4𝟄16 或 2𝟄22+2𝟄25	数量+级别+直径,有不同的钢筋信息用"+"连接
	4𝟄16 2/2 或 4𝟄14/3𝟄18	当存在多排钢筋时,使用"/"将各排钢筋自上而下分开
	4𝟄16+(2𝟄18)	当有架立筋时,架立筋信息输在加号后面的括号中
	2-4𝟄16	图号-数量+级别+直径,图号为悬挑梁弯起钢筋图号
下部钢筋	4𝟄16 或 2𝟄22+2𝟄25	数量+级别+直径,有不同的钢筋信息用"+"连接
	4𝟄16 2/2 或 6𝟄14(-2)/4	当存在多排钢筋时,使用"/"将各排钢筋自上而下分开。当有下部钢筋不全部伸入支座时,将不伸入的数量用(-数量)的形式表示

续表

钢筋类型	输入格式	说明
次梁加筋	4	数量,表示次梁两侧共增加的箍筋数量,箍筋的信息和长度与梁一致
	4 Φ 16(2)	数量+级别+直径+肢数,肢数不输入时按照梁的箍筋肢数处理
	4 Φ 16(2)/3 Φ 18(4)	数量+级别+直径+肢数/数量+级别+直径+肢数,不同位置的次梁加筋可以使用"/"隔开
吊筋	4 Φ 16 或 4 Φ 14/3 Φ 18	数量+级别+直径,不同位置的次梁吊筋信息可以使用"/"隔开
加腋钢筋	4 Φ 16 或 4 Φ 14+3 Φ 18	数量+级别+直径,有不同的钢筋信息用"+"连接
	4 Φ 16 2/2 或 4 Φ 14/3 Φ 18	当存在多排钢筋时,使用"/"将各排钢筋自上而下分开
	4 Φ 16	数量+级别+直径;数量+级别+直径,左右端加腋钢筋信息不同时用";"隔开。没有分号隔开时,表示左右端配筋相同

3)梁的属性定义

（1）框架梁

在导航树中单击"梁"→"梁",在"构件列表"中单击"新建"→"新建矩形梁",新建矩形梁 KL6(7)。根据 KL6(7) 在结施-06 中的标注信息,在"属性列表"中输入相应的属性值,如图 3.48 所示。

图 3.48

【注意】

名称:根据图纸输入构件的名称 KL6(7),该名称在当前楼层的当前构件类型下唯一。

图 3.49

结构类别:结构类别会根据构件名称中的字母自动生成,也可根据实际情况进行选择。梁的结构类别下拉框选项中有 7 类,按照实际情况,此处选择"楼层框架梁",如图 3.49 所示。

跨数量:梁跨的数量,直接输入。没有输入时,提取梁跨后会自动读取。

截面宽度(mm):梁的宽度,KL6(7)的梁宽为 300,在此输入 300。

截面高度(mm):输入梁的截面高度,KL6(7)的梁高为 550,在此输入 550。

轴线距梁左边线距离:按默认即可。

箍筋:KL6(7)的箍筋信息为 Φ10@100/200(2)。

肢数:通过单击省略号按钮选择肢数类型,KL6(7)为 2 肢箍。

上部通长筋:根据图纸集中标注,KL6(7)的上部通长筋为 2Φ25。

下部通长筋:根据图纸集中标注,KL6(7)无下部通长筋。

侧面构造或受扭筋(总配筋值):格式(G 或 N)数量+级别+直径,其中 G 表示构造钢筋,N 表示抗扭构造筋,根据图纸集中标注,KL6(7)有构造钢筋 2 根+HRB400 级钢+12 的直径(G2Φ12)。

拉筋:当有侧面纵筋时,软件按"计算设置"中的设置自动计算拉筋信息。当前构件需要特殊处理时,可根据实际情况输入。

材质:有现浇混凝土、预制混凝土、普通混凝土、非现场搅拌混凝土 4 种类型,根据工程实际选用,该工程选用"商品混凝土"。

混凝土类型:当前构件的混凝土类型,可根据实际情况进行调整。这里的默认取值与楼层设置里的混凝土类型一致。

混凝土强度等级:混凝土的抗压强度。默认取值与楼层设置里的混凝土强度等级一致,根据图纸,框架梁的混凝土强度等级为 C30。

图 3.50

钢筋业务属性:如图 3.50 所示。

其他钢筋:除了当前构件中已经输入的钢筋外,还有需要计算的钢筋,则可通过其他钢筋来输入。

其他箍筋:除了当前构件中已经输入的箍筋外,还有需要计算的箍筋,则可通过其他箍筋来输入。

保护层厚度:软件自动读取楼层设置中框架梁的保护层厚度为 20 mm,如果当前构件需要特殊处理,则可根据实际情况进行输入。

(2)非框架梁

非框架梁的属性定义同上面的框架梁。对于非框架梁,在定义时,需要在属性的"结构类别"中选择相应的类别,如"非框架梁",其他属性与框架梁的输入方式一致,如图 3.51 所示。

图 3.51

4)梁的做法套用

梁构件定义好后,需要进行做法套用操作。打开"定义"界面,选择"构件做法",单击"添加清单",添加现浇混凝土矩形梁清单项 010403002 和有梁板清单项 010405001。单击"项目特征",根据工程实际情况将项目特征补充完整。混凝土梁、有梁板清单下均添加定额 B4-1,梁模板定额 4-37、有梁板模板定额 4-49、模板支撑增加费定额 4-68 均在措施项目费中混凝土、钢筋混凝土模板及支架中计算。

框架梁 KL6 的做法套用如图 3.52 所示。

	编码	类别	名称	项目特征	单位	工程量表达式	表达式说明	单价	综合单价
1	⊟ 010403002	项	矩形梁 1.混凝土标高:3.9 2.混凝土强度等级:C30 3.混凝土拌和料要求:商品混凝土		m3	TJ	TJ<体积>		
2	B4-1	定	C20混凝土,非现场搅拌		m3	TJ	TJ<体积>	214.13	

图 3.52

非框架梁 L1 的做法套用如图 3.53 所示。

	编码	类别	名称	项目特征	单位	工程量表达式	表达式说明	单价	综合单价
1	⊟ 010405001	项	有梁板L-1 1.混凝土标高:3.9 2.混凝土强度等级:C30 3.混凝土拌和料要求:商品混凝土		m3	TJ	TJ<体积>		
2	B4-1	定	C20混凝土,非现场搅拌		m3	TJ	TJ<体积>	214.13	

图 3.53

5)梁画法讲解

梁在绘制时,要先绘制主梁后绘制次梁。通常,按先上后下、先左后右的方向来绘制,以保证所有的梁都能够绘制完全。

(1)直线绘制

梁为线状构件,直线形的梁采用"直线"绘制比较简单,如 KL6。在绘图界面,单击"直线"命令,单击梁的起点①轴与Ⓓ轴的交点,单击梁的终点⑧轴与Ⓓ轴的交点即可,如图3.54所示。1 号办公楼中 KL2~KL10b、非框架梁 L1 都可采用直线绘制。

(2)弧形绘制

在绘制③~④轴与Ⓐ~⑭Ⓐ轴间的 KL1(1)时,先从③轴与Ⓐ轴交点出发,绘制一段 3500 mm 的直线,切换成"起点圆心终点弧"模式,如图 3.55 所示,捕捉圆心,再捕捉终点,完成 KL1 弧形段的绘制。

图 3.54

弧形段也可采用两点小弧的方法进行绘制,如果能准确确定弧上 3 个点,还可采用三点画弧的方式绘制。

(3)梁柱对齐

在绘制 KL6 时,对于①轴上①~⑧轴间的 KL6,其中心线不在轴线上,但由于 KL6 与两端框架柱一侧平齐,因此,除了采用"Shift+左键"的方法偏移绘制之外,还可使用"对齐"命令。

①在轴线上绘制 KL6(7),绘制完成后,选择"建模"页签下"修改"面板中的"对齐"命令,如图 3.56 所示。

图 3.55

图 3.56

②根据提示,先选择柱上侧的边线,再选择梁上侧的边线,对齐成功后如图 3.57 所示。

图 3.57

（4）偏移绘制

对于有些梁，如果端点不在轴线的交点或其他捕捉点上，可采用偏移绘制也就是采用"Shift+左键"的方法捕捉轴线交点以外的点来绘制。

例如，绘制 L1，两个端点分别为：Ⓓ轴与④轴交点偏移 X = 2300 + 200，Y = −3250 − 150。Ⓓ轴与⑤轴交点偏移 X = 0，Y = −3250 − 150。

将鼠标放在Ⓓ轴和④轴的交点处，同时按下"Shift"键和鼠标左键，在弹出的"输入偏移值"对话框中输入相应的数值，单击"确定"按钮，这样就选定了第一个端点。采用同样的方法，确定第二个端点来绘制 L1。

（5）镜像绘制梁图元

①~④轴上布置的 KL7 ~ KL9 与⑤~⑧轴上的 KL7 ~ KL9 是对称的，因此可采用"镜像"命令绘制此图元。点选镜像图元，单击鼠标右键选择"镜像"，单击对称点一，再单击对称点二，在弹出的对话框中选择"否"即可。

6）梁的二次编辑

梁绘制完毕后，只是对梁集中标注的信息进行了输入，还需输入原位标注的信息。由于梁是以柱和墙为支座的，提取梁跨和原位标注之前，需要绘制好所有的支座。图中梁显示为粉色时，表示还没有进行梁跨提取和原位标注的输入，也不能正确地对梁钢筋进行计算。

对于有原位标注的梁，可通过输入原位标注来把梁的颜色变为绿色；对于没有原位标注的梁，可通过提取梁跨来把梁的颜色变为绿色，如图3.58所示。

图 3.58

软件中用粉色和绿色对梁进行区别，目的是提醒哪些梁已经进行了原位标注的输入，便于检查，防止出现忘记输入原位标注，影响计算结果的情况。

（1）原位标注

梁的原位标注主要有支座钢筋、跨中筋、下部钢筋、架立钢筋和次梁加筋。另外，变截面也需要在原位标注中输入。下面以Ⓑ轴的 KL4 为例，介绍梁的原位标注信息输入。

①在"梁二次编辑"面板中选择"原位标注"。

②选择要输入原位标注的 KL4，绘图区显示原位标注的输入框，下方显示平法表格。

③对应输入钢筋信息，有两种方式：

一是在绘图区域显示的原位标注输入框中输入，比较直观，如图 3.59 所示。

图 3.59

二是在"梁平法表格"中输入,如图 3.60 所示。

位置	名称	跨号	标高		构件尺寸(mm)						上部钢筋				下部
			起点标高	终点标高	A1	A2	A3	A4	跨长	截面(B*H)	距左边线距离	上通长筋	左支座钢筋	跨中钢	右支座钢筋	下通长筋
1 <4+50,...	KL4(1)	1	3.85	3.85	(300)	(200)	(250)	(250)	(7150)	(300*600)	(150)	2⌀22	5⌀22 3/2		5⌀22 3/2	

图 3.60

绘图区域输入:按照图纸标注中 KL4 的原位标注信息输入;"1 跨左支座筋"输入"5 ⌀ 22 3/2",按"Enter"键确定;跳到"1 跨跨中筋",此处没有原位标注信息,不用输入,可以直接按"Enter"键跳到下一个输入框,或者用鼠标选择下一个需要输入的位置。例如,选择"1 跨右支座筋"输入框,输入"5 ⌀ 22 3/2";按"Enter"键跳到"下部钢筋",输入"4 ⌀ 25"。

【注意】

输入后按"Enter"键跳转的方式,软件默认的跳转顺序是左支座筋、跨中筋、右支座筋、下部钢筋,然后下一跨的左支座筋、跨中筋、右支座筋、下部钢筋。如果想要自己确定输入的顺序,可用鼠标选择需要输入的位置,每次输入之后,需要按"Enter"键或单击其他方框确定。

(2)重提梁跨

当遇到以下问题时,可使用"重提梁跨"功能:

①原位标注计算梁的钢筋需要重提梁跨,软件在提取了梁跨后才能识别梁的跨数、梁支座并进行计算。

②由于图纸变更或编辑梁支座信息,导致梁支座减少或增加,影响了梁跨数量,使用"重提梁跨"可以重新提取梁跨信息。

重提梁跨的操作步骤如下:

第一步:在"梁二次编辑"面板中选择"重提梁跨",如图 3.61 所示。

第二步:在绘图区域选择梁图元,出现如图 3.62 所示的提示信息,单击"确定"按钮即可。

图 3.61

图 3.62

(3)设置支座

如果存在梁跨数与集中标注中不符的情况,则可使用此功能进行支座的设置工作。操作步骤如下:

第一步:在"梁二次编辑"面板中选择"设置支座",如图 3.63 所示。

第二步:鼠标左键选择需要设置支座的梁,如 KL3,如图 3.64 所示。

图 3.63

图 3.64

第三步：鼠标左键选择或框选作为支座的图元，右键确认，如图 3.65 所示。

图 3.65

第四步：当支座设置错误时，还可采用"删除支座"的功能进行删除，如图 3.66 所示。

图 3.66

（4）梁标注的快速复制功能

分析结施-06，可以发现图中有很多同名的梁（如 KL1，KL2，KL5，KL7，KL8，KL9 等），都在多个地方存在。这时，不需要对每道梁都进行原位标注，直接使用软件提供的几个复制功能，即可快速对梁进行原位标注。

①梁跨数据复制。工程中不同名称的梁，梁跨的原位标注信息相同，或同一道梁不同跨的原位标注信息相同，通过该功能可以将当前选中的梁跨数据复制到目标梁跨上。复制内容主要是钢筋信息。例如 KL3，其③～④轴的原位标注与⑤～⑥轴完全一致，这时可使用梁跨数据复制功能，将③～④轴跨的原位标注复制到⑤～⑥轴中。

第一步：在"梁二次编辑"面板中选择"梁跨数据复制"，如图 3.67 所示。

图 3.67

第二步：在绘图区域选择需要复制的梁跨，单击鼠标右键结束选择，需要复制的梁跨选中后显示为红色，如图 3.68 所示。

图 3.68

第三步:在绘图区域选择目标梁跨,选中的梁跨显示为黄色,单击鼠标右键完成操作,如图3.69所示。

图 3.69

②应用到同名梁。当遇到以下问题时,可使用"应用到同名梁"功能。

如果图纸中存在多个同名称的梁,且原位标注信息完全一致,就可采用"应用到同名梁"功能来快速地实现原位标注信息的输入。如结施-06 中有 4 道 KL5,只需对一道 KL5 进行原位标注,运用"应用到同名梁"功能,实现快速标注。

图 3.70

第一步:在"梁二次编辑"面板中选择"应用到同名梁",如图 3.70 所示。

第二步:选择应用方法,软件提供了 3 种选择,根据实际情况选用即可。包括同名称未提取跨梁、同名称已提取跨梁、所有同名称梁。单击"查看应用规则",可查看应用同名梁的规则。

同名称未提取跨梁:未识别的梁为浅红色,这些梁没有识别跨长和支座等信息。

同名称已提取跨梁:已识别的梁为绿色,这些梁已经识别了跨长和支座信息,但是原位标注信息没有输入。

所有同名称梁:不考虑梁是否已经识别。

【注意】
　　未提取梁跨的梁,图元不能捕捉。

第三步:用鼠标左键在绘图区域选择梁图元,单击右键确定,完成操作,则软件弹出应用成功的提示,在此可看到有几道梁应用成功。

(5)梁的吊筋和次梁加筋

在做实际工程时,吊筋和次梁加筋的布置方式一般都是在"结构设计总说明"中集中说明的,此时需要批量布置吊筋和次梁加筋。

《1 号办公楼施工图(含土建和安装)》在"结构设计总说明"中的钢筋混凝土梁第三条表示:在主次梁相交处,均在次梁两侧各设 3 组箍筋,且注明了箍筋肢数、直径同梁箍筋,间距为50 mm,因此需设置次梁加筋。在结施-05~08 的说明中也对次梁加筋进行了说明。

①在"梁二次编辑"面板中单击"生成吊筋",如图 3.71 所示。

②在弹出的"生成吊筋"对话框中,根据图纸输入次梁加筋的钢筋信息,如图 3.72 所示。假如有吊筋,也可在此输入生成。

③设置完成后,单击"确定"按钮,然后在图中选择要生成次梁加筋的主梁和次梁,单击右键确定,即可完成吊筋的生成。

图 3.71　　　　　　　　　　　　　　　　　　图 3.72

【注意】

必须进行提取梁跨后,才能使用此功能自动生成;运用此功能同样可以整楼生成。

(6)配置梁侧面钢筋(拓展)

如果图纸原位标注中标注了侧面钢筋的信息,或是结构设计总说明中标明了整个工程的侧面钢筋配筋,那么,除了在原位标注中输入外,还可使用"生成侧面钢筋"的功能来批量配置梁侧面钢筋。

①在"梁二次编辑"面板中选择"生成侧面筋"。

②在弹出的"生成侧面筋"对话框中,点选"梁高"或是"梁腹板高"定义侧面钢筋,如图3.73 所示,可利用插入行添加侧面钢筋信息,高和宽的数值要求连续。

图 3.73

其中,"梁腹板高设置"可以修改相应下部纵筋排数对应的"梁底至梁下部纵筋合力点距离 s"。

根据规范和平法,梁腹板高度 H_w 应取有效高度,需要算至下部钢筋合力点。下部钢筋

图 3.74

只有一排时,合力点为下部钢筋的中心点,则 $H_w = H_b -$ 板厚 - 保护层 - 下部钢筋半径,$s = $ 保护层 $+D/2$;当下部钢筋为两排时,s 一般取 60 mm;当不需要考虑合力点时,则 s 输入 0,表示腹板高度 $H_w = $ 梁高 - 板厚。用户可根据实际情况进行修改,如图 3.74 所示。

③软件生成方式支持"选择图元"和"选择楼层"。"选择图元"在楼层中选择需要生成侧面钢筋的梁,单击鼠标右键确定;"选择楼层"则在右侧选择需要生成侧面筋的楼层,该楼层中所有的梁均生成侧面钢筋,如图 3.75 所示。

图 3.75

【说明】

生成的侧面钢筋支持显示钢筋三维。

利用此功能默认是输入原位标注侧面钢筋,遇支座断开,若要修改做法,进入"计算设置"中的"框架梁",可选择其他做法。

四、任务结果

1)查看钢筋工程量计算结果

前面部分没有涉及构件图元钢筋计算结果的查看,主要是因为竖向的构件在上下层没有绘制时,无法正确计算搭接和锚固,对于梁这类水平构件,本层相关图元绘制完毕,就可以正确地计算钢筋量,并可以查看计算结果。

首先,选择"工程量"选项卡下的"汇总计算",选择要计算的层进行钢筋量的计算,然后就可以选择已经计算过的构件进行计算结果的查看。

①通过"编辑钢筋"查看每根钢筋的详细信息:选择"钢筋计算结果"面板下的"编辑钢筋",下面还是以 KL4 为例进行说明。

钢筋显示顺序为按跨逐个显示,如图 3.76 所示的第一行计算结果中,"筋号"对应到具体钢筋;"图号"是软件对每一种钢筋形状的编号。"计算公式"和"公式描述"是对每根钢筋的计算过程进行的描述,方便查量和对量;"搭接"是指单根钢筋超过定尺长度之后所需要的搭接长度和接头个数。

"编辑钢筋"中的数据还可以进行编辑,可根据需要对钢筋的信息进行修改,然后锁定该构件。

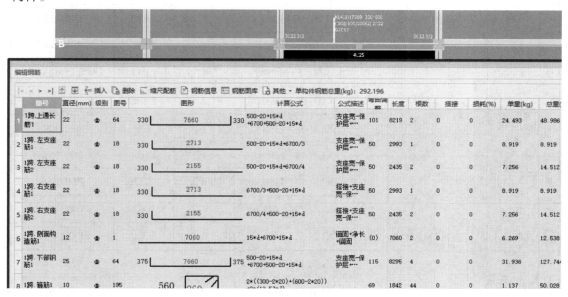

图 3.76

②通过"查看钢筋量"来查看计算结果:选择钢筋量菜单下的"查看钢筋量",或者在工具条中选择"查看钢筋量"命令,拉框选择或者点选需要查看的图元。软件可以一次性显示多个图元的计算结果,如图 3.77 所示。

图 3.77

图中显示构件的钢筋量,可按不同的钢筋类别和直径列出,并可对选择的多个图元的钢筋量进行合计。

首层所有梁的钢筋工程量统计可单击"查看报表",见表 3.15(见报表中"楼层构件统计校对表")。

表 3.15　首层梁的钢筋工程量

汇总信息	汇总信息钢筋总重(kg)	构件名称	构件数量	HPB300	HRB400
楼层名称:首层(绘图输入)				78.008	12625.998
梁	12548.903	KL1(1)[7389]	2	3.6	692.392
		KL10(3)[7393]	1	3.842	646.422
		KL10a(3)[7394]	1	2.26	339.245
		KL10b(1)[15547]	1	1.017	132.923
		KL2(2)[7396]	2	5.198	771.13
		KL3(3)[7398]	1	4.8	632.909
		KL4(1)[7399]	1	2.034	290.162
		KL5(3)[7400]	4	17.176	2740.556
		KL6(7)[7404]	1	10.622	1660.896
		KL7(3)[7405]	2	9.04	1322.938
		KL8(1)[7407]	2	4.068	759.774
		KL8(1)[7409]	2	3.842	732.6
		KL9(3)[7411]	2	9.04	1651.468
		L1(1)[44426]	1	1.469	129.714
		TL-1[15550]	1		35.373
		TL-1[15551]	1		35.373
		TL-1[15549]	1		17.099
		TL-1[16187]	1		35.024
		合计		78.008	12625.998

2)查看土建工程量计算结果

①参照 KL1 属性的定义方法,将剩余框架梁按图纸要求定义。

②用直线、三点画弧、对齐、镜像等方法将 KL1～KL10b,以及非框架梁 L1 按图纸要求绘制。绘制完成后,如图 3.78 所示。

图 3.78

③汇总计算,统计首层梁的清单、定额工程量,见表 3.16。

表 3.16 首层梁清单、定额工程量

编码	项目名称	单位	工程量明细	
			绘图输入	表格输入
010403002001	矩形梁 1.梁顶标高:3.9 m 2.混凝土强度等级:C30 3.混凝土拌合料要求:商品混凝土	m³	36.7965	
B4-1	矩形梁 商品混凝土	m³	36.7965	
010403006001	弧形梁 1.梁顶标高:3.9 m 2.混凝土强度等级:C30 3.混凝土拌合料要求:商品混凝土	m³	1.6826	
B4-1	弧形梁 商品混凝土	m³	1.6826	
010405001001	有梁板 1.梁顶标高:3.9 m 2.混凝土强度等级:C30 3.混凝土拌合料要求:商品混凝土	m³	2.1634	
B4-1	有梁板 商品混凝土	m³	2.1634	
矩形梁、有梁板模板				
4-37	矩形梁 模板	m³	36.7965	
4-41	弧形梁 模板	m³	1.6826	
4-49	有梁板 模板	m³	2.1634	
4-68	构件超高模板 高度超过3.6 m 每超过1 m 板	m³	40.6425	

五、总结拓展

①梁的原位标注和平法表格的区别：选择"原位标注"时，可以在绘图区域梁图元的位置输入原位标注的钢筋信息，也可以在下方显示的表格中输入原位标注信息；选择"梁平法表格"时只显示下方的表格，不显示绘图区域的输入框。

②捕捉点的设置：绘图时，无论是利用点画、直线还是其他绘制方式，都需要捕捉绘图区域的点，以确定点的位置和线的端点。该软件提供了多种类型点的捕捉，可以在状态栏设置捕捉，绘图时可以在"捕捉工具栏"中直接选择要捕捉的点类型，方便绘制图元时选取点，如图 3.79 所示。

图 3.79

③设置悬挑梁的弯起钢筋：当工程中存在悬挑梁并且需要计算弯起钢筋时，在软件中可以快速地进行设置及计算。首先，进入"计算设置"→"节点设置"→"框架梁"，在第 29 项设置悬挑梁钢筋图号，软件默认是 2 号图号，可以单击按钮选择其他图号（软件提供了 6 种图号供选择），节点示意图中的数值可进行修改。

计算设置的修改范围是全部悬挑梁，如果修改单根悬挑梁，应选中单根梁，在平法表格"悬臂钢筋代号"中修改。

④如果梁在图纸上有两种截面尺寸，软件是不能定义同名称构件的，因此需重新加下脚标来定义。

问 题思考

（1）梁属于线性构件，可否使用矩形绘制？如果可以，哪些情况适合用矩形绘制？

（2）智能布置梁后，若位置与图纸位置不一样，怎样调整？

（3）如何绘制弧形梁？

3.4 首层板工程量计算

通过本节的学习，你将能够：

（1）依据定额和清单分析现浇板的工程量计算规则；

（2）分析图纸，读取板的土建及钢筋信息；

（3）定义首层现浇板、板受力筋、板负筋及分布筋的属性；

（4）绘制首层现浇板、板受力筋、板负筋及分布筋；

（5）统计板的土建及钢筋工程量。

一、任务说明

①完成首层板的属性定义、做法套用及图元绘制。

②汇总计算,统计本层板的土建及钢筋工程量。

二、任务分析

①首层板在计量时的主要尺寸有哪些? 从哪个图中的什么位置找到? 有多少种板?

②板的钢筋类别有哪些? 如何进行定义和绘制?

③板是如何套用清单定额的?

④板的绘制方法有哪几种?

⑤各种不同名称的板如何能快速套用做法?

三、任务实施

1)分析图纸

根据结施-10来定义和绘制板及板的钢筋。

进行板的图纸分析时,应注意以下几个要点:

①本页图纸说明、厚度说明、配筋说明;

②板的标高;

③板的分类,相同板的位置;

④板的特殊形状;

⑤受力筋、板负筋的类型,跨板受力筋的位置和钢筋布置。

分析结施-09~12,可以从中得到板的相关信息,包括地下室至4层的楼板,主要信息见表3.17。

表3.17 板表

序号	类型	名称	混凝土强度等级	板厚 h(mm)	板顶标高	备注
1	普通楼板	LB-120	C30	120	层顶标高	
		LB-130	C30	130	层顶标高	
		LB-140	C30	140	层顶标高	
		LB-160	C30	160	层顶标高	
2	飘窗板	飘窗板100	C30	100	见结施图	
3	平台板	平台板100	C30	100	见结施图	

根据结施-10,详细查看首层板及板配筋信息。

在软件中,完整的板构件由现浇板、板筋(包含受力筋及负筋)组成,因此板构件的钢筋计算包括以下两个部分:板定义中的钢筋和绘制的板筋(包括受力筋和负筋)。

2)现浇板定额、清单计算规则学习

(1)清单计算规则学习

板清单计算规则见表3.18。

表 3.18　板清单计算规则

编号	项目名称	单位	计算规则
010405001	有梁板	m³	按设计图示尺寸以体积计算。不扣除构件内钢筋、预埋铁件及单个面积 0.3 m² 以内的孔洞所占体积。有梁板(包括主、次梁与板)按梁、板体积之和计算,无梁板按板和柱帽体积之和计算,各类板伸入墙内的板头并入板体积内计算,薄壳板的肋、基梁并入薄壳体积内计算
010405002	无梁板		
010405003	平板		

(2)定额计算规则学习

板定额计算规则见表 3.19。

表 3.19　板定额计算规则

编号	项目名称	单位	计算规则
B4-1	现浇混凝土有梁板、平板 商品混凝土	m³	混凝土的工程量按设计图示尺寸以体积计算。不扣除构件内钢筋、螺栓、预埋铁件及 0.3 m² 以内的孔洞所占体积
4-1	现浇混凝土有梁板、平板 现场搅拌混凝土		
4-51	现浇混凝土平板模板10 cm以内	m³	"有梁板"包括次梁与板,按梁、板体积之和计算。无梁板系指不带梁,直接用柱帽支承的楼板,其柱帽体积与板合并计算。"平板"按板实体积计算。捣制板与梁(框架梁、主梁、圈梁)交接时,板算至梁侧面;捣制板与混凝土墙交接时,板算至墙侧面;捣制板与砖墙交接时,伸入墙内部分(板头或板脚)并入板内计算
4-52	现浇混凝土平板模板10 cm以上		
4-48	现浇有梁板模板板厚10 cm以内		
4-49	现浇有梁板模板板厚10 cm以上		
4-68	高度超过 3.6 m 每增 1 m 梁	m³	模板支撑高度在 3.6 m 以上时,执行超高相应定额子目,按超过部分全部体积计算工程量,"支模每增加 1 m"子目指建筑设计层高超过 3.6 m 部分(不含 3.6 m),不足 1 m 者按 1 m 计算应增加的消耗量定额,梁、板处于层高 3.6 m 以上时则应全部计算其支模增加消耗量,墙、柱为超过 3.6 m 以上部分计算支模增加消耗量

3)板的属性定义和做法套用

(1)板的属性定义

在导航树中选择"板"→"现浇板",在"构件列表"中选择"新建"→"新建现浇板"。下面以Ⓒ~Ⓓ轴、②~③轴所围的 LB-160 为例,新建现浇板 LB-160。根据 LB-160 在图纸中的尺寸标注,在"属性列表"中输入相应的属性值,如图 3.80 所示。

图 3.80

【说明】

①名称:根据图纸输入构件的名称,该名称在当前楼层的当前构件类型下唯一。

②厚度(mm):现浇板的厚度。

③类别:选项为有梁板、无梁板、平板、拱板等。

④是否是楼板:主要与计算超高模板、超高体积起点判断有关,若是,则表示构件可以向下找到该构件作为超高计算的判断依据,若否,则超高计算的判断与该板无关。

⑤材质:不同地区计算规则对应的材质有所不同。

其中,钢筋业务属性如图 3.81 所示。

图 3.81

【说明】

①保护层厚度:软件自动读取楼层设置中的保护层厚度,如果当前构件需要特殊处理,则可根据实际情况进行输入。

②马凳筋参数图:可编辑马凳筋类型,参见"帮助文档"中《GTJ2018 钢筋输入格式详解》"五、板"的"01 现浇板"。

③马凳筋信息:参见《GTJ2018 钢筋输入格式详解》中"五、板"的"01 现浇板"。

④线形马凳筋方向:对Ⅱ型、Ⅲ型马凳筋起作用,设置马凳筋的布置方向。

⑤拉筋:板厚方向布置拉筋时,输入拉筋信息,输入格式:级别+直径+间距×间距或者数量+级别+直径。

⑥马凳筋数量计算方式:设置马凳筋根数的计算方式,默认取"计算设置"中设置的计算方式。

⑦拉筋数量计算方式:设置拉筋根数的计算方式,默认取"计算设置"中设置的计算方式。

其中,土建业务属性如图 3.82 所示。

24	⊟ 土建业务属性		
25	计算设置	按默认计算设置	
26	计算规则	按默认计算规则	
27	支模高度	按默认计算设置	☐
28	超高底面标高	按默认计算设置	☐
29	坡度(°)	0	☐

图 3.82

【说明】

①计算设置:用户可自行设置构件土建计算信息,软件将按设置的计算方法计算。

②计算规则:软件内置全国各地清单及定额计算规则,同时用户可自行设置构件土建计算规则,软件将按设置的计算规则计算。

(2)板的做法套用

板构件定义好后,需要进行做法套用操作。打开"定义"界面,选择"构件做法",单击"添加清单",添加混凝土有梁板清单项 010405001 和平板清单项 010405003。在有梁板清单下添加混凝土定额 B4-1,在平板清单下添加混凝土定额 B4-1。单击"项目特征",根据工程实际情况将项目特征补充完整。

LB-160 的做法套用如图 3.83 所示。

构件做法								
🖳添加清单 🖳添加定额 🗓删除 ⻔查询 ▾ 🟦项目特征 *fx*换算 ▾ 🗸做法刷 🟦做法查询 🖳提取做法 🗐当前构件自动套做法								
	编码	类别	名称	项目特征	单位	工程量表达式	表达式说明	单价
1	⊟ 010405003	项	平板 1.标高:3.9m 2.板厚度:160mm 3.混凝土强度等级:C30 4.混凝土拌和料要求:商品混凝土		m3	TJ	TJ<体积>	
2	B4-1	定	C20混凝土,非现场搅拌		m3	TJ	TJ<体积>	214.13

图 3.83

4)板画法讲解

(1)点画绘制板

仍以 LB-160 为例,定义好楼板属性后,单击"点"命令,在 LB-160 区域单击鼠标左键,即可布置 LB-160,如图 3.84 所示。

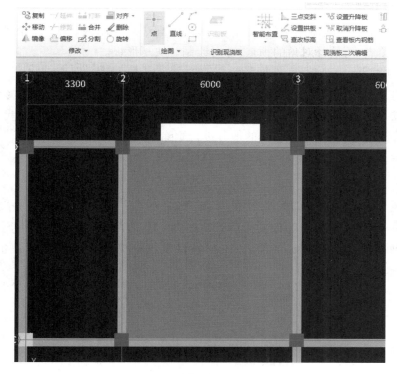

图 3.84

（2）直线绘制板

仍以 LB-160 为例，定义好 160 mm 厚楼板 LB-160 后，单击"直线"命令，鼠标左键单击 LB-160边界区域的交点，围成一个封闭区域，即可布置 LB-160，如图 3.85 所示。

图 3.85

（3）矩形绘制板

图中没有围成封闭区域的位置,可采用"矩形"画法来绘制板。单击"矩形"命令,选择板图元的一个顶点,再选择对角的顶点,即可绘制一块矩形板。

（4）自动生成板

当板下的梁、墙绘制完毕,且图中板类别较少时,可使用自动生成板,软件会自动根据图中梁和墙围成的封闭区域来生成整层的板。自动生成完毕之后,需要检查图纸,将与图中板信息不符的修改过来,对图中没有板的地方进行删除。

5) 板受力筋的属性定义和绘制

（1）板受力筋的属性定义

在导航树中选择"板"→"板受力筋",在"构件列表"中选择"新建"→"新建板受力筋",以⑥~⑩轴、②~③轴上的板受力筋 SLJ-$\oplus$10@150 为例,新建板受力筋 SLJ-$\oplus$10@150。根据 SLJ-$\oplus$10@150 在图纸中的布置信息,在属性编辑框中输入相应的属性值,如图 3.86 所示。

	属性名称	属性值	附加
1	名称	SLJ-$\oplus$10@150	
2	类别	底筋	☐
3	钢筋信息	$\oplus$10@150	☐
4	左弯折(mm)	(0)	☐
5	右弯折(mm)	(0)	☐
6	备注		☐
7	⊟ 钢筋业务属性		
8	钢筋锚固	(35)	
9	钢筋搭接	(42)	
10	归类名称	(SLJ-$\oplus$10@150)	☐
11	汇总信息	(板受力筋)	☐
12	计算设置	按默认计算设置计算	
13	节点设置	按默认节点设置计算	
14	搭接设置	按默认搭接设置计算	
15	长度调整(...		☐
16	⊞ 显示样式		

图 3.86

【说明】

①名称:结施图中没有定义受力筋的名称,用户可根据实际情况输入较容易辨认的名称,这里按钢筋信息输入"SLJ-$\oplus$10@150"。

②类别:在软件中可以选择底筋、面筋、中间层筋和温度筋,根据图纸信息进行正确选择,在此为底筋,也可以不选择,在后面绘制受力筋时可重新设置钢筋类别。

③钢筋信息:按照图中钢筋信息输入"$\oplus$10@150"。

④左弯折和右弯折:按照实际情况输入受力筋的端部弯折长度。软件默认为"0",表示按照计算设置中默认的"板厚-2倍保护层厚度"来计算弯折长度。此处关系钢筋计算结果,如果图纸中没有特殊说明,不需要修改。

⑤钢筋锚固和搭接:取楼层设置中设定的数值,可根据实际图纸情况进行修改。

（2）板受力筋的绘制

在导航树中选择"板受力筋"，单击"建模"，在"板受力筋二次编辑"中单击"布置受力筋"，如图3.87所示。

图 3.87

布置板的受力筋，按照布置范围有"单板""多板""自定义"和"按受力范围"布置；按照钢筋方向有"XY方向""水平"和"垂直"布置；还有"两点""平行边""弧线边布置放射筋"以及"圆心布置放射筋"，如图3.88所示。

图 3.88

以ⓒ~ⓓ轴与②~③轴的LB-160受力筋布置为例。

①选择布置范围为"单板"，布置方向为"XY方向"，选择板LB-160，弹出如图3.89所示的对话框。

图 3.89

【说明】

①双向布置：适用于某种钢筋类别在两个方向上布置的信息相同的情况。

②双网双向布置：适用于底筋与面筋在X和Y两个方向上钢筋信息全部相同的情况。

③XY向布置：适用于底筋的X、Y方向信息不同，面筋的X、Y方向信息不同的情况。

④选择参照轴网：可以选择以哪个轴网的水平和竖直方向为基准进行布置，不勾选时，以绘图区域水平方向为X方向、竖直方向为Y方向。

②由于LB-160的板受力筋只有底筋，而且在两个方向上的布置信息是相同的，因此选择"双向布置"，在"钢筋信息"中选择相应的受力筋名称SLJ-⌀10@150，单击"确定"按钮即可布置单板的受力筋，如图3.90所示。

再以Ⓒ~Ⓓ轴与⑤~⑥轴的 LB-160 的受力筋布置为例，该位置的 LB-160 只有底筋，板受力筋 X、Y 方向的底筋布置类型不相同，则可采用"XY 向布置"，如图 3.91 所示。

图 3.90

图 3.91

Ⓒ~Ⓓ轴与⑤~⑥轴的 LB-160 板受力筋布置图（详见结施-10），如图 3.92 所示，受力筋布置完成后如图 3.93 所示。

图 3.92

图 3.93

（3）应用同名称板

LB-160 的钢筋信息，除了Ⓒ~Ⓓ轴与⑤~⑥轴的 LB-160 上的板受力筋配筋不同外，其余都是相同的，下面使用"应用同名称板"来布置其他同名称板的钢筋。

图 3.94

①选择"建模"→"板受力筋二次编辑"→"应用同名板"命令，如图 3.94 所示。

②选择已经布置上钢筋的Ⓒ~Ⓓ轴与②~③轴的 LB-160 图元，单击鼠标右键确定，则其他同名称的板都布置上了相同的钢筋信息。同时，Ⓒ~Ⓓ轴与⑤~⑥轴的 LB-160 也会布置同样的板受力筋，将其对应图纸进行正确修改即可。

对于其他板的钢筋，可采用相应的布置方式进行布置。

6）跨板受力筋的定义与绘制

下面以结施-10中Ⓑ~Ⓒ轴、②~③轴的楼板的跨板受力筋⊕12@200为例,介绍跨板受力筋的定义和绘制。

（1）跨板受力筋的属性定义

在导航树中选择"受力筋",在受力筋的"构件列表"中单击"新建"→"新建跨板受力筋",弹出如图3.95所示的新建跨板受力筋界面。

左标注和右标注:左右两边伸出支座的长度,根据图纸中的标注进行输入。

马凳筋排数:根据实际情况输入。

标注长度位置:可选择支座中心线、支座内边线和支座外边线,如图3.96所示。根据图纸中标注的实际情况进行选择。此工程选择"支座外边线"。

	属性名称	属性值
1	名称	KBSLJ-C12@200
2	类别	面筋
3	钢筋信息	⊕12@200
4	左标注(mm)	1500
5	右标注(mm)	1500
6	马凳筋排数	1/1
7	标注长度位置	支座外边线
8	左弯折(mm)	(130)
9	右弯折(mm)	(130)
10	分布钢筋	(同一板厚的分布筋相同)
11	备注	
12	⊞ 钢筋业务属性	
21	⊞ 显示样式	

7	标注长度位置	(支座中心线)
8	左弯折(mm)	支座内边线
9	右弯折(mm)	支座轴线
10	分布钢筋	支座中心线
11	备注	支座外边线
12	⊞ 钢筋业务属性	

图3.95　　　　　　　　　　　　　　　　　图3.96

分布钢筋:结施-01（2）中说明,板厚小于110 mm时,分布钢筋的直径、间距为φ6@200;板厚120~160 mm时,分布钢筋的直径、间距为φ8@200。因此,此处输入φ8@200。

也可以在计算设置中对相应的项进行输入,这样就不用针对每一个钢筋构件进行输入了。具体参考"2.2 计算设置"中钢筋设置的部分内容。

（2）跨板受力筋的绘制

对于该位置的跨板受力筋,可采用"单板"和"垂直"布置的方式来绘制。选择"单板",再选择"垂直",单击Ⓑ~Ⓒ轴、②~③轴的楼板,即可布置垂直方向的跨板受力筋。其他位置的跨板受力筋采用同样的方式布置。

跨板受力筋绘制完成后,需选中绘制好的跨板受力筋,查看其布置范围,如果布置范围与图纸不符,则需要移动其编辑点至正确的位置,如图3.97所示。

图3.97

7) 负筋的属性定义与绘制

下面以结施-10 中 8 号负筋为例，介绍负筋的属性定义和绘制，如图 3.98 所示。

图 3.98

（1）负筋的属性定义

进入"板"→"板负筋"，在"构建列表"中单击"新建"→"新建板负筋"。在"属性列表"中定义板负筋的属性，8 号负筋的属性定义如图 3.99 所示。

左标注和右标注：8 号负筋只有一侧标注，左标注输入"1500"，右标注输入"0"。

单边标注位置：根据图中实际情况，选择"支座内边线"。

LB-160 在②轴上的 10 号负筋⊈12@ 200 的属性定义，如图 3.100 所示。

	属性名称	属性值
1	名称	FJ-C10@200
2	钢筋信息	Φ10@200
3	左标注(mm)	1500
4	右标注(mm)	0
5	马凳筋排数	1/1
6	单边标注位置	支座内边线
7	左弯折(mm)	(130)
8	右弯折(mm)	(130)
9	分布钢筋	(同一板厚的分布筋相同)
10	备注	
11	⊞ 钢筋业务属性	
19	⊞ 显示样式	

图 3.99

	属性名称	属性值
1	名称	FJ-C12@200
2	钢筋信息	Φ12@200
3	左标注(mm)	1500
4	右标注(mm)	1500
5	马凳筋排数	1/1
6	非单边标注含...	否
7	左弯折(mm)	(90)
8	右弯折(mm)	(130)
9	分布钢筋	(同一板厚的分布筋相同)
10	备注	
11	⊞ 钢筋业务属性	
19	⊞ 显示样式	

图 3.100

对于左右均有标注的负筋，有"非单边标注含支座宽"的属性，指左右标注的尺寸是否含支座宽度，这里根据实际图纸情况选择"否"，其他内容与 8 号负筋输入方式一致。按照同样的方式定义其他的负筋。

（2）负筋的绘制

负筋定义完毕后，回到绘图区域，对②~③轴、ⓒ~ⓓ轴的 LB-160 进行负筋的布置。

①对于上侧 8 号负筋，单击"板负筋二次编辑"面板上的"布置负筋"，选项栏则会出现布置方式，有按梁布置、按圈梁布置、按连梁布置、按墙布置、按板边布置及画线布置，如图 3.101所示。

图 3.101

先选择"按墙布置"，再选择墙，按提示栏的提示单击墙，鼠标移动到墙图元上，则墙图元显示一道蓝线，同时显示出负筋的预览图，下侧确定方向，即可布置成功。

②对于②轴上的 10 号负筋，选择"按梁布置"，再选择梁段，鼠标移动到梁图元上，则梁图元显示一道蓝线，同时显示出负筋的预览图，确定方向，即可布置成功。

本工程中的负筋都可按墙或者按梁布置，也可选择画线布置。

四、任务结果

1)板构件的任务结果

①根据上述普通楼板 LB-160 的属性定义方法,将本层剩余楼板的属性定义好。

②用点画、直线、矩形等方法将首层板绘制好,绘制完成后如图 3.102 所示。

图 3.102

③汇总计算,统计首层板清单、定额工程量,见表 3.20。

表 3.20 首层板清单、定额工程量

编码	项目名称	单位	工程量明细	
			绘图输入	表格输入
010405003001	平板 1.层高:3.9 m 2.板厚度:120 mm 3.混凝土强度等级:C30 4.混凝土拌合料要求:商品混凝土	m³	15.9768	
B4-1	平板 混凝土	m³	15.9768	
010405003002	平板 1.层高:3.9 m 2.板厚度:160 mm 3.混凝土强度等级:C30 4.混凝土拌合料要求:商品混凝土	m³	42.82	
B4-1	平板 混凝土	m³	42.82	

续表

编码	项目名称	单位	工程量明细	
			绘图输入	表格输入
010405001001	有梁板 1.层高:3.9 m 2.板厚度:140 mm 3.混凝土强度等级:C30 4.混凝土拌合料要求:商品混凝土	m³	2.4284	
B4-1	有梁板 混凝土	m³	2.4284	
010405001002	有梁板(楼梯间入口板) 1.层高:3.9 m 2.板厚度:100 mm 3.混凝土强度等级:C30 4.混凝土拌合料要求:商品混凝土	m³	0.462	
B4-1	有梁板 混凝土	m³	0.462	
010405001003	有梁板 1.层高:3.9 m 2.板厚度:130 mm 3.混凝土强度等级:C30 4.混凝土拌合料要求:商品混凝土	m³	6.8952	
B4-1	有梁板 混凝土	m³	6.8952	
010405001004	有梁板 1.层高:3.9 m 2.板厚度:120 mm 3.混凝土强度等级:C30 4.混凝土拌合料要求:商品混凝土	m³	2.4252	
B4-1	有梁板 混凝土	m³	2.4252	
010405001005	有梁板(飘窗板) 1.板厚度:100 mm 2.混凝土强度等级:C30 3.混凝土拌合料要求:商品混凝土	m³	0.816	
B4-1	有梁板 混凝土	m³	0.816	
4-52	平板 模板板厚度:10 mm 以外	m³	58.7968	

续表

编码	项目名称	单位	工程量明细	
			绘图输入	表格输入
4-49	有梁板 模板板厚度:10 mm 以外	m³	11.7488	
4-48	有梁板 模板(楼梯入口板 0.462+飘窗板 0.816),板厚度:100 mm 以内	m³	1.278	
4-68	现浇构件模板 层高超过 3.6 m 每增加 1 m 梁、板	m³	71.0076	
备注:飘窗板混凝土在参数化飘窗中计算,匹配有梁板清单				

2)首层板钢筋量汇总表

首层板钢筋量汇总表,见表 3.21(见"报表预览"→"构件汇总信息分类统计表")。

表 3.21　首层板钢筋工程量

汇总信息	HPB300		HRB400			
	8	合计(t)	8	10	12	合计(t)
板负筋	0.349	0.349	0.0988	0.412	1.073	1.5838
板受力筋	0.176	0.176		4.0719	1.1139	5.1858
现浇板	0.012	0.012				
合计(t)		0.537				6.7696

五、总结拓展

①当板顶标高与层顶标高不一致时,在绘制板后可以通过单独调整这块板的属性来调整标高。

②④轴与⑤轴间,左边与右边的板可以通过镜像绘制,其绘制方法与柱镜像绘制方法相同。

③板属于面式构件,其绘制方法和其他面式构件相似。

④在绘制跨板受力筋或负筋时,若左右标注和图纸标注正好相反,可以使用"交换标注"功能进行调整。

问题思考

(1)用点画法绘制板需要注意哪些事项? 对绘制区域有什么要求?

(2)当板为有梁板时,板与梁相交时的扣减原则是什么?

(3)如何绘制斜板?

3.5 首层砌体结构工程量计算

通过本节的学习,你将能够:

(1)依据定额和清单分析砌体墙的工程量计算规则;

(2)运用点加长度绘制墙图元;

(3)统计本层砌体墙的阶段性工程量;

(4)正确计算砌体加筋工程量。

一、任务说明

①完成首层砌体墙的属性定义、做法套用及图元绘制。

②汇总计算,统计本层砌体墙的工程量。

二、任务分析

①首层砌体墙在计量时的主要尺寸有哪些?从哪个图中什么位置找到?有多少种类的墙?

②砌体墙不在轴线上如何使用点加长度绘制?

③砌体墙中清单计算的厚度与定额计算的厚度不一致时该如何处理?墙的清单项目特征描述是如何影响定额匹配的?

④虚墙的作用是什么?如何绘制?

三、任务实施

1)分析图纸

分析建施-01、建施-04、建施-09、结施-01(2)可以得到砌体墙的基本信息,见表 3.22。

表 3.22 砌体墙表

序号	类型	砌筑砂浆	材质	墙厚(mm)	标高	备注
1	外墙	M5 水泥砂浆	陶粒空心砖	250	−0.05~+3.85	梁下墙
2	内墙	M5 水泥砂浆	煤陶粒空心砖	200	−0.05~+3.85	梁下墙

2)砌体墙清单、定额计算规则学习

(1)清单计算规则

砌体墙清单计算规则见表 3.23。

表 3.23　砌体墙清单计算规则

编号	项目名称	单位	计算规则
010304001	砌块墙	m³	按设计图示尺寸以体积计算。扣除门窗洞口、过人洞、空圈、嵌入墙内的钢筋混凝土柱、梁、圈梁、挑梁、过梁及凹进墙内的壁龛、管槽、暖气槽、消火栓箱所占体积,不扣除梁头、板头、檩头、垫木、木楞头、沿缘木、木砖、门窗走头、砖墙内加固钢筋、木筋、铁件、钢管及单个面积 0.3 m² 以内的孔洞所占体积,凸出墙面的腰线、挑檐、压顶、窗台线、虎头砖、门窗套的体积不增加,凸出墙面的砖垛并入墙体体积内 1.墙长度:外墙按中心线,内墙按净长计算 2.墙高度: (1)外墙:斜(坡)屋面无檐口天棚者算至屋面板底;有屋架且室内外均有天棚者算至屋架下弦底另加200 mm;无天棚者算至屋架下弦底另加 300 mm,出檐宽度超过 600 mm 时按实砌高度计算;平屋面算至钢筋混凝土板底 (2)内墙:位于屋架下弦者,算至屋架下弦底;无屋架者算至天棚底另加 100 mm;有钢筋混凝土楼板隔层者算至楼板顶;有框架梁时算至梁底 (3)女儿墙:从屋面板上表面算至女儿墙顶面(如有压顶时算至压顶下表面) (4)内、外山墙:按其平均高度计算 3.围墙:高度算至压顶上表面(如有混凝土压顶时算至压顶下表面),围墙柱并入围墙体积内
010302001	实心砖墙		

（2）定额计算规则

砌体墙定额计算规则见表 3.24。

表 3.24　砌体墙定额计算规则

编号	项目名称	单位	计算规则
3-4	实心砖墙　水泥砂浆 M5	m³	墙身以"m³"计算。计算墙身体积时,应扣除门窗洞口、过人洞、空圈、嵌入墙身的钢筋混凝土柱、梁(包括过梁、圈梁、挑梁)、砖平碹、钢筋砖过梁和壁龛及内墙板头的体积,不扣除梁头、外墙板头、梁垫、坐浆、防潮层、檩头、垫木、木楞头、沿橼木、木砖、门窗走头、砖墙内加固钢筋、铁件、钢管及单个面积在 0.3 m² 以下的孔洞等所占的体积,凸出墙面的窗台虎头砖、压顶线、山墙泛水、烟囱根、门窗套及三皮砖以内的腰线和挑檐等体积也不增加 1.墙的长度:外墙按中心线长度,内墙按净长计算 2.墙身高度按下列规定计算: (1)外墙墙身高度:斜(坡)屋面无檐口天棚者算至屋面板底;有屋架,且室内外均有天棚者,算至屋架下弦底另加 200 mm;无天棚者算至屋架下弦底另加 300 mm,出檐宽度超过 600 mm 时,应按实砌高度计算;平屋面算至钢筋混凝土板面 (2)内墙墙身高度:内墙位于屋架下弦者,其高度算至屋架下弦底面;无屋架者算至天棚底另加 100 mm;有钢筋混凝土楼板隔层者算至板底;有框架梁时算至梁底面 (3)内、外山墙墙身高度:按其平均高度计算
3-7	弧形砖墙　水泥砂浆 M5		
3-46	砌块墙　水泥砂浆 M5		
3-47	空心砌块墙		

3)砌块墙属性定义

新建砌块墙的方法参见新建剪力墙的方法,这里只是简单地介绍新建砌块墙需要注意的事项。

内/外墙标志:外墙和内墙要区别定义,除了对自身工程量有影响外,还影响其他构件的智能布置。这里可以根据工程实际需要对标高进行定义,如图 3.103 和图 3.104 所示。本工程是按照软件默认的高度进行设置的,软件会根据定额的计算规则对砌块墙和混凝土相交的地方进行自动处理。

图 3.103

图 3.104

4)做法套用

砌块墙做法套用,如图 3.105 所示。

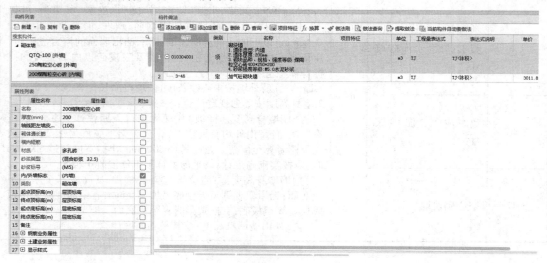

图 3.105

5）画法讲解

（1）直线

直线画法与构件画法类似，可参照构件绘制进行操作。

（2）点加长度

在③轴与Ⓐ轴相交处到②轴与Ⓐ轴相交处的墙体，向左延伸了1400 mm（中心线距离），墙体总长度为6000 mm+1400 mm，单击"直线"，选择"点加长度"，在绘图区域单击起点即③轴与Ⓐ轴相交点，再向左找到②轴与Ⓐ轴的相交点，即可实现该段墙体延伸部分的绘制。使用"对齐"命令，将墙体与柱对齐即可，如图3.106所示。

图3.106

（3）偏移绘制

用"Shift+左键"可绘制偏移位置的墙体。在直线绘制墙体状态下，按住"Shift"键的同时单击②轴和Ⓐ轴的相交点，弹出"输入偏移量"对话框，在"X ="的地方输入"–1400"，单击"确定"按钮，然后向着Ⓐ轴的方向绘制墙体。

按照"直线"画法，将其他位置的砌体墙绘制完毕。

四、任务结果

汇总计算，统计首层砌体墙清单、定额工程量，见表3.25。

表3.25　首层砌体墙清单、定额工程量

编　码	项目名称	单位	工程量明细	
			绘图输入	表格输入
010304001001	砌块墙 1.墙体类型:内墙 2.墙体厚度:200 mm 3.砌块品种、规格、强度等级:MU10 煤矸石砖400 mm×250 mm×200 mm 4.砂浆强度等级:M5 水泥砂浆	m³	84.2508	
3-46	多孔砖墙 水泥砂浆	10 m³	8.425	
010304001002	砌块墙 1.墙体类型:外墙 2.墙体厚度:250 mm 3.砌块品种、规格、强度等级:MU10 煤矸石砖 400 mm×250 mm×200 mm 4.砂浆强度等级:M5 水泥砂浆	m³	48.7236	

续表

编　码	项目名称	单位	工程量明细	
			绘图输入	表格输入
3-46	空心砖墙 水泥砂浆	10 m³	4.872	
010304001003	阳台砌块墙 1.墙体厚度:100 mm 2.砌块品种、规格、强度等级:MU10 煤矸石砖 3.砂浆强度等级、配合比:M5 水泥砂浆 4.部位:首层阳台底部	m³	0.7194	
3-47	煤矸石小型空心砌块墙	10 m³	0.0719	

【说明】
　　砌体墙的工程量统计需在门窗洞口绘制完后进行。

五、总结拓展

1)软件对内外墙定义的规定

软件为方便内外墙区分以及平整场地进行外墙轴线的智能布置,需要人为进行内外墙的设置。

2)砌体加筋的定义和绘制(在完成门窗洞口、圈梁、构造柱等后进行操作)

(1)分析图纸

分析结施-01(2),可见"7.填充墙"中"(3)填充墙与柱、抗震墙及构造柱连接处应设拉结筋,做法见图 8",以及"(7)墙体加筋为 2φ6@600,遇到圈梁、框架梁起步为 250 mm,遇到构造柱锚固为 200 mm,遇到门窗洞口退一个保护层(60 mm),加弯折(60 mm),遇到过梁梁头也是退一个保护层(60 mm),加弯折(60 mm)"。

(2)砌体加筋的定义

下面以④轴和Ⓑ轴交点处 L 形砌体墙位置的加筋为例,介绍砌体加筋的定义和绘制。

①在导航树中,选择"墙"→"砌体加筋",在"构件列表"中单击"新建"→"新建砌体加筋"。

②根据砌体加筋所在的位置选择参数图形,软件中有 L 形、T 形、十字形和一字形供选择,各自适用于相应形状的砌体相交形式。例如,对于④轴和Ⓑ轴交点处 L 形砌体墙位置的加筋,选择 L 形的砌体加筋定义和绘制。

a.选择参数化图形:选择"L-1 形"。砌体加筋参数图的选择主要看钢筋的形式,只要选择的钢筋形式与施工图中完全一致即可。

b.参数输入:Ls1 和 Ls2 指两个方向的加筋伸入砌体墙内的长度,输入"1000";b1 指竖向砌体墙的厚度,输入"200";b2 指横向砌体墙的厚度,输入"200",如图 3.107 所示。单击"确定"按钮,返回属性编辑界面。

图 3.107

c.根据需要输入名称,按照总说明,每侧钢筋信息为2φ6@600,1#加筋、2#加筋分别输入"2φ6@600",如图3.108所示。

图 3.108

d.结合结施-01(2)"7.填充墙"中墙体加筋的说明,遇到构造柱锚固为200 mm,因此加筋伸入构造柱的锚固长度需要在计算设置中设定。因为本工程所有砌体加筋的形式和锚固长度一致,所以可以在"工程设置"选项卡中选择"钢筋设置"→"计算设置",针对整个工程的砌体加筋进行设置,如图3.109所示。

砌体加筋的钢筋信息和锚固长度设置完毕后,构件定义完成。按照同样的方法可定义其他位置的砌体加筋。

| 计算规则 | 节点设置 | 箍筋设置 | 搭接设置 | 箍筋公式 |

		类型名称		
柱 / 墙柱	11	圆形箍筋的搭接长度		max(lae,300)
剪力墙	12	螺旋箍筋是否连续通过		是
人防门框墙	13	构造柱箍筋加密区根数计算方式		向上取整+1
连梁	14	构造柱箍筋非加密区根数计算方式		向上取整-1
框架梁	15	填充墙构造柱做法		下部预留钢筋,上部预留埋件
	16	使用预埋件时构造柱端部纵筋弯折长度		10*d
非框架梁	17	植筋锚固深度		10*d
板	18	⊟ 圈梁		
叠合板(整厚)	19	圈梁拉筋配置		按规范计算
预制柱	20	圈梁L形相交斜加筋弯折长度		250
	21	圈梁箍筋距构造柱边缘的距离		50
预制梁	22	圈梁纵筋搭接接头错开百分率		50%
预制墙	23	圈梁箍筋弯勾角度		135°
空心楼盖板	24	L形相交时圈梁中部钢筋是否连续通过		是
主肋梁	25	圈梁侧面纵筋的锚固长度		15*d
	26	圈梁侧面钢筋遇洞口时弯折长度		15*d
次肋梁	27	圈梁箍筋根数计算方式		向上取整+1
基础	28	圈梁靠近构造柱的加密范围		0
基础主梁 / 承台梁	29	圈梁箍筋的加密间距		100
基础次梁	30	填充墙圈梁端部连接构造		预留埋件
	31	使用预埋件时圈梁端部纵筋弯折长度		10*d
砌体结构	32	植筋锚固深度		10*d
其它	33	预留钢筋锚固深度		30*d
	34	⊟ 砌体加筋		
	35	砌体加筋保护层		60
	36	砌体加筋锚固长度		200
	37	砌体加筋两端的起始距离		s/2
	38	端部是否带弯折		是
	39	端部弯折长度		60
	40	通长加筋遇构造柱是否贯通		是
	41	砌体加筋根数计算方式		向上取整+1
	42	砌体加筋采用植筋时,植筋锚固深度		10*d
	43	⊟ 过梁		
	44	过梁箍筋根数计算方式		向上取整+1
	45	过梁纵筋与侧面钢筋的距离在数值范围内不计算侧面钢筋		s/2
	46	过梁箍筋/拉筋弯勾角度		135°
	47	过梁箍筋距构造柱边缘的距离		50
	48	填充墙过梁端部连接构造		预留埋件
	49	使用预埋件时过梁端部纵筋弯折长度		10*d
	50	植筋锚固深度		10*d
	51	预留钢筋锚固深度		30*d
	52	拱过梁上部/侧面钢筋断开计算		是

图 3.109

（3）砌体加筋的绘制

绘图区域中,在④轴和Ⓑ轴交点处绘制砌体加筋,单击"点",选择"旋转点",单击所在位置,再垂直向下的点确定方向,绘制完成,如图 3.110 所示。

图 3.110

当所绘制的砌体加筋与墙体不对齐时,可采用"对齐"命令将其对应到所在位置。

其他位置加筋的绘制,可根据实际情况选择"点"画法或者"旋转点"画法,也可以使用"智能布置"。

以上所述,砌体加筋的定义绘制流程如下:新建→选择参数图→输入截面参数→输入钢筋信息→计算设置(本工程一次性设置完毕就不用再设)→绘制。

对本工程来说,针对不同的墙相交类型应选择相应的砌体加筋形式,如 L 形、十字形和一字形;针对不同的墙厚,需要修改参数图中的截面参数;钢筋信息按照参数图中有的钢筋型号的数量输入 1#~4#的钢筋,参数图中没有的则不用输入。砌体加筋工程量见表 3.26。

表 3.26　砌体加筋工程量

编码	项目名称	单位	工程量明细	
			绘图输入	表格输入
010416001001	砌体加筋 φ10 以内圆钢筋	t	0.453	
3-34	砌体加固筋	t	0.453	

问题思考

(1)"Shift+左键"的方法还可以应用在哪些构件的绘制中?

(2)框架间墙的长度怎样计算?

(3)在定义墙构件属性时为什么要区分内、外墙的标志?

(4)绘图时,当墙遇到门窗洞口时,是否断开墙线?

3.6　门窗、洞口、壁龛及附属构件工程量计算

通过本节的学习,你将能够:

(1)正确计算门窗、洞口、壁龛的工程量;

(2)正确计算过梁、圈梁及构造柱的工程量。

3.6.1　门窗、洞口、壁龛的工程量计算

通过本小节的学习,你将能够:

(1)定义门窗洞口;

(2)绘制门窗图元;

(3)统计本层门窗的工程量。

一、任务说明

①完成首层门窗、洞口的属性定义、做法套用及图元绘制。

②使用精确和智能布置绘制门窗。

③汇总计算，统计本层门窗的工程量。

二、任务分析

①首层门窗的尺寸种类有多少？影响门窗位置的离地高度如何设置？门窗在墙中是如何定位的？

②门窗的清单与定额如何匹配？

③不精确布置门窗有可能影响哪些项目的工程量？

三、任务实施

1）分析图纸

分析建施-01、建施-03、建施-09 至建施-10，可以得到门窗的信息，见表 3.27。

表 3.27　门窗表

编号	名称	规格（洞口尺寸）（mm）		数量（樘）						备注
		宽	高	地下1层	1层	2层	3层	4层	总计	
FM甲1021	甲级防火门	1000	2100	2					2	甲级防火门
FM乙1121	乙级防火门	1100	2100	1	1				2	乙级防火门
M5021	旋转玻璃门	5000	2100		1				1	甲方确定
M1021	木质夹板门	1000	2100	18	22	22	22	22	106	甲方确定
C0924	塑钢窗	900	2400		4	4	4	4	16	详见立面
C1524	塑钢窗	1500	2400		2	2	2	2	8	详见立面
C1624	塑钢窗	1600	2400	2	2	2	2	2	10	详见立面
C1824	塑钢窗	1800	2400		2	2	2	2	8	详见立面
C2424	塑钢窗	2400	2400		2	2	2	2	8	详见立面
PC1	飘窗（塑钢窗）	见平面	2400		2	2	2	2	8	详见立面
C5027	塑钢窗	5000	2700			1	1	1	3	详见立面
MQ1	装饰幕墙	6927	14400							详见立面
MQ2	装饰幕墙	7200	14400							详见立面

2)门窗清单、定额计算规则学习

（1）清单计算规则学习

门窗清单计算规则见表3.28。

表 3.28　门窗清单计算规则

编号	项目名称	单位	计算规则
020401004	木质门	m²	1.以樘计量，按设计图示数量计算 2.以 m² 计量，按设计图示洞口尺寸以面积计算
020404002	旋转门		
020402007	钢质防火门		
020406007	金属（塑钢、断桥）窗		

（2）定额计算规则学习

门窗定额计算规则见表3.29。

表 3.29　门窗定额计算规则

编号	项目名称	单位	计算规则
B7-1	成品木门制作 框断面 52 cm² 全板	100 m²	按设计图示洞口尺寸以面积计算
10-972	钢制防火门安装 平开		
10-965	塑钢成品窗安装 外平开		
10-965	塑钢成品窗安装 飘凸		
10-978	旋转玻璃门		

3)门窗的属性定义

（1）门的属性定义

在导航树中单击"门窗洞"→"门"，在"构件列表"中选择"新建"→"新建矩形门"，在属性编辑框中输入相应的属性值。

①洞口宽度、洞口高度：从门窗表中可以直接得到属性值。

②框厚：输入门实际的框厚尺寸，对墙面块料面积的计算有影响，本工程输入"60"。

③立樘距离：门框中心线与墙中心线间的距离，默认为"0"。如果门框中心线在墙中心线左边，该值为负，否则为正。

④框左右扣尺寸、框上下扣尺寸：如果计算规则要求门窗按框外围面积计算，则输入框扣尺寸。

M1021、M5021 和 FM乙1121 的属性值如图3.111 至图3.113 所示。

图 3.111   图 3.112   图 3.113

（2）窗的属性定义

在导航树中选择"门窗洞"→"窗"，在"构件列表"中选择"新建"→"新建矩形窗"，新建"矩形窗 C0924"，其属性值如图 3.115 所示。

【注意】

窗离地高度 = 50 mm + 600 mm = 650 mm（相对结构标高 −0.050 m 而言），如图 3.114 所示。

图 3.114

其他窗可通过"复制"定义，修改名称和洞口宽度，如图 3.116 至图 3.119 所示。

图 3.115 图 3.116

图 3.117 图 3.118 图 3.119

4)门窗做法套用

M1021 的做法套用如图 3.120 所示,FM乙1121 的做法套用如图 3.121 所示,M5021 的做法套用如图 3.122 所示。C0924 的做法套用如图 3.123 所示,其他几个窗做法套用同 C0924。

图 3.120

图 3.121

图 3.122

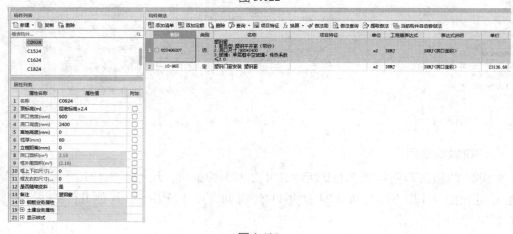

图 3.123

5）门窗洞口的画法讲解

门窗洞构件属于墙的附属构件，也就是说，门窗洞构件必须绘制在墙上。

门窗最常用的是"点"绘制。对于计算来说，一段墙扣减门窗洞口面积，只要门窗绘制在墙上即可，一般对其位置要求不用很精确，因此直接采用点绘制即可。在点绘制时，软件默认开启动态输入的数值框，可直接输入一边距墙端头的距离，或通过"Tab"键切换输入框。

门窗的绘制还经常使用"精确布置"的方法。当门窗紧邻柱等构件布置时，考虑其上过梁与旁边的柱、墙扣减关系，需要对这些门窗精确定位。如一层平面图中的 M1 都是贴着柱边布置的。

（1）绘制门

①智能布置：墙段中点，如图 3.124 所示。

图 3.124

②精确布置：鼠标左键选择参考点，在输入框中输入偏移值"600"，如图 3.125 所示。

图 3.125

③点绘制:"Tab"键交换左右输入框,如图 3.126 所示。

图 3.126

④复制粘贴:如图 3.127 所示。

图 3.127

⑤镜像:如图 3.128 所示。

(2)绘制窗

①点绘制:如图 3.129 所示。

图 3.128

图 3.129

②精确布置：以Ⓐ/②～③轴的 C0924 为例，用鼠标左键单击Ⓐ轴和②轴的交点，输入"850"，然后按"Enter"键即可。其他操作方法类似，如图 3.130 所示。

③长度标注：可利用"长度标注"命令，检查布置的位置是否正确，如图 3.131 所示。

图 3.130

图 3.131

④镜像：可利用"镜像"命令，如图 3.132 所示。

图 3.132

6)阳台处转角窗的属性定义和绘制

①建施-12 中转角窗的顶标高为 3.00 m，底标高为 0.300 m，如图 3.133 所示。

②转角窗的属性定义如图 3.134 所示。

③转角窗绘制。选择"智能布置"→"墙"，拉框选择墙，如图 3.135 所示。

图 3.133

图 3.134

图 3.135

7) 飘窗的属性定义和绘制

①建施-04 和建施-12 中的飘窗如图 3.136 所示。飘窗钢筋信息见结施-10 中 1—1 详图,如图 3.137 所示。

图 3.136

1—1详图（飘窗处）

注:飘窗板根部构件长度同飘窗板长度

图 3.137

②定义飘窗,如图 3.138 所示。修改相关属性值,如图 3.139 所示。

③做法套用如图 3.140 所示。参数化飘窗可以完成飘窗板混凝土、飘窗顶板底板保温、飘窗板防水等项目工程量。属性定义时,可以套用飘窗构件多个清单,选择不同的工程量表达式参数,一次绘图,计算多个工程量。

④绘制。采用精确布置方法,如图 3.141 所示。图 3.141 右侧部分操作方法相同,也可以使用"镜像"命令完成绘制。

图 3.138

图 3.139

图 3.140

图 3.141

四、任务结果

汇总计算,统计本层门窗的清单、定额工程量,见表 3.30。

表 3.30 首层门窗清单、定额工程量

编码	项目名称	单位	工程量明细	
			绘图输入	表格输入
020401004001	木质夹板门 1.门类型:夹板门 2.框截面尺寸、单扇面积:1000 mm×2100 mm 3.详细内容甲方现场决定	m²	46.2	
B7-1	成品木门安装	100 m²	0.462	
020402007001	钢质防火门 1.门类型:乙级钢制防火门 FM 乙1121 2.洞口尺寸:1100 mm×2100 mm	m²	2.31	
10-972	钢质防火门安装	100 m²	0.0231	
020404002001	旋转玻璃门 1.门材质、品牌、外围尺寸:5000 mm×2100 mm 2.玻璃:单层框中空玻璃,传热系数≤3.0 3.详细内容甲方现场决定	樘	1	
10-987	全玻转门安装 直径 2 m 不锈钢柱 玻璃 12 mm	樘	1	
020406007001	塑钢窗 1.窗类型:塑钢推拉窗(带纱) 2.洞口尺寸:900 mm×2400 mm 3.玻璃:单层框中空玻璃,传热系数≤3.0	m²	8.64	
10-965	塑钢门窗安装 塑钢窗	100 m²	0.0864	

编码	项目名称	单位	工程量明细	
			绘图输入	表格输入
020406007002	塑钢窗 1.窗类型:塑钢平开窗(带纱) 2.洞口尺寸:1600 mm×2400 mm 3.玻璃:单层框中空玻璃,传热系数≤3.0	m²	7.68	
10-965	塑钢门窗安装 塑钢窗	100 m²	0.0768	
020406007003	塑钢窗 1.窗类型:塑钢平开窗(带纱) 2.洞口尺寸:1800 mm×2400 mm 3.玻璃:单层框中空玻璃,传热系数≤3.0	m²	17.28	
10-965	塑钢门窗安装 塑钢窗	100 m²	0.1728	
020406007004	塑钢窗 1.窗类型:塑钢平开窗(带纱) 2.洞口尺寸:5000 mm×2700 mm 3.玻璃:单层框中空玻璃,传热系数≤3.0	m²	7.2	
10-965	塑钢成品窗安装 外平开	100 m²	0.072	
020406007005	塑钢窗 1.窗类型:塑钢平开窗(带纱) 2.洞口尺寸:2400 mm×2400 mm 3.玻璃:单层框中空玻璃,传热系数≤3.0	m²	17.28	
10-965	塑钢成品窗安装 外平开	100 m²	0.1728	
020406007006	飘窗 1.材质、外围尺寸:塑钢,3000 mm×2400 mm 2.玻璃品种、厚度,五金材料、品种、规格:普通玻璃	樘	2	
10-965	塑钢成品窗安装 外平开	100 m²	0.2016	

问题思考

在什么情况下需要对门、窗进行精确定位?

3.6.2 过梁、圈梁、构造柱的工程量计算

通过本小节的学习,你将能够:

(1)依据定额和清单分析过梁、圈梁、构造柱的工程量计算规则;

(2)定义过梁、圈梁、构造柱;

(3)绘制过梁、圈梁、构造柱;

(4)统计本层过梁、圈梁、构造柱的工程量。

一、任务说明

①完成首层过梁、圈梁、构造柱的属性定义、做法套用及图元绘制。

②汇总计算,统计首层过梁、圈梁、构造柱的工程量。

二、任务分析

①首层过梁、圈梁、构造柱的尺寸种类分别有多少? 分别从哪个图中的什么位置找到?

②过梁伸入墙长度如何计算?

③如何快速使用智能布置和自动生成过梁、构造柱?

三、任务实施

1)分析图纸

(1)圈梁

结施-01(2)中,所有外墙窗下标高处增加钢筋混凝土现浇带,截面尺寸为墙厚×180 mm。

(2)过梁

结施-01(2)中过梁尺寸及配筋表,如图 3.142 所示。

过梁尺寸及配筋表

门窗洞口宽度	≤1200		>1200且≤2400		>2400且≤4000		>4000且≤5000	
断面 $b×h$	$b×120$		$b×180$		$b×300$		$b×400$	
配筋 墙厚	①	②	①	②	①	②	①	②
$b≤90$	2Φ10	2⊕14	2⊕12	2⊕16	2⊕14	2⊕18	2⊕16	2⊕20
$90<b<240$	2Φ10	3⊕12	2⊕12	3⊕14	2⊕14	3⊕16	2⊕16	3⊕20
$b≥240$	2Φ10	4⊕12	2⊕12	4⊕14	2⊕14	4⊕16	2⊕16	4⊕20

图 3.142

(3)构造柱

结施-01(2)中构造柱的尺寸、钢筋信息及布置位置,如图 3.143 所示。

2)清单、定额计算规则学习

(1)清单计算规则

过梁、圈梁、构造柱清单计算规则见表 3.31。

(4) 构造柱的设置：本图构造柱的位置设置见图9，构造柱的尺寸和配筋见图10。
　　构造柱上、下端框架梁处500 mm高度范围内，箍筋间距加密到@100。
　　构造柱与楼面相交处在施工楼面时应留出相应插筋，见图11。

图 3.143

表 3.31　过梁、圈梁、构造柱清单计算规则

编号	项目名称	单位	计算规则
010403005	过梁	m^3	按设计图示尺寸以体积计算。不扣除构件内钢筋、预埋铁件所占体积，伸入墙内的梁头、梁垫并入梁体积内。梁与柱相连接时，梁长算至柱侧面
010403004	圈梁		
010402001	构造柱	m^3	按设计图示尺寸以体积计算。柱高：构造柱按全高计算，嵌接墙体部分（马牙槎）并入柱身体积

（2）定额计算规则学习

过梁、圈梁、构造柱定额计算规则见表3.32。

表 3.32　过梁、圈梁、构造柱定额计算规则

编号	项目名称	单位	计算规则
B4-1	现浇混凝土有梁板、平板 商品混凝土	m^3	混凝土的工程量按设计图示尺寸以体积计算。不扣除构件内钢筋、螺栓、预埋铁件及 0.3 m^2 以内的孔洞所占体积
4-1	现浇混凝土有梁板、平板 现场搅拌混凝土		
4-39	圈过梁 现浇混凝土模板	m^3	圈过梁按图示体积计算，捣制圈梁兼做门、窗过梁部分，阳台、挑檐、挑梁伸入墙身圈梁部分，进门处雨篷配重梁及捣制叠合梁的二次浇捣部分，均套用圈梁、过梁子目
4-35	构造柱 现浇混凝土模板	m^3	按设计图示尺寸以体积计算。柱高：构造柱按全高计算，嵌接墙体部分（马牙槎）并入柱身体积

3) 属性定义及做法套用

①圈梁属性定义及做法套用，如图 3.144 所示。

图 3.144

②过梁属性定义及做法套用。分析首层外墙厚为 250 mm，内墙为 200 mm。分析建施-01 门窗表，可知门宽度有 5000，1100 和 1000 mm，窗宽度有 900，1500，1600，1800，2400 mm，则可依据门窗宽度新建过梁信息，如图 3.145 至图 3.148 所示。

图 3.145

图 3.146

图 3.147

③构造柱属性定义及做法套用,如图 3.149 所示。

图 3.148

图 3.149

4)绘制构件

(1)圈梁绘制

使用智能布置功能,选中外墙有窗需要布置的部分,如图 3.150 所示。

图 3.150

（2）过梁绘制

绘制过梁，GL-1 用智能布置功能，按门窗洞口宽度布置，如图 3.151 和图 3.152 所示。单击"确定"按钮即可完成 GL-1 的布置。其他几根过梁操作方法同 GL-1。

图 3.151

图 3.152

GL-2："智能布置"按门窗洞口宽度布置，如图 3.153 所示。

GL-3："智能布置"按门窗洞口宽度布置，如图 3.154 所示。

图 3.153

图 3.154

GL-4：用点绘制，如图 3.155 所示。

图 3.155

（3）构造柱绘制

按照结施-01（2）图 9 所示位置绘制上去即可。其绘制方法同柱，可选择窗的端点，按"Shift"键，弹出"请输入偏移值"对话框，输入偏移值，如图 3.156 所示。单击"确定"按钮，完成后如图 3.157 所示。

图 3.156

图 3.157

四、任务结果

汇总计算,统计首层过梁、圈梁、构造柱的清单、定额工程量,见表 3.33。

表 3.33　首层过梁、圈梁、构造柱清单、定额工程量

编码	项目名称	单位	工程量
010402002001	构造柱 1.柱截面尺寸:250 mm×250 mm 2.混凝土强度等级:C25 3.混凝土拌合料要求:商品混凝土	m³	4.3381
B4-1	C20 混凝土,非现场搅拌	m³	4.3381
010403005001	过梁 1.混凝土种类:商品混凝土 2.混凝土强度等级:C25	m³	2.5386
B4-1	C20 混凝土,非现场搅拌	m³	2.5386
010403004001	窗台下圈梁 1.梁截面:180 mm×250 mm 2.混凝土强度等级:C25 3.混凝土拌合料要求:商品混凝土	m³	3.4417
B4-1	C20 混凝土,非现场搅拌	m³	3.4417
010403004002	窗台下圈梁 1.梁截面:180 mm×250 mm 2.混凝土强度等级:C25 3.混凝土拌合料要求:商品混凝土 4.形状:弧形圈梁	m³	0.3034

续表

编码	项目名称	单位	工程量
B4-1	C20 混凝土,非现场搅拌	m³	0.3034
010403004003	飘窗上下圈梁 1.混凝土强度等级:C25 2.混凝土拌合料要求:商品混凝土	m³	1.425
B4-1	C20 混凝土,非现场搅拌	m³	0.4875
现浇混凝土模板			
4-39	圈梁 现浇混凝土模板	m³	3.4417
4-35	构造柱 商品混凝土模板	m³	4.3381
4-42	圆弧形圈过梁 现浇混凝土模板	m³	0.3034
4-39	过梁 现浇混凝土模板	m³	2.5386
4-39	圈梁 现浇混凝土模板	m³	1.425

五、总结拓展

圈梁的属性定义

在导航树中单击"梁"→"圈梁",在"构件列表"中单击"新建"→"新建圈梁",在属性编辑框中输入相应的属性值,绘制完圈梁后,需手动修改圈梁标高。

问 题思考

(1)简述构造柱的设置位置。

(2)为什么外墙窗顶没有设置圈梁?

(3)自动生成构造柱符合实际要求吗? 如果不符合,则需要做哪些调整?

3.7 楼梯工程量计算

通过本节的学习,你将能够:

正确计算楼梯的土建及钢筋工程量。

3.7.1 楼梯的定义和绘制

通过本小节的学习,你将能够:

(1)分析整体楼梯包含的内容;

(2)定义参数化楼梯;

(3)绘制参数化楼梯;

(4)统计各层楼梯的土建工程量。

一、任务说明

①使用参数化楼梯来完成楼梯的属性定义、做法套用。

②汇总计算,统计楼梯的工程量。

二、任务分析

①楼梯由哪些构件组成?每一构件对应哪些工作内容?做法如何套用?

②如何正确地编辑楼梯各构件的工程量表达式?

三、任务实施

1)分析图纸

分析建施-13、结施-13 及各层平面图可知,本工程有一部楼梯,即位于④~⑤轴与ⓒ~Ⓓ轴间的为一号楼梯。楼梯从负一层开始到第三层。

依据定额计算规则可知,楼梯按照水平投影面积计算混凝土和模板面积;分析图纸可知,TZ1 工程量不包含在整体楼梯中,需单独计算。

从建施-13 剖面图可知,楼梯栏杆为 1.05 m 高铁栏杆带木扶手;由平面图可知,阳台栏杆为 0.9 m 高不锈钢栏杆。

2)清单、定额计算规则学习

(1)清单计算规则

楼梯清单计算规则见表 3.34。

表 3.34　楼梯清单计算规则

编号	项目名称	单位	计算规则
010406001	直形楼梯	m²	按实际图示尺寸以水平投影面积计算。不扣除宽度小于 500 mm 的楼梯井,伸入墙内部分不计算

(2)定额计算规则

楼梯定额计算规则见表 3.35。

表 3.35　楼梯定额计算规则

编号	项目名称	单位	计算规则
B4-1	直形楼梯 商品混凝土	m²	整体楼梯已综合考虑了楼梯水平梁、斜梁、踏步、捣制或预制的休息平台的因素,以体积计算,相关构件混凝土量可参考表 3.36 执行。每 100 m² 投影面积计算混凝土 26.88 m³
4-1	直形楼梯 现场搅拌混凝土		
4-56	现浇混凝土模板 楼梯 直形	m²	现浇混凝土楼梯(包括休息平台、平台梁、斜梁及楼梯的连接梁)按水平投影面积计算,不扣除宽度小于 500 mm 的楼梯井,楼梯踏步、踏步板、平台梁等侧面模板不另计算,深入墙内部分亦不增加

表 3.36　构、配件混凝土含量表

构配件名称	计算单位	混凝土含量(m³)
现浇普通楼梯	每 100 m² 投影面积	26.88
现浇圆形(旋转)楼梯	每 100 m² 投影面积	18.50
现浇雨篷	每 100 m² 投影面积	10.42
预制垃圾道(梯形)	每 100 延长米	2.80
预制通风道、烟道(矩形)	每 100 延长米	4.20
漏空花格	每 m³ 虚体积	0.40
台　阶	每 100 m² 投影面积	16.40

3)楼梯属性定义

楼梯可按照水平投影面积布置,也可绘制参数化楼梯。本工程按照参数化布置是为了方便计算楼梯底面抹灰等装修工程的工程量。

(1)新建楼梯

本工程楼梯为直形双跑楼梯,以本工程楼梯为例进行讲解。在导航树中选择"楼梯"→"楼梯"→"参数化楼梯",弹出如图 3.158 所示的"选择参数化图形"对话框,选择"标准双跑1",单击"确定"按钮,按照结施-13 中的数据更改右侧绿色的字体,编辑完参数后单击"确定"按钮即可。

(2)定义属性

结合结施-13,对 1 号楼梯进行属性定义,如图 3.159 所示。

4)做法套用

1 号楼梯的做法套用,如图 3.160 所示。

图 3.158

图 3.159

图 3.160

5)楼梯画法讲解

首层楼梯绘制。楼梯可以用点绘制,点绘制时需要注意楼梯的位置。绘制的楼梯图元如图3.161所示。

图 3.161

四、任务结果

汇总计算,统计首层楼梯的清单、定额工程量,见表3.37。

表 3.37　首层楼梯的清单、定额工程量

编码	项目名称	单位	工程量明细	
			绘图输入	表格输入
010406001001	直形楼梯 1.混凝土种类:商品混凝土 2.混凝土强度等级:C30	m^2	16.7638	
B4-1	直形楼梯 商品混凝土	m^3	4.506	
楼梯模板				
4-56	现浇混凝土模板 楼梯 直形	$10\ m^2$水平投影面积	1.6764	

五、知识拓展

组合楼梯的绘制

组合楼梯就是楼梯使用单个构件绘制后的楼梯,每个单构件都要单独定义、单独绘制,绘制方法如下:

(1)组合楼梯构件的属性定义

①直形梯段的属性定义:单击"新建直形梯段",根据结施-13 进行信息输入,如图 3.162 所示。

②休息平台的属性定义:单击"新建现浇板",根据结施-13 进行信息输入,如图 3.163 所示。

图 3.162

图 3.163

③梯梁的属性定义：单击"新建矩形梁"，根据结施-13 进行信息输入，如图 3.164 所示。

（2）做法套用

做法套用与上述楼梯做法套用相同。

（3）直形梯段画法

直形梯段可以直线绘制，也可以矩形绘制。绘制后单击"设置踏步起始边"即可。休息平台也一样，绘制方法同现浇板。完成绘制后，如图 3.165 所示。

（4）梯梁的绘制

梯梁的绘制参考梁的部分内容。

（5）休息平台的绘制

休息平台的绘制参考板部分，休息平台上的钢筋参考板钢筋部分。

图 3.164

图 3.165

问题思考

整体楼梯的工程量中是否包含TZ?

3.7.2 表格输入法计算楼梯梯板钢筋工程量

通过本小节的学习,你将能够:

正确运用表格输入法计算钢筋工程量。

一、任务说明

在表格输入中运用参数输入法完成所有层楼梯的钢筋工程量计算。

二、任务分析

以首层一号楼梯为例,参考结施-13 及建施-13,读取梯板的相关信息,如梯板厚度、钢筋信息及楼梯具体位置。

三、任务实施

①如图 3.166 所示,切换到"工程量"选项卡,单击"表格输入"。

图 3.166

②在"表格输入"界面单击"构件",添加构件"AT-1",根据图纸信息,输入 AT-1 的相关属性信息,如图 3.167 所示。

③新建构件后,单击"参数输入",在弹出的"图集列表"中,选择相应的楼梯类型,如图 3.168 所示。这里以 AT 型楼梯为例。

图 3.167

图 3.168

④在楼梯的参数图中,以首层一号楼梯为例,参考结施-13 及建施-13,按照图纸标注输入各个位置的钢筋信息和截面信息,如图 3.169 所示。输入完毕后,选择"计算保存"。

图 3.169

四、任务结果

查看报表预览中的构件汇总信息明细表。同学们可通过云对比对比钢筋工程量,并查找差异原因。任务结果参考第 10 章表 10.1 输入。

问题思考

参数化楼梯中的钢筋是否包括梯梁中的钢筋?

4 第二、三层工程量计算

通过本章的学习,你将能够:
(1)掌握层间复制图元的方法;
(2)掌握修改构件图元的方法。

4.1 二层工程量计算

通过本节的学习,你将能够:
掌握层间复制图元的两种方法。

一、任务说明
①使用层间复制方法完成二层柱、梁、板、墙体、门窗的做法套用及图元绘制。
②查找首层与二层的不同部分,将不同部分进行修正。
③汇总计算,统计二层柱、梁、板、墙体、门窗的工程量。

二、任务分析
①对比二层与首层的柱、梁、板、墙体、门窗都有哪些不同,分别从名称、尺寸、位置、做法4个方面进行对比。
②从其他楼层复制构件图元与复制选定图元到其他楼层有什么不同?

三、任务实施
1)分析图纸

(1)分析框架柱

分析结施-04,二层框架柱和首层框架柱相比,截面尺寸、混凝土强度等级没有差别,不同的是钢筋信息全部发生变化。

(2)分析梁

分析结施-05 和结施-06,二层的梁和一层的梁相比,截面尺寸、混凝土强度等级没有差别,唯一不同的是⑧/④~⑤轴处 KL4 发生了变化。

(3)分析板

分析结施-08 和结施-09,二层的板和一层的板相比,④~⑤/④~⑧轴增加了 130 mm 的板,⑤~⑥/ⓒ~ⓓ轴区域底部的 X 方向钢筋有变化,④/Ⓐ~Ⓑ轴范围负筋有变化。

(4)分析墙

分析建施-04、建施-05,二层砌体与一层砌体基本相同。

(5)分析门窗

分析建施-04、建施-05,二层门窗与一层门窗基本相同。二层在④~⑤轴为 C5027。

2)画法讲解

从其他楼层复制图元。在二层,单击"从其他层复制",源楼层选择"首层",图元选择"柱、墙、门窗洞、梁、板、楼梯",目标楼层选择"第 2 层",单击"确定"按钮,弹出"图元复制成功"提示框,如图 4.1 至图 4.3 所示。

图 4.1

图 4.2

图 4.3

3)修改构件

为避免漏掉一些构件,复制后的构件可按照画图的顺序修改。

二层构件的修改方法如下:

①分别修改柱的钢筋信息,如图 4.4 至图 4.9 所示。

	属性列表	图层管理		×
	属性名称	属性值	附加	
1	名称	KZ1		
2	结构类别	框架柱	☐	
3	定额类别	普通柱	☐	
4	截面宽度(B边)(...	500	☐	
5	截面高度(H边)(...	500	☐	
6	全部纵筋		☐	
7	角筋	4Φ22	☐	
8	B边一侧中部筋	3Φ16	☐	
9	H边一侧中部筋	3Φ16	☐	
10	箍筋	Φ8@100(4*4)	☐	
11	节点区箍筋		☐	
12	箍筋胶数	4*4		
13	柱类型	(中柱)	☐	
14	材质	现浇混凝土	☐	
15	混凝土类型	(普通砼(坍落度1...	☐	
16	混凝土强度等级	(C30)	☐	
17	混凝土外加剂	(无)		
18	泵送类型	(混凝土泵)		
19	泵送高度(m)			
20	截面面积(m²)	0.25	☐	
21	截面周长(m)	2	☐	
22	顶标高(m)	层顶标高	☐	
23	底标高(m)	层底标高	☐	
24	备注		☐	
25	⊞ 钢筋业务属性			
43	⊞ 土建业务属性			
48	⊞ 显示样式			

图 4.4

	属性列表	图层管理		×
	属性名称	属性值	附加	
1	名称	KZ2		
2	结构类别	框架柱	☐	
3	定额类别	普通柱	☐	
4	截面宽度(B边)(...	500	☐	
5	截面高度(H边)(...	500	☐	
6	全部纵筋		☐	
7	角筋	4Φ22	☐	
8	B边一侧中部筋	3Φ16	☐	
9	H边一侧中部筋	3Φ16	☐	
10	箍筋	Φ8@100/200(4*4)	☐	
11	节点区箍筋		☐	
12	箍筋胶数	4*4		
13	柱类型	(中柱)	☐	
14	材质	现浇混凝土	☐	
15	混凝土类型	(普通砼(坍落度1...	☐	
16	混凝土强度等级	(C30)	☐	
17	混凝土外加剂	(无)		
18	泵送类型	(混凝土泵)		
19	泵送高度(m)			
20	截面面积(m²)	0.25	☐	
21	截面周长(m)	2	☐	
22	顶标高(m)	层顶标高	☐	
23	底标高(m)	层底标高	☐	
24	备注		☐	
25	⊞ 钢筋业务属性			
43	⊞ 土建业务属性			
48	⊞ 显示样式			

图 4.5

	属性列表	图层管理		×
	属性名称	属性值	附加	
1	名称	KZ3		
2	结构类别	框架柱	☐	
3	定额类别	普通柱	☐	
4	截面宽度(B边)(...	500	☐	
5	截面高度(H边)(...	500	☐	
6	全部纵筋		☐	
7	角筋	4Φ22	☐	
8	B边一侧中部筋	3Φ18	☐	
9	H边一侧中部筋	3Φ18	☐	
10	箍筋	Φ8@100/200(4*4)	☐	
11	节点区箍筋		☐	
12	箍筋胶数	4*4		
13	柱类型	(中柱)	☐	
14	材质	现浇混凝土	☐	
15	混凝土类型	(普通砼(坍落度1...	☐	
16	混凝土强度等级	(C30)	☐	
17	混凝土外加剂	(无)		
18	泵送类型	(混凝土泵)		
19	泵送高度(m)			
20	截面面积(m²)	0.25	☐	
21	截面周长(m)	2	☐	
22	顶标高(m)	层顶标高	☐	
23	底标高(m)	层底标高	☐	
24	备注		☐	
25	⊞ 钢筋业务属性			
43	⊞ 土建业务属性			
48	⊞ 显示样式			

图 4.6

	属性列表	图层管理		×
	属性名称	属性值	附加	
1	名称	KZ4		
2	结构类别	框架柱	☐	
3	定额类别	普通柱	☐	
4	截面宽度(B边)(...	500	☐	
5	截面高度(H边)(...	500	☐	
6	全部纵筋		☐	
7	角筋	4Φ25	☐	
8	B边一侧中部筋	3Φ18	☐	
9	H边一侧中部筋	3Φ18	☐	
10	箍筋	Φ8@100/200(4*4)	☐	
11	节点区箍筋		☐	
12	箍筋胶数	4*4		
13	柱类型	(中柱)	☐	
14	材质	现浇混凝土	☐	
15	混凝土类型	(普通砼(坍落度1...	☐	
16	混凝土强度等级	(C30)	☐	
17	混凝土外加剂	(无)		
18	泵送类型	(混凝土泵)		
19	泵送高度(m)			
20	截面面积(m²)	0.25	☐	
21	截面周长(m)	2	☐	
22	顶标高(m)	层顶标高	☐	
23	底标高(m)	层底标高	☐	
24	备注		☐	
25	⊞ 钢筋业务属性			
43	⊞ 土建业务属性			
48	⊞ 显示样式			

图 4.7

	属性名称	属性值	附加
1	名称	KZ5	
2	结构类别	框架柱	
3	定额类别	普通柱	
4	截面宽度(B边)(...	600	
5	截面高度(H边)(...	500	
6	全部纵筋		
7	角筋	4Φ25	
8	B边一侧中部筋	4Φ18	
9	H边一侧中部筋	3Φ18	
10	箍筋	Φ8@100/200(5*4)	
11	节点区箍筋		
12	箍筋肢数	5*4	
13	柱类型	(中柱)	
14	材质	现浇混凝土	
15	混凝土类型	(普通砼(坍落度1...	
16	混凝土强度等级	(C30)	
17	混凝土外加剂	(无)	
18	泵送类型	(混凝土泵)	
19	泵送高度(m)		
20	截面面积(m²)	0.3	
21	截面周长(m)	2.2	
22	顶标高(m)	层顶标高	
23	底标高(m)	层底标高	
24	备注		
25	⊞ 钢筋业务属性		
43	⊞ 土建业务属性		
48	⊞ 显示样式		

图 4.8

	属性名称	属性值	附加
1	名称	KZ6	
2	结构类别	框架柱	
3	定额类别	普通柱	
4	截面宽度(B边)(...	500	
5	截面高度(H边)(...	600	
6	全部纵筋		
7	角筋	4Φ25	
8	B边一侧中部筋	3Φ18	
9	H边一侧中部筋	4Φ18	
10	箍筋	Φ8@100/200(4*5)	
11	节点区箍筋		
12	箍筋肢数	4*5	
13	柱类型	(中柱)	
14	材质	现浇混凝土	
15	混凝土类型	(普通砼(坍落度1...	
16	混凝土强度等级	(C30)	
17	混凝土外加剂	(无)	
18	泵送类型	(混凝土泵)	
19	泵送高度(m)		
20	截面面积(m²)	0.3	
21	截面周长(m)	2.2	
22	顶标高(m)	层顶标高	
23	底标高(m)	层底标高	
24	备注		
25	⊞ 钢筋业务属性		
43	⊞ 土建业务属性		
48	⊞ 显示样式		

图 4.9

②修改梁的信息。单击"原位标注",选中 KL4,按图分别修改左右支座钢筋和跨中钢筋,如图 4.10 和图 4.11 所示。

图 4.10

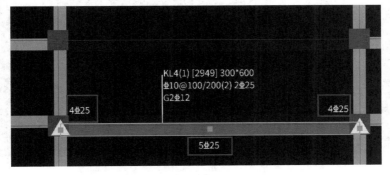

图 4.11

③修改板的信息。

第一步:"点"绘制④~⑤/Ⓐ~Ⓑ轴区域 130 mm 板。

第二步:绘制板受力筋,选择"单板"→"XY 向布置",如图 4.12所示。

图 4.12

第三步:修改负筋信息,选中④/Ⓐ～Ⓑ轴负筋,修改右标注长度为 1200 mm,按"Enter"键完成,如图 4.13 所示。

图 4.13

其他几个位置的修改方法相同,不再赘述。

④修改门窗信息。选中 M5021 并删除,C5027 用"点"绘制在相同位置即可,如图 4.14 所示。

图 4.14

四、任务结果

汇总计算,统计二层清单、定额工程量,见表 4.1。

表 4.1 二层清单、定额工程量

编码	项目名称	单位	工程量
010304001001	砌块墙 1.墙体类型:外墙 2.墙体厚度:250 mm 3.砌块品种、规格、强度等级:陶粒空心砖 400 mm×250 mm×200 mm 4.砂浆强度等级:M5 水泥砂浆	m³	42.3526
010301001002	砌块墙 1.墙体类型:内墙 2.墙体厚度:200 mm 3.砌块品种、规格、强度等级:煤陶粒空心砖 400 mm×250 mm×200 mm 4.砂浆强度等级:M5 水泥砂浆	m³	71.4251
010402001001	矩形柱 1.柱高度:3.6 m 以内 2.柱截面尺寸:周长大于 1.8 m 3.混凝土强度等级:C30 4.混凝土拌合料要求:商品混凝土	m³	29.52
010402001002	梯柱 1.混凝土强度等级:C30 2.混凝土拌合料要求:商品混凝土 3.柱周长:小于 1.8 m	m³	0.108

续表

编码	项目名称	单位	工程量
010402001003	构造柱 1.柱高度:3.6 m 以内 2.柱截面尺寸:周长小于 1.8 m 3.混凝土强度等级:C25 4.混凝土拌合料要求:商品混凝土	m³	3.9175
010403002001	矩形梁 1.梁顶标高:3.6 m 以内 2.混凝土强度等级:C30 3.混凝土拌合料要求:商品混凝土	m³	35.959
010403006001	弧形梁 1.梁底标高:3.6 m 以内 2.混凝土强度等级:C30 3.混凝土拌合料要求:商品混凝土	m³	1.6826
010405001001	有梁板 1.梁顶标高:3.6 m 以内 2.混凝土强度等级:C30 3.混凝土拌合料要求:商品混凝土	m³	2.2125
010405001004	有梁板 L-1 1.梁顶标高:3.6 m 以内 2.混凝土强度等级:C30 3.混凝土拌合料要求:商品混凝土	m³	0.7507
010403005001	过梁 1.混凝土种类:商品混凝土 2.混凝土强度等级:C25	m³	1.8668
010403004001	飘窗圈梁 1.混凝土强度等级:C25 2.混凝土拌合料要求:商品混凝土	m³	0.975
010403004002	窗下圈梁 1.梁截面:180 mm×250 mm 2.混凝土强度等级:C25 3.混凝土拌合料要求:商品混凝土	m³	3.4417
010403004003	窗下弧形圈梁 1.梁截面:180 mm×250 mm 2.混凝土强度等级:C25 3.混凝土拌合料要求:商品混凝土	m³	0.3034

编码	项目名称	单位	工程量
010404001001	电梯井墙 1.墙高度:3.6 m 以内 2.墙厚度:200 mm 3.混凝土强度等级:C30 4.混凝土拌合料要求:商品混凝土	m³	6.196
010405003001	平板 1.层高:3.6 m 以内 2.板厚度:120 mm 3.混凝土强度等级:C30 4.混凝土拌合料要求:商品混凝土	m³	15.9768
010405003002	平板 1.层高:3.6 m 以内 2.板厚度:130 mm 3.混凝土强度等级:C30 4.混凝土拌合料要求:商品混凝土	m³	3.9578
010405003003	平板 1.层高:3.6 m 以内 2.板厚度:160 mm 3.混凝土强度等级:C30 4.混凝土拌合料要求:商品混凝土	m³	42.82
010405001001	有梁板 1.层高:3.6 m 以内 2.板厚度:120 mm 3.混凝土强度等级:C30 4.混凝土拌合料要求:商品混凝土	m³	2.4252
010405001002	有梁板 1.层高:3.6 m 以内 2.板厚度:130 mm 3.混凝土强度等级:C30 4.混凝土拌合料要求:商品混凝土	m³	6.8952
010405001004	有梁板 1.层高:3.6 m 以内 2.板厚度:140 mm 3.混凝土强度等级:C30 4.混凝土拌合料要求:商品混凝土	m³	2.4284

续表

编码	项目名称	单位	工程量
010405001005	有梁板 1.板厚度:100 mm 2.混凝土强度等级:C30 3.混凝土拌合料要求:商品混凝土	m³	0.816
010405001006	有梁板(楼梯间入口板) 1.层高:3.6 m 以内 2.板厚度:100 mm 3.混凝土强度等级:C30 4.混凝土拌合料要求:商品混凝土	m³	0.558
010405006001	阳台栏板 1.板厚度:100 mm 2.混凝土强度等级:C30 3.混凝土拌合料要求:商品混凝土	m³	0.83
010405006002	阳台挂板 1.板厚度:100 mm 2.混凝土强度等级:C30 3.混凝土拌合料要求:商品混凝土	m³	0.9078
010406001001	直形楼梯 1.混凝土种类:商品混凝土 2.混凝土强度等级:C30	m²	16.39
010702001002	飘窗顶板卷材防水 1.3 mm 厚 SBS 卷材防水一道,上卷 250 mm	m²	5.78
010803001002	飘窗板保温层 1.30 mm 厚聚苯板保温层 2.20 mm 厚 1∶3 水泥砂浆罩面 3.刮防水腻子,刷丙烯酸乳胶漆两遍	m²	3.6
010803001003	飘窗板保温层 1.50 mm 厚聚苯板保温层 2.20 mm 厚 1∶3 水泥砂浆罩面	m²	4.08
010803001004	飘窗板保温层 1.50 mm 厚聚苯板保温层 2.10 mm 厚 1∶3 水泥砂浆罩面 3.刮防水腻子,刷丙烯酸乳胶漆两遍	m²	4.08

编码	项目名称	单位	工程量
010803003001	保温隔热墙 1.外墙外保温：墙外侧做 50 mm 厚聚苯板保温 2.刷一道 YJ-302 混凝土界面处理剂	m²	304.2375
020101001001	水泥砂浆楼面 1.20 mm 厚 1∶2.5 水泥砂浆抹面压实赶光 2.5 mm 厚 CL7.5 轻集料混凝土 3.钢筋混凝土楼板	m²	64.3579
020102001001	大理石楼面（800 mm×800 mm 大理石板） 1.铺 20 mm 厚大理石板,稀水泥浆擦缝 2.撒素水泥（洒适量清水） 3.20 mm 厚 1∶3 干硬性水泥砂浆黏结层 4.素水泥浆一道（内掺建筑胶） 5.现浇钢筋混凝土楼板或预制楼板现浇叠合层,随打随抹光	m²	84.4652
020102002001	地砖楼面 1.10 mm 厚高级地砖,稀水泥浆擦缝 2.6 mm 厚建筑胶水泥砂浆黏结层 3.素水泥浆一道（内掺建筑胶） 4.20 mm 厚 1∶3 水泥砂浆找平层 5.素水泥浆一道（内掺建筑胶） 6.钢筋混凝土楼板	m²	323.7754
020102002002	防滑地砖防水楼面（砖采用 400 mm×400 mm） 1.10 mm 厚防滑地砖,稀水泥浆擦缝 2.撒素水泥（洒适量清水） 3.20 mm 厚 1∶2 干硬性水泥砂浆黏结层 4.1.5 mm 厚聚氨酯涂膜防水层,靠墙处上卷 150 mm 高 5.20 mm 厚 1∶3 水泥砂浆找平层,四周及竖管根部位抹小八字角 6.素水泥浆一道 7.平均 35 mm 厚 C15 细石混凝土从门口向地漏找 1%坡 8.现浇混凝土楼板	m²	49.47
020105001001	水泥砂浆踢脚线 1.6 mm 厚 1∶2.5 水泥砂浆罩面压实赶光,高 100 mm 2.素水泥浆一道 3.6 mm 厚 1∶3 水泥砂浆打底扫毛或划出纹道	m²	5.337

续表

编码	项目名称	单位	工程量
020105002001	大理石踢脚线 1.15 mm 厚 800 mm×100 mm 深色大理石,高度为 100 mm,稀水泥浆擦缝 2.10 mm 厚 1∶2 水泥砂浆(内掺建筑胶)黏结层 3.界面剂一道甩毛(甩前先将墙面用水湿润)	m²	5.79
020105003001	地砖踢脚线 1.10 mm 厚 400 mm×100 mm 深色防滑地砖踢脚,高度为 100 mm,稀水泥浆擦缝 2.8 mm 厚 1∶2 水泥砂浆(内掺建筑胶)黏结层 3.5 mm 厚 1∶3 水泥砂浆打底扫毛或划出纹道	m²	19.0169
020105003002	大理石踢脚线 1.15 mm 厚 800 mm×100 mm 深色大理石,高度为 100 mm,稀水泥浆擦缝 2.10 mm 厚 1∶2 水泥砂浆(内掺建筑胶)黏结层 3.界面剂一道甩毛(甩前先将墙面用水湿润)	m²	3.2294
020102002002	地砖楼梯面层 1.10 mm 厚高级地砖,稀水泥浆擦缝 2.6 mm 厚建筑胶水泥砂浆黏结层 3.素水泥浆一道(内掺建筑胶) 4.20 mm 厚 1∶3 水泥砂浆找平层 5.素水泥浆一道(内掺建筑胶) 6.钢筋混凝土楼板	m²	16.39
020107001001	玻璃栏板 1.材质:玻璃栏板 2.规格:900 mm 高 3.D＝60 cm 铜管扶手	m	6.7
020107001002	金属扶手带栏杆、栏板 1.位置:楼梯间 2.高度:900 mm	m	9.2498
020107001003	金属扶手带栏杆（阳台） 1.扶手材料种类、规格、品牌、颜色:不锈钢管 2.高度:900 mm	m	19.4794
020109004001	楼梯踏步侧面抹灰 1.工程部位:楼梯踏步侧面抹灰 2.找平层厚度、砂浆配合比:水泥砂浆	m²	2.9086

编码	项目名称	单位	工程量
020201001004	墙面一般抹灰 1.刷稀释乳胶漆一道,满刮腻子两遍,刷乳胶漆两道 2.5 mm 厚 1∶2.5 水泥砂浆找平 3.9 mm 厚 1∶3 水泥砂浆打底扫毛 4.素水泥浆一道甩毛(内掺建筑胶)	m²	1018.7953
020201001005	外墙刷喷涂料 1.刮防水腻子,刷丙烯酸乳胶漆两遍 2.8 mm 厚 1∶2.5 水泥砂浆找平 3.12 mm 厚 1∶3 水泥砂浆打底扫毛或划出纹道 4.刷素水泥浆一道(内掺水重5%的建筑胶)	m²	19.1614
020204003001	块料墙面(外墙) 1.10 mm 厚面砖,在砖粘贴面上随粘随刷一遍 YJ-302 混凝土界面处理剂,1∶1 水泥砂浆勾缝 2.6 mm 厚 1∶0.2∶2 水泥石灰膏砂浆(内掺建筑胶) 3.刷素水泥浆一道(内掺水重5%的建筑胶) 4.50 mm 厚聚苯保温板保温层 5.刷一道 YJ-302 混凝土界面处理剂	m²	296.8428
020204003002	瓷砖墙面(内墙) 1.白水泥擦缝 2.5 mm 厚釉面砖面层,面层用 200 mm×300 mm 高级面砖(粘前先将釉面砖浸水两小时以上) 3.5 mm 厚 1∶2 建筑水泥砂浆黏结层 4.素水泥浆一道 5.9 mm 厚 1∶3 水泥砂浆打底压实抹平 6.素水泥浆一道甩毛	m²	135.8665
020301001001	天棚抹灰 1.喷水性耐擦洗涂料 2.3 mm 厚 1∶2.5 水泥砂浆找平 3.5 mm 厚 1∶3 水泥砂浆打底扫毛或划出纹道 4.素水泥浆一道甩毛(内掺建筑胶)	m²	412.0657
020301001002	楼梯板底抹灰 1.喷水性耐擦洗涂料 2.3 mm 厚 1∶2.5 水泥砂浆找平 3.5 mm 厚 1∶3 水泥砂浆打底扫毛或划出纹道 4.素水泥浆一道甩毛(内掺建筑胶)	m²	16.39

续表

编码	项目名称	单位	工程量
020302001001	铝合金条板吊顶 1.1 mm 厚铝合金条板,离缝安装带插缝板 2.U 形轻钢次龙骨 LB45×48,中距≤1500 mm 3.U 形轻钢主龙骨 LB38×12,中距≤1500 mm 与钢筋吊杆固定 4.φ6 钢筋吊杆,中距横向≤1500 mm、纵向≤1200 mm 5.现浇混凝土板底预留 φ10 钢筋吊环,双向中距≤1500 mm	m²	116.4346
020302001002	岩棉吸音板吊顶 1.12 mm 厚岩棉吸音板面层,规格 592 mm×592 mm 2.T 形轻钢次龙骨 TB24×28,中距 600 mm 3.T 形轻钢次龙骨 TB24×38,中距 600 mm,找平后与钢筋吊杆固定 4.φ8 钢筋吊杆,双向中距≤1200 mm 5.现浇混凝土板底预留 φ10 钢筋吊环,双向中距≤1200 mm	m²	43.2
020401004001	木质夹板门 1.门类型:夹板门 2.框截面尺寸、单扇面积:1000 mm×2100 mm 3.详细内容甲方现场决定	m²	46.2
020406007001	飘窗 1.材质、外围尺寸:塑钢,3000 mm×2400 mm 2.玻璃品种、厚度,五金材料、品种、规格:普通玻璃	樘	2
020406007002	阳台塑钢窗 1.框材质、外围尺寸:带形窗,高 2700 mm 2.扇材质、外围尺寸:塑钢窗	m²	56.449
020406007001	塑钢窗 1.窗类型:塑钢平开窗(带纱) 2.洞口尺寸:5000 mm×2700 mm 3.玻璃:单层框中空玻璃,传热系数≤3.0	m²	13.5
020406007002	塑钢窗 1.窗类型:塑钢平开窗(带纱) 2.洞口尺寸:1500 mm×2400 mm 3.玻璃:单层框中空玻璃,传热系数≤3.0	m²	7.2
020406007003	塑钢窗 1.窗类型:塑钢平开窗(带纱) 2.洞口尺寸:2400 mm×2400 mm 3.玻璃:单层框中空玻璃,传热系数≤3.0	m²	17.28

编码	项目名称	单位	工程量
020406007004	塑钢窗 1.窗类型:塑钢平开窗(带纱) 2.洞口尺寸:1600 mm×2400 mm 3.玻璃:单层框中空玻璃,传热系数≤3.0	m²	7.68
020406007005	塑钢窗 1.窗类型:塑钢平开窗(带纱) 2.洞口尺寸:900 mm×2400 mm 3.玻璃:单层框中空玻璃,传热系数≤3.0	m²	8.64
020406007006	塑钢窗 1.窗类型:塑钢平开窗(带纱) 2.洞口尺寸:1800 mm×2400 mm 3.玻璃:单层框中空玻璃,传热系数≤3.0	m²	17.28
020409003001	石材窗台板 1.窗台板材质、规格、颜色:大理石,宽度650 mm	m	24
020409003002	石材窗台板 1.窗台板材质、规格、颜色:大理石,宽度200 mm	m	163.36

五、总结拓展

两种层间复制方法的区别

从其他楼层复制构件图元:将其他楼层的构件图元复制到目标层,只能选择构件来控制复制范围。

复制选定图元到其他楼层:将选中的图元复制到目标层,可通过选择图元来控制复制范围。

题思考

"建模"页签下的层间复制功能与"构件列表"中的层间复制功能有何区别?

4.2　三层工程量计算

通过本节的学习,你将能够:

掌握层间复制图元的两种方法。

一、任务说明

①使用层间复制方法完成三层柱、梁、板、墙体、门窗的做法套用及图元绘制。

②查找三层与首层、二层的不同部分,对不同部分进行修正。

③汇总计算,统计三层柱、梁、板、墙体、门窗的工程量。

二、任务分析

①对比三层与首层、二层的柱、梁、板、墙体、门窗都有哪些不同,分别从名称、尺寸、位置、做法4个方面进行对比。

②从其他楼层复制构件图元与复制选定图元到其他楼层有什么不同?

三、任务实施

1)分析图纸

(1)分析框架柱

分析结施-04,三层框架柱和二层框架柱相比,截面尺寸、混凝土强度等级没有差别,钢筋信息也一样,只有标高不一样。

(2)分析梁

分析结施-06,三层梁和首层梁信息一样。

(3)分析板

分析结施-10,三层板和首层板信息一样。

(4)分析墙

分析建施-05,三层砌体与二层的基本相同。

(5)分析门窗

分析建施-05,三层门窗与二层的基本相同。

2)画法讲解

(1)从其他楼层复制图元

在三层中,选择"从其他层复制",源楼层选择"第2层",图元选择"柱、墙、门窗洞、楼梯",目标楼层选择"第3层",单击"确定"按钮,弹出"图元复制成功"提示框,如图4.15所示。

图 4.15

图 4.16

（2）继续从其他楼层复制图元

在三层中，选择"从其他层复制"，源楼层选择"首层"，图元选择"梁、板"，目标楼层选择"第 3 层"，单击"确定"按钮，弹出"图元复制成功"提示框，如图 4.16 所示。

通过上述两步即可完成三层图元的全部绘制。

四、任务结果

汇总计算，统计三层清单、定额工程量，见表 4.2。

表 4.2　三层清单、定额工程量

编码	项目名称	单位	工程量
010304001001	砌块墙 1.墙体类型:外墙 2.墙体厚度:250 mm 3.砌块品种、规格、强度等级:陶粒空心砖 400 mm×250 mm×200 mm 4.砂浆强度等级:M5 水泥砂浆	m³	42.3458
010304001002	砌块墙 1.墙体类型:内墙 2.墙体厚度:200 mm 3.砌块品种、规格、强度等级:煤陶粒空心砖 400 mm×250 mm×200 mm 4.砂浆强度等级:M5 水泥砂浆	m³	71.4489
010402001001	矩形柱 1.柱高度:3.6 m 以内 2.柱截面尺寸:周长大于 1.8 m 3.混凝土强度等级:C30 4.混凝土拌合料要求:商品混凝土	m³	29.52
010402001002	矩形柱(梯柱) 1.柱高度:3.6 m 以内 2.柱截面尺寸:周长小于 1.8 m 3.混凝土强度等级:C30 4.混凝土拌合料要求:商品混凝土	m³	0.117
010402002003	构造柱 1.柱高度:3.6 m 以内 2.柱截面尺寸:周长小于 1.8 m 3.混凝土强度等级:C25 4.混凝土拌合料要求:商品混凝土	m³	3.9178
010403006001	弧形梁 1.梁顶标高:3.6 m 以内 2.混凝土强度等级:C30 3.混凝土拌合料要求:商品混凝土	m³	1.6826

续表

编码	项目名称	单位	工程量
010403002001	矩形梁 1.梁顶标高:3.6 m 以内 2.混凝土强度等级:C30 3.混凝土拌合料要求:商品混凝土	m³	35.9655
010403005001	过梁 1.混凝土种类:商品混凝土 2.混凝土强度等级:C25	m³	1.8668
010403004001	窗下弧形圈梁 1.梁截面:180 mm×250 mm 2.混凝土强度等级:C25 3.混凝土拌合料要求:商品混凝土	m³	0.3034
010403004002	圈梁 1.梁截面:180 mm×250 mm 2.混凝土强度等级:C25 3.混凝土拌合料要求:商品混凝土	m³	3.4417
010403004003	圈梁(飘窗下)飘窗 1.混凝土强度等级:C25 2.混凝土拌合料要求:商品混凝土	m³	0.975
010405006001	栏板 1.板厚度:100 mm 2.混凝土强度等级:C30 3.混凝土拌合料要求:商品混凝土	m³	0.83
010405006002	挂板 1.板厚度:100 mm 2.混凝土强度等级:C30 3.混凝土拌合料要求:商品混凝土	m³	0.9078
010404001001	电梯井墙(含墙、暗柱、连梁) 1.墙高度:3.6 m 2.墙厚度:200 mm 3.混凝土强度等级:C30 4.混凝土拌合料要求:商品混凝土	m³	6.196
010405003001	平板 1.层高:3.6 m 以内 2.板厚度:160 mm 3.混凝土强度等级:C30 4.混凝土拌合料要求:商品混凝土	m³	42.7944

编码	项目名称	单位	工程量
01040500300	平板 1.层高:3.6 m 以内 2.板厚度:120 mm 3.混凝土强度等级:C30 4.混凝土拌合料要求:商品混凝土	m³	15.9768
010405001001	有梁板 1.梁顶标高:3.6 m 以内 2.混凝土强度等级:C30 3.混凝土拌合料要求:商品混凝土	m³	2.2125
010405001002	有梁板 L-1 1.梁顶标高:3.6 m 以内 2.混凝土强度等级:C30 3.混凝土拌合料要求:商品混凝土	m³	0.7507
010405001003	有梁板(楼梯入口板) 1.层高:3.6 m 以内 2.板厚度:100 mm 3.混凝土强度等级:C30 4.混凝土拌合料要求:商品混凝土	m³	0.558
010405001004	有梁板(飘窗板) 1.层高:3.6 m 以内 2.板厚度:100 mm 3.混凝土强度等级:C30 4.混凝土拌合料要求:商品混凝土	m³	0.816
010405001005	有梁板 1.层高:3.6 m 以内 2.板厚度:140 mm 3.混凝土强度等级:C30 4.混凝土拌合料要求:商品混凝土	m³	2.4284
010405001006	有梁板 1.层高:3.6 m 以内 2.板厚度:130 mm 3.混凝土强度等级:C30 4.混凝土拌合料要求:商品混凝土	m³	6.8952
010405001007	有梁板 1.层高:3.6 m 以内 2.板厚度:120 mm 3.混凝土强度等级:C30 4.混凝土拌合料要求:商品混凝土	m³	2.4252

续表

编码	项目名称	单位	工程量
010406001001	直形楼梯 1.混凝土种类:商品混凝土 2.混凝土强度等级:C30	m²	16.41
010702001001	飘窗顶板卷材防水 3 mm 厚 SBS 卷材防水一道,上卷 250 mm	m²	5.78
010803001001	飘窗板保温层 1.30 mm 厚聚苯板保温层 2.20 mm 厚 1:3 水泥砂浆罩面 3.刮防水腻子,刷丙烯酸乳胶漆两遍	m²	3.6
010803001002	飘窗板保温层 1.50 mm 厚聚苯板保温层 2.20 mm 厚 1:3 水泥砂浆罩面	m²	4.08
010803001003	飘窗板保温层 1.50 mm 厚聚苯板保温层 2.10 mm 厚 1:3 水泥砂浆罩面 3.刮防水腻子,刷丙烯酸乳胶漆两遍	m²	4.08
010803003001	保温隔热墙 1.外墙外保温:墙外侧做 50 mm 厚聚苯板保温 2.刷一道 YJ-302 混凝土界面处理剂	m²	304.2375
020201001001	水泥砂浆楼面(楼面 4) 1.20 mm 厚 1:2.5 水泥砂浆抹面压实赶光 2.5 mm 厚 CL7.5 轻集料混凝土 3.钢筋混凝土楼板	m²	64.3579
020102001001	大理石楼面(800 mm×800 mm 大理石板)(楼面 3) 1.铺 20 mm 厚大理石板,稀水泥浆擦缝 2.撒素水泥(洒适量清水) 3.30 mm 厚 1:3 干硬性水泥砂浆黏结层 4.40 mm 厚 1:1.6 水泥粗砂焦渣垫层 5.钢筋混凝土楼板	m²	116.1395
020102002001	防滑地砖防水楼面(砖采用 400 mm×400 mm)(楼面 2) 1.10 mm 厚防滑地砖,稀水泥浆擦缝 2.撒素水泥(洒适量清水) 3.20 mm 厚 1:2 干硬性水泥砂浆黏结层 4.1.5 mm 厚聚氨酯涂膜防水层,靠墙处上卷 150 mm 高 5.20 mm 厚 1:3 水泥砂浆找平层,四周及竖管根部位抹小八字角 6.素水泥浆一道 7.平均 35 mm 厚 C15 细石混凝土从门口向地漏找 1%坡 8.现浇混凝土楼板	m²	43.2

编码	项目名称	单位	工程量
020102002002	地砖楼面(楼面1) 1.10 mm 厚高级地砖,稀水泥浆擦缝 2.6 mm 厚建筑胶水泥砂浆黏结层 3.素水泥浆一道(内掺建筑胶) 4.20 mm 厚1:3 水泥砂浆找平层 5.素水泥浆一道(内掺建筑胶) 6.钢筋混凝土楼板	m²	323.7754
020105001001	水泥砂浆踢脚线(踢脚3) 1.踢脚3:水泥踢脚(高100 mm) 2.6 mm 厚1:2.5 水泥砂浆罩面压实赶光 3.素水泥浆一道 4.6 mm 厚1:3 水泥砂浆打底扫毛或划出纹道	m²	5.262
020105002001	石材踢脚线(踢脚2) 1.用800 mm×100 mm 深色大理石,高度为100 mm 2.15 mm 厚大理石踢脚板,稀水泥浆擦缝 3.10 mm 厚1:2 水泥砂浆(内掺建筑胶)黏结层 4.界面剂一道甩毛(甩前先将墙面用水湿润)	m²	10.8298
020105003001	块料踢脚线(踢脚线1) 1.用400 mm×100 mm 深色地砖,高度为100 mm 2.10 mm 厚防滑地砖踢脚,稀水泥浆擦缝 3.8 mm 厚1:2 水泥砂浆(内掺建筑胶)黏结层 4.5 mm 厚1:3 水泥砂浆打底扫毛或划出纹道	m²	27.336
020106002002	地砖楼梯面层 1.10 mm 厚高级地砖,稀水泥浆擦缝 2.6 mm 厚建筑胶水泥砂浆黏结层 3.素水泥浆一道(内掺建筑胶) 4.20 mm 厚1:3 水泥砂浆找平层 5.素水泥浆一道(内掺建筑胶) 6.钢筋混凝土楼板	m²	16.41
020107001002	金属扶梯、栏杆(护窗栏杆) 1.材质:不锈钢管 2.规格:900 mm 高 3.$D=60$ cm 不锈钢扶手	m	25.1584
020107001003	金属扶梯、栏杆(楼梯间栏杆) 1.材质:玻璃栏板 2.规格:900 mm 高 3.钢管扶手	m	9.2498

续表

编码	项目名称	单位	工程量
020109004001	楼梯踏步侧面抹灰 1.工程部位:楼梯踏步侧面抹灰 2.找平层厚度、砂浆配合比:水泥砂浆	m²	2.9086
020201001001	墙面一般抹灰(内墙1) 1.刷稀释乳胶漆一道,满刮腻子两遍,刷乳胶漆两道 2.5 mm 厚1:2.5 水泥砂浆找平 3.9 mm 厚1:3 水泥砂浆打底扫毛 4.素水泥浆一道甩毛(内掺建筑胶)	m²	1024.0431
020204003001	块料墙面(外墙1) 1.10 mm 厚面砖,在砖粘贴面上随粘随刷一遍 YJ-302 混凝土界面处理剂,1:1 水泥砂浆勾缝 2.6 mm 厚1:0.2:2.5 水泥石灰膏砂浆(内掺建筑胶) 3.刷素水泥浆一道(内掺水重 5% 的建筑胶) 4.50 mm 厚聚苯保温板保温层 5.刷一道 YJ-302 型混凝土界面处理剂	m²	296.8428
020204003002	块料墙面(内墙2) 1.白水泥擦缝 2.5 mm 厚釉面砖面层(粘前先将釉面砖浸水两小时以上) 3.5 mm 厚1:2 建筑水泥砂浆黏结层 4.素水泥浆一道 5.9 mm 厚1:3 水泥砂浆打底压实抹平 6.素水泥浆一道甩毛	m²	135.8665
020201001003	外墙刷喷涂料 1.刮防水腻子,刷丙烯酸乳胶漆两遍 2.8 mm 厚1:2.5 水泥砂浆找平 3.12 mm 厚1:3 水泥砂浆打底扫毛或划出纹道 4.刷素水泥浆一道(内掺水重 5% 的建筑胶)	m²	19.1614
020301001001	天棚抹灰(天棚1) 1.喷水性耐擦洗涂料 2.3 mm 厚1:2.5 水泥砂浆找平 3.5 mm 厚1:3 水泥砂浆打底扫毛或划出纹道 4.素水泥浆一道甩毛(内掺建筑胶)	m²	401.2576
020301001002	楼梯底板抹灰(天棚1) 1.喷水性耐擦洗涂料 2.3 mm 厚1:2.5 水泥砂浆找平 3.5 mm 厚1:3 水泥砂浆打底扫毛或划出纹道 4.素水泥浆一道甩毛(内掺建筑胶)	m²	18.8715

续表

编码	项目名称	单位	工程量
020302001001	吊顶天棚(吊顶1) 1.1.0 mm 厚铝合金条板,离缝安装带插缝板 2.U 形轻钢次龙骨 LB45×48,中距≤1500 mm 3.U 形轻钢主龙骨 LB38×12,中距≤1500 mm,与钢筋吊杆固定 4.φ6 钢筋吊杆,中距横向≤1500 mm,纵向≤1200 mm 5.现浇混凝土板底预留 φ10 钢筋吊环,双向中距≤1500 mm	m²	84.7003
020302001002	吊顶天棚(吊顶2) 1.12 mm 厚岩棉吸声板面层,规格 592 mm×592 mm 2.T 形轻钢次龙骨 TB24×28,中距 600 mm 3.T 形轻钢次龙骨 TB24×38,中距 600 mm,找平后与钢筋吊杆固定 4.φ8 钢筋吊杆,双向中距≤1200 mm 5.现浇混凝土板底预留 φ10 钢筋吊环,双向中距≤1200 mm	m²	43.2
020401004001	木质夹板门 1.门类型:夹板门 2.框截面尺寸、单扇面积:1000 mm×2100 mm 3.详细内容甲方现场决定	m²	46.2
020406007001	塑钢窗 1.窗类型:塑钢平开窗(带纱) 2.洞口尺寸:5000 mm×2700 mm 3.玻璃:单层框中空玻璃,传热系数≤3.0	m²	13.5
020406007002	塑钢窗 1.窗类型:塑钢平开窗(带纱) 2.洞口尺寸:1500 mm×2400 mm 3.玻璃:单层框中空玻璃,传热系数≤3.0	m²	7.2
020406007003	塑钢窗 1.窗类型:塑钢平开窗(带纱) 2.洞口尺寸:2400 mm×2400 mm 3.玻璃:单层框中空玻璃,传热系数≤3.0	m²	17.28
020406007004	塑钢窗 1.窗类型:塑钢平开窗(带纱) 2.洞口尺寸:1600 mm×2400 mm 3.玻璃:单层框中空玻璃,传热系数≤3.0	m²	7.68
020406007005	塑钢窗 1.窗类型:塑钢平开窗(带纱) 2.洞口尺寸:900 mm×2400 mm 3.玻璃:单层框中空玻璃,传热系数≤3.0	m²	8.64

续表

编码	项目名称	单位	工程量
020406007006	塑钢窗 1.窗类型:塑钢平开窗(带纱) 2.洞口尺寸:1800 mm×2400 mm 3.玻璃:单层框中空玻璃,传热系数≤3.0	m²	17.28

五、总结拓展

图元存盘及图元提取的使用方法和层间复制功能都能满足快速完成绘图的要求。请自行对比使用方法。

问 题思考

分析在进行图元存盘及图元提取操作时,选择基准点有哪些用途。

5 四层、机房层工程量计算

通过本章的学习,你将能够:

(1)掌握批量选择构件图元的方法;

(2)掌握批量删除的方法;

(3)掌握女儿墙、压顶、屋面的属性定义和绘制方法;

(4)统计四层、机房层构件图元的工程量。

5.1 四层工程量计算

通过本节的学习,你将能够:

(1)巩固层间复制的方法;

(2)调整四层构件属性及图元绘制;

(3)掌握屋面框架梁的属性定义和绘制。

一、任务说明

①使用层间复制方法完成四层柱、墙体、门窗的做法套用及图元绘制(案例图纸中四层层高统一按 3.3 m 计算)。

②查找四层与三层的不同部分,将不同部分进行修正。

③四层梁和板与其他层信息不一致,需重新定义和绘制。

④汇总计算,统计四层柱、梁、板、墙体、门窗的工程量。

二、任务分析

①对比三层与四层的柱、墙体、门窗都有哪些不同,分别从名称、尺寸、位置、做法 4 个方面进行对比。

②从其他楼层复制构件图元与复制选定图元到其他楼层有什么不同?

三、任务实施

1)分析图纸

（1）分析框架柱

分析结施-04，四层和三层的框架柱信息是一样的。

（2）分析框架梁

分析结施-08，四层框架梁为屋面框架梁。

（3）分析板

分析结施-12，④~⑤轴、ⓒ~①轴的板构件和板钢筋信息与其他层不同。

（4）分析墙

分析建施-06、建施-07，四层砌体与三层砌体基本相同。

（5）分析门窗

分析建施-06、建施-07，四层门窗与三层门窗基本相同。

2)画法讲解

（1）从其他楼层复制图元

在四层，选择"从其他楼层复制图元"，源楼层选择"第3层"，图元选择柱、墙、门窗洞，目标楼层选择"第4层"，单击"确定"按钮，如图5.1所示。

图 5.1

将三层柱复制到四层，其中 GBZ1 和 GBZ2 信息修改如图 5.2 和图 5.3 所示。

图 5.2

图 5.3

（2）四层梁的属性定义

四层梁为屋面框架梁，其属性定义如图 5.4 至图 5.15 所示。

	属性名称	属性值	附加
1	名称	WKL1(1)	
2	结构类别	屋面框架梁	
3	跨数量	1	
4	截面宽度(mm)	250	
5	截面高度(mm)	600	
6	轴线距梁左边…	(125)	
7	箍筋	Φ10@100/200(2)	
8	胶数	2	
9	上部通长筋	2Φ25	
10	下部通长筋		
11	侧面构造或受…	N2Φ16	
12	拉筋	(Φ6)	
13	材质	现浇混凝土	
14	混凝土类型	(普通砼(坍落度1…	
15	混凝土强度等级	(C30)	
16	混凝土外加剂	(无)	
17	泵送类型	(混凝土泵)	
18	泵送高度(m)		
19	截面周长(m)	1.7	
20	截面面积(m²)	0.15	
21	起点顶标高(m)	屋顶标高	
22	终点顶标高(m)	屋顶标高	
23	备注		
24	⊞ 钢筋业务属性		
34	⊞ 土建业务属性		
40	⊞ 显示样式		

图 5.4

	属性名称	属性值	附加
1	名称	WKL2(2)	
2	结构类别	屋面框架梁	
3	跨数量	2	
4	截面宽度(mm)	300	
5	截面高度(mm)	600	
6	轴线距梁左边…	(150)	
7	箍筋	Φ10@100/200(2)	
8	胶数	2	
9	上部通长筋	2Φ25	
10	下部通长筋		
11	侧面构造或受…	G2Φ12	
12	拉筋	(Φ6)	
13	材质	现浇混凝土	
14	混凝土类型	(普通砼(坍落度1…	
15	混凝土强度等级	(C30)	
16	混凝土外加剂	(无)	
17	泵送类型	(混凝土泵)	
18	泵送高度(m)		
19	截面周长(m)	1.8	
20	截面面积(m²)	0.18	
21	起点顶标高(m)	屋顶标高	
22	终点顶标高(m)	屋顶标高	
23	备注		
24	⊞ 钢筋业务属性		
34	⊞ 土建业务属性		
40	⊞ 显示样式		

图 5.5

	属性名称	属性值	附加
1	名称	WKL3(3)	
2	结构类别	屋面框架梁	☐
3	跨数量	3	☐
4	截面宽度(mm)	250	☐
5	截面高度(mm)	500	☐
6	轴线距梁左边…	(125)	☐
7	箍筋	Φ10@100/200(2)	☐
8	肢数	2	
9	上部通长筋	2Φ22	☐
10	下部通长筋		☐
11	侧面构造或受…	G2Φ12	☐
12	拉筋	(Φ6)	☐
13	材质	现浇混凝土	
14	混凝土类型	(普通砼(坍落度1…	☐
15	混凝土强度等级	(C30)	☐
16	混凝土外加剂	(无)	
17	泵送类型	(混凝土泵)	
18	泵送高度(m)		
19	截面周长(m)	1.5	☐
20	截面面积(m²)	0.125	☐
21	起点顶标高(m)	层顶标高	☐
22	终点顶标高(m)	层顶标高	☐
23	备注		☐
24	⊕ 钢筋业务属性		
34	⊕ 土建业务属性		
40	⊕ 显示样式		

图 5.6

	属性名称	属性值	附加
1	名称	WKL4(1)	
2	结构类别	屋面框架梁	☐
3	跨数量	1	☐
4	截面宽度(mm)	300	☐
5	截面高度(mm)	600	☐
6	轴线距梁左边…	(150)	☐
7	箍筋	Φ10@100/200(2)	☐
8	肢数	2	
9	上部通长筋	2Φ25	☐
10	下部通长筋		☐
11	侧面构造或受…	G2Φ12	☐
12	拉筋	(Φ6)	☐
13	材质	现浇混凝土	
14	混凝土类型	(普通砼(坍落度1…	☐
15	混凝土强度等级	(C30)	☐
16	混凝土外加剂	(无)	
17	泵送类型	(混凝土泵)	
18	泵送高度(m)		
19	截面周长(m)	1.8	☐
20	截面面积(m²)	0.18	☐
21	起点顶标高(m)	层顶标高	
22	终点顶标高(m)	层顶标高	
23	备注		
24	⊕ 钢筋业务属性		
34	⊕ 土建业务属性		
40	⊕ 显示样式		

图 5.7

	属性名称	属性值	附加
1	名称	WKL5(3)	
2	结构类别	屋面框架梁	☐
3	跨数量	3	☐
4	截面宽度(mm)	300	☐
5	截面高度(mm)	500	☐
6	轴线距梁左边…	(150)	☐
7	箍筋	Φ10@100/200(2)	☐
8	肢数	2	
9	上部通长筋	2Φ25	☐
10	下部通长筋		☐
11	侧面构造或受…	G2Φ12	☐
12	拉筋	(Φ6)	☐
13	材质	现浇混凝土	
14	混凝土类型	(普通砼(坍落度1…	☐
15	混凝土强度等级	(C30)	☐
16	混凝土外加剂	(无)	
17	泵送类型	(混凝土泵)	
18	泵送高度(m)		
19	截面周长(m)	1.6	☐
20	截面面积(m²)	0.15	☐
21	起点顶标高(m)	层顶标高	☐
22	终点顶标高(m)	层顶标高	☐
23	备注		☐
24	⊕ 钢筋业务属性		
34	⊕ 土建业务属性		
40	⊕ 显示样式		

图 5.8

	属性名称	属性值	附加
1	名称	WKL6(7)	
2	结构类别	屋面框架梁	☐
3	跨数量	7	☐
4	截面宽度(mm)	300	☐
5	截面高度(mm)	600	☐
6	轴线距梁左边…	(150)	☐
7	箍筋	Φ10@100/200(2)	☐
8	肢数	2	
9	上部通长筋	2Φ25	☐
10	下部通长筋		☐
11	侧面构造或受…	G2Φ12	☐
12	拉筋	(Φ6)	☐
13	材质	现浇混凝土	
14	混凝土类型	(普通砼(坍落度1…	☐
15	混凝土强度等级	(C30)	☐
16	混凝土外加剂	(无)	
17	泵送类型	(混凝土泵)	
18	泵送高度(m)		
19	截面周长(m)	1.8	☐
20	截面面积(m²)	0.18	☐
21	起点顶标高(m)	层顶标高	☐
22	终点顶标高(m)	层顶标高	☐
23	备注		☐
24	⊕ 钢筋业务属性		
34	⊕ 土建业务属性		
40	⊕ 显示样式		

图 5.9

	属性列表	图层管理	
	属性名称	属性值	附加
1	名称	WKL7(3)	
2	结构类别	屋面框架梁	☐
3	跨数量	3	☐
4	截面宽度(mm)	300	☐
5	截面高度(mm)	600	☐
6	轴线距梁左边…	(150)	☐
7	箍筋	Φ10@100/200(2)	☐
8	胶数	2	
9	上部通长筋	2Φ25	☐
10	下部通长筋		☐
11	侧面构造或受…	G2Φ12	☐
12	拉筋	(Φ6)	☐
13	材质	现浇混凝土	☐
14	混凝土类型	(普通砼(坍落度1…	☐
15	混凝土强度等级	(C30)	☐
16	混凝土外加剂	(无)	
17	泵送类型	(混凝土泵)	
18	泵送高度(m)		
19	截面周长(m)	1.8	☐
20	截面面积(m²)	0.18	☐
21	起点顶标高(m)	层顶标高	☐
22	终点顶标高(m)	层顶标高	☐
23	备注		☐
24	⊞ 钢筋业务属性		
34	⊞ 土建业务属性		
40	⊞ 显示样式		

图 5.10

	属性列表	图层管理	
	属性名称	属性值	附加
1	名称	WKL8(1)	
2	结构类别	屋面框架梁	☐
3	跨数量	1	☐
4	截面宽度(mm)	300	☐
5	截面高度(mm)	600	☐
6	轴线距梁左边…	(150)	☐
7	箍筋	Φ10@100/200(2)	☐
8	胶数	2	
9	上部通长筋	2Φ25	☐
10	下部通长筋		☐
11	侧面构造或受…	G2Φ12	☐
12	拉筋	(Φ6)	☐
13	材质	现浇混凝土	☐
14	混凝土类型	(普通砼(坍落度1…	☐
15	混凝土强度等级	(C30)	☐
16	混凝土外加剂	(无)	
17	泵送类型	(混凝土泵)	
18	泵送高度(m)		
19	截面周长(m)	1.8	☐
20	截面面积(m²)	0.18	☐
21	起点顶标高(m)	层顶标高	☐
22	终点顶标高(m)	层顶标高	☐
23	备注		☐
24	⊞ 钢筋业务属性		
34	⊞ 土建业务属性		
40	⊞ 显示样式		

图 5.11

	属性列表	图层管理	
	属性名称	属性值	附加
1	名称	WKL9(3)	
2	结构类别	屋面框架梁	☐
3	跨数量	3	☐
4	截面宽度(mm)	300	☐
5	截面高度(mm)	600	☐
6	轴线距梁左边…	(150)	☐
7	箍筋	Φ10@100/200(2)	☐
8	胶数	2	
9	上部通长筋	2Φ25	☐
10	下部通长筋		☐
11	侧面构造或受…	G2Φ12	☐
12	拉筋	(Φ6)	☐
13	材质	现浇混凝土	☐
14	混凝土类型	(普通砼(坍落度1…	☐
15	混凝土强度等级	(C30)	☐
16	混凝土外加剂	(无)	
17	泵送类型	(混凝土泵)	
18	泵送高度(m)		
19	截面周长(m)	1.8	☐
20	截面面积(m²)	0.18	☐
21	起点顶标高(m)	层顶标高	☐
22	终点顶标高(m)	层顶标高	☐
23	备注		☐
24	⊞ 钢筋业务属性		
34	⊞ 土建业务属性		
40	⊞ 显示样式		

图 5.12

	属性列表	图层管理	
	属性名称	属性值	附加
1	名称	WKL10(3)	
2	结构类别	屋面框架梁	☐
3	跨数量	3	☐
4	截面宽度(mm)	300	☐
5	截面高度(mm)	600	☐
6	轴线距梁左边…	(150)	☐
7	箍筋	Φ10@100/200(2)	☐
8	胶数	2	
9	上部通长筋	2Φ25	☐
10	下部通长筋		☐
11	侧面构造或受…	G2Φ12	☐
12	拉筋	(Φ6)	☐
13	材质	现浇混凝土	☐
14	混凝土类型	(普通砼(坍落度1…	☐
15	混凝土强度等级	(C30)	☐
16	混凝土外加剂	(无)	
17	泵送类型	(混凝土泵)	
18	泵送高度(m)		
19	截面周长(m)	1.8	☐
20	截面面积(m²)	0.18	☐
21	起点顶标高(m)	层顶标高	☐
22	终点顶标高(m)	层顶标高	☐
23	备注		☐
24	⊞ 钢筋业务属性		
34	⊞ 土建业务属性		
40	⊞ 显示样式		

图 5.13

	属性名称	属性值	附加
1	名称	KL10a(3)	
2	结构类别	楼层框架梁	☐
3	跨数量	3	☐
4	截面宽度(mm)	300	☐
5	截面高度(mm)	600	☐
6	轴线距梁左边…	(150)	☐
7	箍筋	Φ10@100/200(2)	☐
8	胶数	2	
9	上部通长筋	2Φ25	☐
10	下部通长筋		☐
11	侧面构造或受…	G2Φ12	☐
12	拉筋	(Φ6)	
13	材质	现浇混凝土	☐
14	混凝土类型	(普通砼(坍落度1…	☐
15	混凝土强度等级	(C30)	☐
16	混凝土外加剂	(无)	
17	泵送类型	(混凝土泵)	
18	泵送高度(m)		
19	截面周长(m)	1.8	☐
20	截面面积(m²)	0.18	☐
21	起点顶标高(m)	层顶标高	☐
22	终点顶标高(m)	层顶标高	☐
23	备注		☐
24	⊞ 钢筋业务属性		
34	⊞ 土建业务属性		
40	⊞ 显示样式		

图 5.14

	属性名称	属性值	附加
1	名称	KL10b(1)	
2	结构类别	楼层框架梁	☐
3	跨数量	1	☐
4	截面宽度(mm)	300	☐
5	截面高度(mm)	600	☐
6	轴线距梁左边…	(150)	☐
7	箍筋	Φ10@100/200(2)	☐
8	胶数	2	
9	上部通长筋	2Φ25	☐
10	下部通长筋	2Φ25	☐
11	侧面构造或受…	G2Φ12	☐
12	拉筋	(Φ6)	
13	材质	现浇混凝土	☐
14	混凝土类型	(普通砼(坍落度1…	☐
15	混凝土强度等级	(C30)	☐
16	混凝土外加剂	(无)	
17	泵送类型	(混凝土泵)	
18	泵送高度(m)		
19	截面周长(m)	1.8	☐
20	截面面积(m²)	0.18	☐
21	起点顶标高(m)	层顶标高	☐
22	终点顶标高(m)	层顶标高	☐
23	备注		☐
24	⊞ 钢筋业务属性		
34	⊞ 土建业务属性		
40	⊞ 显示样式		

图 5.15

四层梁的绘制方法同首层梁。板和板钢筋的绘制方法同首层。用层间复制的方法,把第3层的墙、门窗洞口复制到第4层。

所有构件要添加清单和定额,方法同首层。

柱的修改:顶层柱要判断边角柱,可使用"判断边角柱"功能,如图 5.16 所示。

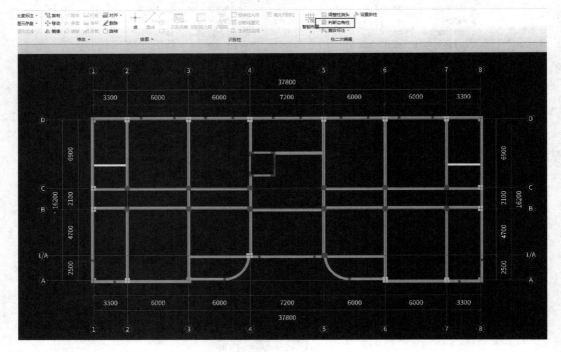

图 5.16

四、总结拓展

下面简单介绍几种在绘图界面查看工程量的方式。

①单击"查看工程量",选中要查看的构件图元,弹出"查看构件图元工程量"对话框,可以查看做法工程量、清单工程量和定额工程量。

②按"F3"键批量选择构件图元,然后单击"查看工程量",可以查看做法工程量、清单工程量和定额工程量。

③单击"查看计算式",选择单一图元,弹出"查看构件图元工程量计算式",可以查看此图元的详细计算式,还可利用"查看三维扣减图"查看详细工程量计算式。

问题思考

如何使用"判断边角柱"的命令?

5.2　女儿墙、压顶、屋面的工程量计算

通过本节的学习,你将能够:

(1)确定女儿墙高度、厚度,确定屋面防水的上卷高度;

(2)掌握矩形绘制和点绘制屋面图元;

(3)掌握图元的拉伸;

(4)统计本层女儿墙、女儿墙压顶、屋面的工程量。

一、任务说明

①完成女儿墙、屋面的工程量计算。

②汇总计算,统计屋面的工程量。

二、任务分析

①从哪张图中能够找到屋面做法? 都与哪些清单、定额有关?

②从哪张图中能够找到女儿墙的尺寸?

三、任务实施

1)分析图纸

(1)分析女儿墙及压顶

分析建施-12、建施-08,女儿墙的构造参见建施-08节点1,女儿墙墙厚240 mm(以建施-08平面图为准)。女儿墙墙身为砖墙,压顶材质为混凝土,宽300 mm,高60 mm。

（2）分析屋面

分析建施-02,可知本层的屋面做法为屋面1,防水的上卷高度设计未指明,按照定额默认高度为 300 mm。

2)清单、定额计算规则学习

（1）清单计算规则学习

女儿墙、屋面清单计算规则见表5.1。

表 5.1　女儿墙、屋面清单计算规则

编号	项目名称	单位	计算规则
010302001	实心砖墙	m³	按设计图示尺寸以体积计算。扣除门窗洞口、过人洞、空圈、嵌入墙内的钢筋混凝土柱、梁、圈梁、挑梁、过梁及凹进墙内的壁龛、管槽、暖气槽、消火栓箱所占体积。不扣除梁头、板头、檩头、垫木、木楞、沿缘木、木砖、门窗走头、砖墙内加固钢筋、木筋、铁件、钢管及单个面积 0.3 m² 以内的孔洞所占体积。凸出墙面的腰线、挑檐、压顶、窗台线、虎头砖、门窗套的体积亦不增加。凸出墙面的砖垛并入墙体体积内计算 1.墙长度:外墙按中心线长度、内墙按净长计算 2.墙高度: (1)外墙:斜(坡)屋面无檐口天棚者算至屋面板底;有屋架且室内外均有天棚者算至屋架下弦底另加 200 mm;无天棚者算至屋架下弦底另加 300 mm,出檐宽度超过 600 mm 时按实砌高度计算;平屋面算至钢筋混凝土板底 (2)内墙:位于屋架下弦者,算至屋架下弦底;无屋架者算至天棚底另加 100 mm;有钢筋混凝土楼板隔层者算至楼板顶;有框架梁时算至梁底 (3)女儿墙:从屋面板上表面算至女儿墙顶面(如有混凝土压顶时算至压顶下表面) (4)内、外山墙:按其平均高度计算 3.围墙:高度算至压顶上表面(如有混凝土压顶时算至压顶下表面),围墙柱并入围墙体积内
010407001	压顶	m³	按设计图示尺寸以体积计算。不扣除构件内钢筋、预埋铁件及300 mm×300 mm 以内的空洞所占体积,扣除烟道、垃圾道、通风道的空洞所占体积
010702001	屋面卷材防水	m²	按设计图示尺寸以面积计算 1.斜屋顶(不包括平屋顶找坡)按斜面积计算,平屋顶按水平投影面积计算 2.不扣除房上烟囱、风帽底座、风道、屋面小气窗和斜沟所占面积 3.屋面的女儿墙、伸缩缝和天窗等处的弯起部分,并入屋面工程量内

编号	项目名称	单位	计算规则
020204003	块料墙面	m²	按设计图示尺寸以镶贴面积计算
020201001	墙面一般抹灰	m²	按设计图示尺寸以面积计算。扣除墙裙、门窗洞口及单个 0.3 m² 以外的孔洞面积,不扣除踢脚线、挂镜线和墙与构件交接处的面积,门窗洞口和孔洞的侧壁及顶面不增加面积。附墙柱、梁、垛、烟囱侧壁并入相应的墙面面积内 1.外墙抹灰面积按外墙垂直投影面积计算 2.外墙裙抹灰面积按其长度乘以高度计算 3.内墙抹灰面积按主墙间的净长乘以高度计算 (1)无墙裙的,高度按室内楼地面至天棚底面计算 (2)有墙裙的,高度按墙裙顶至天棚底面计算 4.内墙裙抹灰面积按内墙净长乘以高度计算
020506001	墙面喷刷涂料	m²	按设计图示尺寸以面积计算
010803003	保温隔热墙面	m²	按设计图示尺寸以面积计算。扣除门窗洞口所占面积;门窗洞口侧壁需做保温时,并入保温墙体工程量内

(2)定额计算规则

女儿墙、屋面定额计算规则见表5.2。

表5.2 女儿墙、屋面定额计算规则

编号	项目名称	单位	计算规则
3-4	砖砌体 女儿墙240	m³	墙身以"m³"计算。 1.计算墙身体积时,应扣除门窗洞口、过人洞、空圈、嵌入墙身的钢筋混凝土柱、梁(包括过梁、圈梁、挑梁)、砖平碹、钢筋砖过梁和壁龛及内墙板头的体积,不扣除梁头、外墙板头、梁垫、坐浆、防潮层、檩头、垫木、木楞头、沿椽木、木砖、门窗走头、砖墙内的加固钢筋、铁件、钢管及每个面积在 0.3 m² 以下的孔洞等所占的体积,凸出墙面的窗台虎头砖、压顶线、山墙泛水、烟囱根、门窗套及三皮砖以内的腰线和挑檐等体积也不增加 2.墙的长度:外墙按中心线长度、内墙按净长计算 3.从屋面板上表面算至女儿墙顶面(如有混凝土压顶时算至压顶下表面)
3-7	弧形实心砖墙		
B4-1	零星构件(压顶)现浇商品混凝土	m³	按设计图示尺寸以体积计算
4-63	现浇混凝土模板 零星构件(压顶)模板	m³	按设计图示尺寸以体积计算

续表

编号	项目名称	单位	计算规则
9-26	改性沥青卷材冷粘法	m²	卷材和涂膜屋面防水层均按设计图示要求铺设卷材和涂布涂膜部分水平投影面积乘屋面坡度系数以"m²"计算。不扣除单个出屋面面积≤0.10 m²所占面积。挑檐、女儿墙、檐沟、天沟、变形缝、天窗、出屋面房间及高低跨处等部位若采用相同材料的向上弯起部分,均按图示尺寸计算后并入屋面防水层工程量,如上述弯起部位详图中无具体尺寸时,可统按0.3 m计算
9-27	改性沥青卷材 热熔法		
8-21	水泥砂浆找平层 厚度20 mm 在填充材料上现拌	m²	找平层均按主墙间净空面积以"m²"计算,应扣除凸出地面的构筑物、设备基础、室内轨道等所占面积,不扣除间壁墙和0.3 m²以内的柱、垛、附墙烟囱及孔洞所占面积,但门洞、空圈、暖气包槽、壁龛的开口部分亦不增加
9-50	屋面保温 陶粒混凝土	m³	按设计图示水平投影面积乘以平均厚度以体积计算
9-52	屋面保温 硬质发泡聚氨酯现场喷发 80 mm 厚度	m²	按设计图示尺寸以面积计算
B4-1	构造柱 商品混凝土	m³	构造柱(抗震柱)应包括"马牙槎"的体积在内,以"m³"计算
4-35	构造柱 现浇混凝土模板	m³	构造柱(抗震柱)应包括"马牙槎"的体积在内,以"m³"计算

3)属性定义

（1）女儿墙的属性定义

女儿墙的属性定义同墙,在新建墙体时,名称命名为"女儿墙",其属性定义如图5.17所示。

图 5.17

（2）屋面的属性定义

在导航树中选择"其他"→"屋面",在"构件列表"中选择"新建"→"新建屋面",在属性编辑框中输入相应的属性值,如图 5.18 和图 5.19 所示。

图 5.18

图 5.19

（3）女儿墙压顶的属性定义

在导航树"其他"中选择"压顶",在"构件列表"中选择"新建"→"新建压顶",其属性定义如图 5.20 所示。为方便钢筋信息输入,用圈梁代替压顶,如图 5.21 所示。

图 5.20

4) 做法套用

①女儿墙的做法套用,如图 5.22 所示。

图 5.21

图 5.22

②女儿墙压顶的做法套用,如图 5.23 所示。

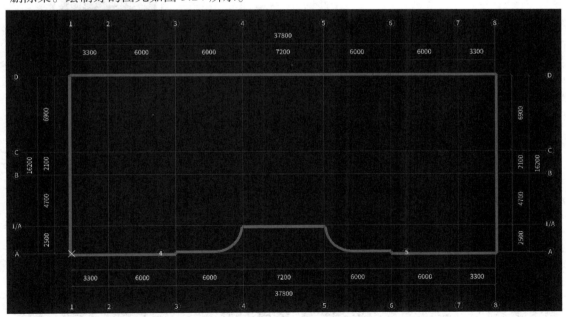

图 5.23

5）画法讲解

（1）直线绘制女儿墙

采用直线绘制女儿墙，因为是居中于轴线绘制的，所以女儿墙图元绘制完成后要对其进行偏移、延伸，把第四层的梁复制到本层，作为对齐的参照线，使女儿墙各段墙体封闭，然后删除梁。绘制好的图元如图 5.24 所示。

图 5.24

将楼层切换到第四层，选中电梯井周边的剪力墙和暗柱复制到屋面层。修改剪力墙顶标高，如图 5.25 所示。

屋面上人孔侧壁厚度为 8 cm，应执行"栏板"子目，若厚度 10 cm 以上执行相应厚度"墙"子目，因此屋面上人孔侧壁应采用"栏板"建立构件，修改名称为"上人孔栏板"，其属性值如图 5.26 所示。

	属性名称	属性值	附加
1	名称	JLQ-4	
2	厚度(mm)	200	☐
3	轴线距左墙皮...	(100)	☐
4	水平分布钢筋	(2)Φ10@200	☐
5	垂直分布钢筋	(2)Φ10@200	☐
6	拉筋	Φ8@600*600	☐
7	材质	现浇混凝土	
8	混凝土类型	(普通砼(坍落度1...	
9	混凝土强度等级	(C30)	☐
10	混凝土外加剂	(无)	
11	泵送类型	(混凝土泵)	
12	泵送高度(m)		
13	内/外墙标志	(内墙)	☑
14	类别	混凝土墙	☐
15	起点顶标高(m)	15.9	☐
16	终点顶标高(m)	15.9	☐
17	起点底标高(m)	层底标高	☐
18	终点底标高(m)	层底标高	☐
19	备注		☐
20	⊞ 钢筋业务属性		
33	⊞ 土建业务属性		
40	⊞ 显示样式		

图 5.25

搜索构件...

▲ 栏板

上人孔栏板

	属性名称	属性值	附加
1	名称	上人孔栏板	
2	截面宽度(mm)	80	☐
3	截面高度(mm)	200	☐
4	轴线距左边线...	(40)	☐
5	水平钢筋	(1)Φ6@200	☐
6	垂直钢筋	(1)Φ8@200	☐
7	拉筋		☐
8	材质	现浇混凝土	☐
9	混凝土类型	(普通砼(坍落度10~90mm),砾...	☐
10	混凝土强度等级	(C20)	☐
11	截面面积(m²)	0.016	☐
12	起点底标高(m)	层底标高	☐
13	终点底标高(m)	层底标高	☐
14	备注		☐
15	⊞ 钢筋业务属性		
25	⊞ 土建业务属性		
28	⊞ 显示样式		

图 5.26

采用直线功能绘制屋面上人孔,如图 5.27 所示。

(2)绘制女儿墙压顶

采用智能布置功能,选择"墙中心线",批量选中所有女儿墙,单击鼠标右键即可完成女儿墙压顶的绘制,如图 5.28所示。

(3)绘制屋面

采用"点"功能绘制屋面,如图 5.29 所示。

图 5.27

图 5.28

图 5.29

选中屋面,单击鼠标右键选择"设置防水卷边",输入"250",单击"确定"按钮,如图 5.30 所示。

图 5.30

四、总结拓展

女儿墙位置外边线同其他楼层外墙外边线,在绘制女儿墙时,可先参照柱的外边线进行绘制,然后删除柱即可。

题思考

构造柱的绘制可参考哪些方法?

6 地下一层工程量计算

通过本章的学习,你将能够:

(1)分析地下层要计算哪些构件;

(2)各构件需要计算哪些工程量;

(3)地下层构件与其他层构件属性定义与绘制的区别;

(4)计算并统计地下一层工程量。

6.1 地下一层柱的工程量计算

通过本节的学习,你将能够:

(1)分析本层归类到剪力墙的构件;

(2)统计本层柱的工程量。

一、任务说明

①完成地下一层剪力墙的构件属性定义、做法套用及绘制。

②汇总计算,统计地下一层柱的工程量。

二、任务分析

①地下一层都有哪些需要计算的构件工程量?

②地下一层有哪些柱构件不需要绘制?

三、任务实施

1)图纸分析

①分析结施-04,从柱表中可知地下一层柱和首层柱信息相同。本层包括矩形框架柱及暗柱。

②YBZ1 和 YBZ2 包含在剪力墙里面,算量时属于剪力墙内部构件,归到剪力墙里面,因此 YBZ1 和 YBZ2 的混凝土量与模板工程量归到剪力墙中。

2)属性定义与绘制

从首层复制柱到地下一层,如图 6.1 所示。

图 6.1

3) 做法套用

地下一层框架柱的做法参考首层框架柱的做法。

地下一层柱 YBZ1 和 YBZ2 的做法,可将首层柱的做法利用"做法刷"功能进行复制,如图 6.2 所示。

图 6.2

四、任务结果

汇总计算,统计地下一层柱的清单、定额工程量,见表 6.1。

表 6.1 地下一层柱清单、定额工程量

编码	项目名称	单位	工程量
010402001001	矩形柱 1.混凝土强度等级:C30 2.混凝土拌合料要求:商品混凝土 3.柱周长:大于1.8 m 4.柱高:3.9 m	m³	31.98
B4-1	矩形柱 商品混凝土	m³	31.98
010402001002	梯柱 1.混凝土强度等级:C30 2.混凝土拌合料要求:商品混凝土 3.柱周长:小于1.8 m	m³	0.117

续表

编码	项目名称	单位	工程量
B4-1	矩形柱 商品混凝土	m³	0.117
矩形柱模板			
4-32	矩形柱 周长大于 1.8 m,现浇混凝土模板	m³	31.98
4-31	矩形柱 周长小于 1.8 m,现浇混凝土模板	m³	0.117
4-69	构件超高模板 高度超过 3.6 m 每超过 1 m 柱	m³	31.98/3.9×0.3＝2.46

五、总结拓展

在新建异形柱时,绘制异形柱需一次围成封闭区域。围成封闭区域后不能在该网格上绘制任何图形。

题思考

图元存盘及图元提取如何使用?它们有什么优点?

6.2 地下一层剪力墙的工程量计算

通过本节学习,你将能够:
分析本层归类到剪力墙的构件。

一、任务说明

①完成地下一层剪力墙的属性定义及做法套用。
②绘制剪力墙图元。
③汇总计算,统计地下一层剪力墙的工程量。

二、任务分析

①地下一层剪力墙和首层剪力墙有什么不同?
②地下一层有哪些剪力墙构件不需要绘制?

三、任务实施

1)图纸分析

①分析结施-02,可以得到地下一层的剪力墙信息。

②分析结施-05,可以得到连梁信息,连梁是剪力墙的一部分。

③分析结施-02,剪力墙顶部有暗梁。

2)清单、定额计算规则学习

（1）清单计算规则

混凝土墙清单计算规则见表6.2。

表6.2　混凝土墙清单计算规则

编号	项目名称	单位	计算规则
010404001	直形墙	m³	按设计图示尺寸以体积计算。不扣除构件内钢筋、预埋铁件所占体积,扣除门窗洞口及单个面积0.3 m²以外的孔洞所占体积,墙垛及突出墙面部分并入墙体体积内计算
010404002	弧形墙		

（2）定额计算规则

混凝土墙定额计算规则见表6.3。

表6.3　混凝土墙定额计算规则

编号	项目名称	单位	计算规则
B4-1	商品混凝土	m³	混凝土的工程量按设计图示尺寸以体积计算。不扣除构件内钢筋、螺栓、预埋铁件及0.3 m²以内的孔洞所占体积
4-1	现场搅拌混凝土		
4-44	直形墙模板 厚度200 mm以上,300 mm以内	m³	按设计图示尺寸以体积计算。墙与柱连接时墙算至柱侧面,墙与梁连接时墙算至梁底。按墙身厚度,分别套用"墙"相应子目。电梯井四壁按壁厚分别套用相应"墙"的子目。墙内的暗柱、暗梁、连梁并入"墙"内计算。单面支模的"墙",模板套用相应墙的子目乘以系数0.6
4-69	高度超过3.6 m 每超过1 m墙	m³	模板支撑高度>3.6 m时,按超过部分全部体积计算工程量

3)属性定义

（1）剪力墙的属性定义

①由结施-02可知,Q1的相关信息如图6.3至图6.5所示。

②新建外墙。在导航树中选择"墙"→"剪力墙",在"构件列表"中单击"新建"→"新建外墙",进入墙的属性定义界面,如图6.6至图6.8所示。

图 6.3

图 6.4

图 6.5

	属性名称	属性值
1	名称	混凝土墙Q-1弧形段
2	厚度(mm)	300
3	轴线距左墙皮...	(150)
4	水平分布钢筋	(2)Φ12@180
5	垂直分布钢筋	(2)Φ14@150
6	拉筋	Φ6@300*300
7	材质	现浇混凝土
8	混凝土类型	(普通砼(坍落度10～90mm),...
9	混凝土强度等级	(C30)
10	混凝土外加剂	(无)
11	泵送类型	(混凝土泵)
12	泵送高度(m)	
13	内/外墙标志	(外墙)
14	类别	混凝土墙
15	起点顶标高(m)	层顶标高
16	终点顶标高(m)	层顶标高
17	起点底标高(m)	层底标高
18	终点底标高(m)	层底标高
19	备注	
20	⊞ 钢筋业务属性	
33	⊞ 土建业务属性	
40	⊞ 显示样式	

图 6.6

	属性名称	属性值	附加
1	名称	混凝土墙Q-1	
2	厚度(mm)	300	☑
3	轴线距左墙皮...	(150)	☐
4	水平分布钢筋	(2)Φ12@180	☐
5	垂直分布钢筋	(2)Φ14@150	☐
6	拉筋	Φ6@300*300	☐
7	材质	现浇混凝土	☐
8	混凝土类型	(普通砼(坍落度10～90mm),...	☐
9	混凝土强度等级	(C30)	☐
10	混凝土外加剂	(无)	
11	泵送类型	(混凝土泵)	
12	泵送高度(m)		
13	内/外墙标志	(外墙)	☑
14	类别	挡土墙	☐
15	起点顶标高(m)	层顶标高	☐
16	终点顶标高(m)	层顶标高	☐
17	起点底标高(m)	层底标高	☐
18	终点底标高(m)	层底标高	☐
19	备注		☐
20	⊞ 钢筋业务属性		
33	⊞ 土建业务属性		
40	⊞ 显示样式		

图 6.7

（2）连梁的属性定义

连梁信息在结施-05 中，其属性信息如图 6.9 和图 6.10 所示。

图 6.8　　　　　　　　　　　　　　　　图 6.9

（3）暗梁的属性定义

暗梁信息在结施-02 中，其属性定义如图 6.11 所示。

图 6.10　　　　　　　　　　　　　　　　图 6.11

4)做法套用

外墙做法套用如图 6.12 至图 6.14 所示。

图 6.12

图 6.13

图 6.14

5)画法讲解

①Q-1,Q-2,Q-3 用直线功能绘制即可,绘制方法同首层。混凝土墙 Q-1 弧形段可采用弧形绘制,绘制方法同首层。

②偏移,方法同首层。完成后如图 6.15 所示。

图 6.15

③连梁的画法参考首层。

④采用智能布置功能,选中剪力墙即可完成暗梁的绘制。

在相应位置用直线功能绘制即可,完成后如图 6.16 所示。

图 6.16

四、任务结果

汇总计算,统计地下一层剪力墙的清单、定额工程量,见表 6.4。

表 6.4　地下一层剪力墙清单、定额工程量

编码	项目名称	单位	工程量
010404001004	电梯井墙 1.墙高度:3.9 m 2.墙厚度:200 mm 3.混凝土强度等级:C30 4.混凝土拌合料要求:商品混凝土	m³	6.694
B4-1	C20 混凝土,非现场搅拌	m³	6.694
010404001006	直形墙 1.墙高度:3.9 m 2.墙厚度:300 mm 3.混凝土强度等级:C30 4.混凝土拌合料要求:商品混凝土	m³	5.454
B4-1	C20 混凝土,非现场搅拌	m³	5.454
010404001007	直形墙 1.墙高度:3.9 m 2.墙厚度:300 mm 3.混凝土强度等级:C30,防水等级 P6 4.混凝土拌合料要求:商品混凝土	m³	121.3646
B4-1	C20 混凝土,非现场搅拌	m³	121.3646

编码	项目名称	单位	工程量
010404001008	直形墙 1.墙厚度：35 mm 2.混凝土强度等级：C30，抗渗等级 P6 3.混凝土拌合料要求：商品混凝土	m³	15.188
B4-1	C20 混凝土，非现场搅拌	m³	15.188
010404002002	弧形墙 1.墙高度：3.9 m 2.墙厚度：300 mm 3.混凝土强度等级：C30，防水等级 P6 4.混凝土拌合料要求：商品混凝土	m³	8.0518
B4-1	C20 混凝土，非现场搅拌	m³	8.0518
4-47	弧形墙	m³	8.0518
4-43	现浇混凝土剪力墙模板，墙厚 200 mm 以内	m³	6.694
4-44	现浇混凝土剪力墙模板，墙厚 300 mm 以内	m³	5.454
4-44	现浇混凝土剪力墙模板，墙厚 300 mm 以内	m³	121.3646
4-68	直形墙 模板高度：3.6 m 以外	m³	126.8186/3.9×0.3 = 9.755

五、总结拓展

地下一层剪力墙的中心线和轴线位置不重合，如果每段墙体都采用"修改轴线距边的距离"比较麻烦。而图纸中显示剪力墙的外边线和柱的外边线平齐，因此，可先在轴线上绘制剪力墙，然后使用"单对齐"功能将墙的外边线和柱的外边线对齐即可。

问题思考

（1）结合软件，分析剪力墙钢筋的锚固方式。

（2）外墙外部 35 mm 厚的混凝土保护层需要计算模板费用吗？

6.3 地下一层梁、板、砌体墙的工程量计算

通过本节的学习，你将能够：

统计地下一层梁、板及砌体墙的工程量。

一、任务说明

①完成地下一层梁、板及砌体墙的属性定义、做法套用及绘制。

②汇总计算,统计地下一层梁、板及砌体墙的工程量。

二、任务分析

地下一层梁、板及砌体墙和首层有什么不同?

三、任务实施

①分析结施-05 和结施-06 可知,地下一层梁和首层梁基本相同,在Ⓑ轴/④~⑤轴处原位标注信息不同。

②分析结施-09 可得到板的信息。

③分析建施-03 可得到砌体墙的信息。

地下一层梁、板及砌体墙的属性定义与做法套用等同首层梁、板及砌体墙的操作方法。

四、任务结果

汇总计算,统计地下一层梁、板及砌体墙的清单、定额工程量,见表 6.5。

表 6.5　地下一层梁、板及砌体墙清单、定额工程量

编码	项目名称	单位	工程量
010304001001	砌块墙 1.墙体类型:内墙 2.墙体厚度:200 mm 3.砌块品种、规格、强度等级:煤陶粒空心砖 400 mm×250 mm×200 mm 4.砂浆强度等级:M5 水泥砂浆	m³	87.6859
3-43	空心砖墙	m³	87.6859
010301001001	砖基础 1.砖品种、规格、强度等级:MU10 煤矸石砖 2.基础类型:条形基础 3.基础深度:0.89 m 4.砂浆强度等级:M5 水泥砂浆	m³	4.2512
3-1	页岩空心砖墙 水泥砂浆 干混商品砂浆	10 m³	0.4251
010401006003	条基垫层 1.混凝土强度等级:C15 2.混凝土拌合料要求:商品混凝土	m³	1.5771
B4-1	C20 混凝土,非现场搅拌	m³	1.5771

续表

编码	项目名称	单位	工程量
010403002001	矩形梁 1.梁顶标高:3.9 m 2.混凝土强度等级:C30 3.混凝土拌合料要求:商品混凝土	m³	23.8926
B4-1	混凝土,非现场搅拌	m³	23.8926
010403002002	矩形梁 1.梁顶标高:-3.8 m 2.梁截面:300 mm×500 mm 3.混凝土强度等级:C30 4.混凝土拌合料要求:商品混凝土	m³	0.0821
B4-1	C20混凝土,非现场搅拌	m³	0.0821
010405001001	有梁板 1.梁顶标高:3.9 m 2.混凝土强度等级:C30 3.混凝土拌合料要求:商品混凝土	m³	2.9632
B4-1	C20混凝土,非现场搅拌	m³	2.9632
010405001002	有梁板 1.层高:3.9 m 2.板厚度:130 mm 3.混凝土强度等级:C30 4.混凝土拌合料要求:商品混凝土	m³	6.8951
B4-1	C20混凝土,非现场搅拌	m³	6.8951
010405001003	有梁板 1.层高:3.9 m 2.板厚度:120 mm 3.混凝土强度等级:C30 4.混凝土拌合料要求:商品混凝土	m³	2.3472
B4-1	C20混凝土,非现场搅拌	m³	2.3472
010405001004	有梁板(楼梯间入口板) 1.层高:3.9 m 2.板厚度:100 mm 3.混凝土强度等级:C30 4.混凝土拌合料要求:商品混凝土	m³	0.462
B4-1	C20混凝土,非现场搅拌	m³	0.462

续表

编码	项目名称	单位	工程量
010405003001	平板 1.层高:3.9 m 2.板厚度:160 mm 3.混凝土强度等级:C30 4.混凝土拌合料要求:商品混凝土	m³	42.82
B4-1	C20 混凝土,非现场搅拌	m³	42.82
010405003002	平板 1.层高:3.9 m 2.板厚度:130 mm 3.混凝土强度等级:C30 4.混凝土拌合料要求:商品混凝土	m³	3.9143
B4-1	C20 混凝土,非现场搅拌	m³	3.9143
010405003003	平板 1.层高:3.9 m 2.板厚度:120 mm 3.混凝土强度等级:C30 4.混凝土拌合料要求:商品混凝土	m³	15.9864
B4-1	C20 混凝土,非现场搅拌	m³	15.9864
模板子目			
4-37	现浇构件模板 梁及框架梁矩形	m³	23.9747
4-48	有梁板板厚 10 cm 以内	m³	0.464
4-49	现浇构件模板 有梁板板厚 10 cm 以外	m³	12.2301
4-52	平板 厚度 100 mm 以上	m³	$16.044 + 3.9182 + 42.92 = 62.8822$
4-68	现浇构件模板 层高超过 3.6 m 每增加 1 m 梁、板	m³	$62.8822 + 12.2301 + 0.464 + 23.9747 = 99.551$

五、总结拓展

结合清单、定额规范,套取相应的定额子目时注意超高部分量的提取。

问 题思考

如何计算框架间墙的长度?

6.4 地下一层门窗洞口、圈梁（过梁）的工程量计算

通过本节的学习,你将能够:

统计地下一层门窗洞口、圈梁(过梁)的工程量。

一、任务说明

①完成地下一层门窗洞口、圈梁(过梁)的属性定义、做法套用及绘制。

②汇总计算,统计地下一层门窗洞口、圈梁(过梁)的工程量。

二、任务分析

地下一层门窗洞口、圈梁(过梁)和首层的有什么不同?

三、任务实施

1)图纸分析

分析建施-03,可得到地下一层门窗洞口信息。

2)门窗洞口属性定义及做法套用

门窗洞口的属性定义及做法套用同首层。

四、任务结果

汇总计算,统计地下一层门窗洞口、圈梁(过梁)的清单、定额工程量,见表6.6。

表 6.6 地下一层门窗洞口、圈梁(过梁)的清单、定额工程量

编码	项目名称	单位	工程量
010403005001	过梁 1.混凝土种类:商品混凝土 2.混凝土强度等级:C25	m^3	0.8676
B4-1	混凝土,非现场搅拌	m^3	0.8676
010403004001	圈梁 1.梁截面:240 mm×240 mm 2.混凝土强度等级:C25 3.混凝土拌合料要求:商品混凝土	m^3	1.2038
B4-1	混凝土,非现场搅拌	m^3	1.2038

续表

编码	项目名称	单位	工程量
010801001001	木质夹板门 1.门类型:夹板门 2.框截面尺寸、单扇面积:1000 mm×2100 mm 3.详细内容甲方现场决定	m²	37.8
B7-1	成品木门安装	100 m²	0.378
020402007001	钢质防火门 1.门类型:乙级钢制防火门 2.洞口尺寸:1100 mm×2100 mm	m²	2.31
10-972	乙级钢质防火门安装	100 m²	0.0231
020402007002	钢质防火门 1.门类型:甲级钢制防火门 2.洞口尺寸:1000 mm×2100 mm	m²	4.2
10-972	甲级钢质防火门安装	100 m²	0.042
020406007001	塑钢窗 1.窗类型:塑钢平开窗(带纱) 2.洞口尺寸:1600 mm×2400 mm 3.玻璃:单层框中空玻璃,传热系数≤3.0	m²	7.68
10-965	塑钢门窗安装 塑钢窗	100 m²	0.0768
圈过梁模板			
4-32	现浇构件模板 圈过梁	m³	2.0714

问题思考

门窗洞口与墙体间的相互扣减关系是怎样的?

7 基础层工程量计算

通过本章的学习,你将能够:
(1)分析基础层需要计算的内容;
(2)定义独立基础、止水板、垫层、土方等构件;
(3)统计基础层工程量。

7.1 独立基础、止水板、垫层的定义与绘制

通过本节的学习,你将能够:
(1)依据定额、清单分析独立基础、止水板、垫层的计算规则,确定计算内容;
(2)定义独立基础、止水板、垫层;
(3)绘制独立基础、止水板、垫层;
(4)统计独立基础、止水板、垫层工程量。

一、任务说明
①完成独立基础、止水板、垫层的构件定义、做法套用及绘制。
②汇总计算,统计独立基础、止水板、垫层的工程量。

二、任务分析
①基础层都有哪些需要计算的构件工程量?
②独立基础、止水板、垫层如何定义和绘制?

三、任务实施

1)分析图纸

①由结施-03可知,本工程为独立基础,混凝土强度等级为C30,独立基础顶标高为止水板顶标高(-3.95 m)。

②由结施-03可知,基础部分的止水板的厚度为350 mm,止水板采用筏板基础进行处理。

③由结施-03可知,本工程基础垫层为100 mm厚的混凝土,顶标高为基础底标高,出边距离为100 mm。

2) 清单、定额计算规则学习

（1）清单计算规则学习

独立基础、止水板、垫层清单计算规则见表7.1。

表 7.1　独立基础、止水板、垫层清单计算规则

编号	项目名称	单位	计算规则
010401002	独立基础	m³	按设计图示尺寸以体积计算。不扣除构件内钢筋、预埋铁件和伸入承台基础的桩头所占体积
010401003	满堂基础	m³	按设计图示尺寸以体积计算。不扣除伸入承台基础的桩头所占体积
010401006	垫层	m³	按设计图示尺寸以体积计算
010401003	满堂基础垫层		

（2）定额计算规则学习

独立基础、止水板、垫层定额计算规则见表7.2。

表 7.2　独立基础、止水板、垫层定额计算规则

编号	项目名称	单位	计算规则
B4-1	商品混凝土（独立基础、独立基础垫层、满堂基础、满堂基础垫层）	m³	按设计图示尺寸以体积计算。不扣除构件内钢筋、预埋铁件所占体积
4-1	现场搅拌混凝土		
	模板		
4-21	现浇构件模板 独立基础	m³	按设计图示尺寸以体积计算。不扣除构件内钢筋、预埋铁件所占体积
4-23	满堂（筏板）基础 模板	m³	按设计图示尺寸以体积计算。不扣除构件内钢筋、预埋铁件所占体积。有梁式满堂基础适用于梁高（自基础面至梁顶）≤1.2 m的满堂基础，如梁高>1.2 m时，底板套用"无梁式满堂基础"，梁套用相应"墙"的子目。满堂基础的混凝土垫层套用"无梁式满堂基础"子目
4-29	垫层	m³	按设计图示尺寸以体积计算。不扣除构件内钢筋、预埋铁件和伸入承台基础的桩头所占体积

3) 构件属性定义

（1）独立基础属性定义

独立基础属性定义（以 JC-1 为例），如图 7.1 所示。

新建独立基础后，单击鼠标右键，新建矩形独立基础单元，其属性定义如图 7.2 所示。

图 7.1

图 7.2

（2）止水板属性定义

新建筏板基础，修改其名称为止水板，其属性定义如图 7.3 所示。

（3）垫层属性定义

新建面式垫层，其属性定义如图 7.4 所示。

图 7.3

图 7.4

4）做法套用

（1）独立基础

独立基础的做法套用，如图 7.5 所示。

图 7.5

其他独立基础清单的做法套用与 JC-1 相同，可采用"做法刷"功能完成做法套用，如图 7.6 所示。

图 7.6

（2）止水板

止水板的做法套用，如图7.7所示。

图7.7

（3）垫层

垫层的做法套用，如图7.8所示。

图7.8

5）画法讲解

（1）独立基础

独立基础以"点"绘制方式完成，其绘制方法同柱，也可以通过智能布置进行绘制。

（2）筏板基础

①止水板用"矩形"功能绘制，用鼠标左键单击①/①轴交点，再在⑧/④轴交点处单击鼠标左键即可完成，如图7.9所示。

图 7.9

②由结施-02 可知,止水板左右侧外边线距轴线尺寸为 2200 mm,上下侧外边线距轴线尺寸为 2700 mm。选中止水板,鼠标右键单击"偏移",移动鼠标至止水板的外侧输入 2200 mm,按"Enter"键;再次选中止水板,单边偏移尺寸为 500 mm,即可完成止水板的绘制。在独立基础 JC-7 处是没有止水板的,用"分割"功能沿着独立基础的边线分割即可完成,如图 7.10 至图 7.12 所示。

图 7.10

图 7.11

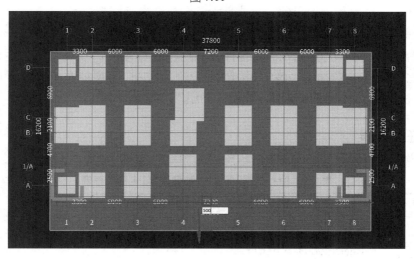

图 7.12

止水板内钢筋的操作方法与板钢筋类似。

新建筏板主筋,修改钢筋信息如图 7.13 和图 7.14 所示。

图 7.13

图 7.14

鼠标左键单击止水板即可完成钢筋布置。

③垫层在独立基础下方,属于面式构件,选择"智能布置"→"独立基础",在弹出的对话框中输入出边距离"100",单击"确定"按钮,框选独立基础,垫层就布置好了。止水板下垫层的绘制方法同独立基础下方垫层,输入出边距离"300"。

四、任务结果

汇总计算,统计独立基础、止水板、垫层清单、定额工程量,见表 7.3。

表 7.3　独立基础、止水板、垫层清单、定额工程量

编码	项目名称	单位	工程量
010401003001	无梁式满堂基础 1.混凝土强度等级:C15 2.混凝土拌合料要求:商品混凝土 3.备注:筏板基础下垫层	m^3	66.0953
B4-1	筏板基础垫层 商品混凝土	m^3	66.0953
010401006001	垫层 1.混凝土种类:商品混凝土 2.混凝土强度等级:C15	m^3	39.2
B4-1	基础垫层 商品混凝土	m^3	39.2
010401003001	独立基础 1.混凝土强度等级:C30,抗渗等级 P6 2.混凝土拌合料要求:商品混凝土	m^3	65.328
B4-1	独立(设备)基础 商品混凝土	m^3	65.328

编码	项目名称	单位	工程量
010501004001	无梁式满堂基础 1.混凝土强度等级:C30 抗渗等级 P6 2.混凝土拌合料要求:商品混凝土	m³	316.757
B4-1	满堂(筏板)基础 商品混凝土	m³	316.757
	混凝土模板		
4-21	独立基础 模板	m³	65.328
4-23	满堂基础模板 止水板	m³	316.757
4-23	现浇混凝土满堂基础模板 止水板垫层	m³	66.0953
4-29	现浇混凝土垫层模板 独立基础	m³	39.2

五、总结拓展

建模四棱台独立基础

软件在独立基础里提供了多种参数图供选择,如图 7.15 所示。选择"新建独立基础单元"后,选择参数化图形,用点画的方法绘制图元,如图 7.16 所示。

图 7.15

图 7.16

问题思考

(1)窗台下基础部分需要绘制哪些构件？如何定义？

(2)面式垫层如何绘制？

(3)独立基础属性列表中"钢筋业务属性"中"扣减板/筏板钢筋"中的"不扣减"或"扣减"有什么功能？

(4)满堂基础的混凝土垫层模板套用定额子目与独立基础是否相同？

7.2 土方工程量计算

通过本节的学习,你将能够:

(1)依据清单、定额分析挖土方的计算规则;

(2)定义基坑土方和大开挖土方;

(3)统计挖土方的工程量。

一、任务说明

①完成土方工程的构件定义、做法套用及绘制。

②汇总计算土方工程量。

二、任务分析

①哪些地方需要挖土方？

②基础回填土方应如何进行计算？

三、任务实施

1)分析图纸

分析结施-02 可知,本工程独立基础 JC-7 的土方属于基坑土方,止水板的土方为大开挖土方。依据定额可知,基础垂直面做防水层者,每边各增加工作面宽度 800 mm;混凝土基础支模,每边自基础边缘各增加工作面宽度 300 mm。根据挖土深度需要放坡,放坡土方增量按照定额规定计算。

陕西省现行消耗量定额规则规定:工程施工时机械土方若须放坡、基坑支护和开挖(填)临时坡道时,按施工组织设计计算工程量,招投标时可暂不计算此项费用,结算时按实调整。

确定施工方案:本工程室外地坪标高-0.45 m,-0.45 m 至 -4.5 m 采用机械大开挖基坑,机械大开挖工作面从止水板外每边加 800 mm,暂不考虑放坡;独立基础 JC-7 基坑-4.5 至 -6.3 m 采用机械开挖,其余独立基础基坑剩余部分即-4.5 m 至垫层底标高采用人工开挖不放坡,独立基础基坑开挖工作面自基础边沿各加 300 mm。

人工开挖土方采用坑边堆土,机械开挖土方中预留回填需要土方按运距 1 km,剩余土方外运运距暂按 5 km,结算时按实调整。

土方回填:独立基础回填均采用人工回填素土,回填至-4.5 m,其余采用 3∶7 灰土回填,其中所需素土为现场开挖土。

【拓展内容】

　　①根据住建部《建设工程工程量清单计价规范》(GB 50500—2013)、《房屋建筑与装饰工程工程量计算规范》(GB 50854—2013)、《房屋建筑与装饰工程消耗量定额》(TY01-31—2015)中挖沟槽、基坑,挖一般土方子目,对因工作面和放坡增加的工程量是否并入土方清单工程量,应按照各省建设主管部门的相关规定实施,如工作面和放坡增加的工程量并入土方清单工程量中,应在项目特征中注明,办理工程结算时,按经发包人认可的施工组织设计规定计算结算工程量。

　　②对于政府投资项目,一般情况下工程结算价不能高于合同价的 10%。因此,编制工程量清单时,土方工程施工方案应尽量接近工程实际,建议清单工程量尽量包含工作面、放坡等工程量,以减少工程变更费用。

---

2)清单、定额计算规则学习

(1)清单计算规则学习

土方清单计算规则见表7.4。

表 7.4　土方清单计算规则

编号	项目名称	单位	计算规则
010101003	挖基础土方	m³	按设计图示尺寸以基础垫层底面积乘以挖土深度计算
010103001	回填方	m³	按设计图示尺寸以体积计算 1.场地回填:回填面积乘以平均回填厚度 2.室内回填:主墙间面积乘以回填厚度,不扣除间隔墙 3.基础回填:按挖方清单项目工程量减去自然地坪以下埋设的基础体积(包括基础垫层及其他构筑物)

（2）定额计算规则学习

土方定额计算规则见表 7.5。

表 7.5　土方定额计算规则

编号	项目名称	单位	计算规则
1-90	挖掘机挖土配自卸汽车运土方 1 km	m³	土方体积以挖掘前的天然密实体积（自然方）为准计算。工程施工时机械土方若须放坡、基坑支护和开挖（填）临时坡道时，按施工组织设计计算工程量，招投标时可暂不计算此项费用，结算时按实调整
1-1	人工挖土方，挖深（2 m）以内	m³	人工挖、运土方按天然密实体积（自然方）计算工程量。人工挖土方、沟槽、地坑等，按设计要求尺寸以"m³"计算。挖土深度≥1.5 m 时应计算放坡
1-26	回填夯实素土	m³	素土回填夯实按压实方计算，运土量无法按自然方计算时，运土量按压实体积乘以系数 1.22 计算
1-28	回填夯实 3∶7 灰土	m³	灰土回填夯实按压实方计算。运土量无法按自然方计算时，运土量按压实体积乘以系数 1.22 计算；灰土在场外集中拌和时，灰土运输量按压实体积乘以系数 1.31 计算。若灰土必须在现场拌和时，灰土中的素土用量按配合比取体积量后再乘以系数 1.22 计算

3）土方属性定义和绘制

（1）基坑土方绘制

用反建构件法，在垫层界面单击"生成土方"，如图 7.17 所示。

图 7.17

选择 JC-7 下方的垫层,单击鼠标右键即可完成基坑土方的属性定义和绘制。

(2)挖一般土方绘制

在筏板基础定义界面,选择"生成土方"→"止水板",如图 7.18 所示。

图 7.18

用鼠标左键选择止水板,单击鼠标右键,即可完成大开挖土方的属性定义和绘制,如图 7.19 所示。

图 7.19

4)土方做法套用

大开挖、基坑土方做法套用,如图 7.20 和图 7.21 所示。

图 7.20

图 7.21

四、任务结果

汇总计算,统计土方工程量,见表 7.6。

表 7.6　土方清单定额工程量

编码	项目名称	单位	工程量
010101003001	挖土方(机械大开挖) 1.土壤类别:二类土壤 2.挖土平均厚度:4.0 m 以内 3.开挖范围:图纸设计工程量(含放坡及工作面工程量) 4.弃土运距:1 km 以内	m³	3543.912
1-90	机械挖基坑土方	1000 m³	3.5439

续表

编码	项目名称	单位	工程量
010101003002	挖基础土方 1.土壤类别:二类土壤 2.基础类型:独立基础 3.开挖范围:图纸设计工程量(含工作面工程量) 4.挖土深度:2.0 m以内 5.弃土运距:现场堆放	m^3	35.144
1-1	人工挖土方,挖深(2 m)以内	$100\ m^3$	0.442
010103001001	土方回填 1.土质要求:素土回填(原土) 2.密实度要求:压实系数不小于0.94 3.夯填(碾压):分层夯填(碾压) 4.回填部位:独立基础的基坑 5.运输距离:50 m以内	m^3	26.60
1-33	单轮车运土	$100\ m^3$	0.3245
1-26	回填夯实素土	$100\ m^3$	0.2660
010103001002	土方回填 1.土质要求:3∶7灰土 2.密实度要求:压实系数不小于0.94 3.夯填(碾压):分层夯填(碾压) 4.回填部位:地下室外围	m^3	967.3774
1-28	回填夯实3∶7灰土	$100\ m^3$	19.6738

五、总结拓展

①土方的定义和绘制可采用自动生成功能实现,也可手动绘制。

②人工挖、运土方按天然密实体积(自然方)计算工程量,土(灰土)方回填夯实按压实方计算。运土量无法按自然方计算时,素土量按压实体积乘以系数1.22计算;灰土在场外集中拌和时,灰土运输量按压实体积乘以系数1.31计算。若灰土必须在现场拌和时,灰土中的素土用量按配合比取体积量后再乘以系数1.22计算。本表中3543.912为全部大开挖土方工程量,计算招标最高限价时,要计算预留回填土方及外运余土工程量,计算如下:

计算回填预留土方工程量:967.3774×0.7×1.22=826.14(m³)

外运土方工程量:3543.912+35.144-826.14-32.45=2720.466(m³)

问题思考

(1)大开挖土方如何定义与绘制?

(2)土方回填的智能布置如何完成?

8 装修工程量计算

通过本章的学习,你将能够:

(1)定义楼地面、天棚、墙面、踢脚、吊顶;

(2)在房间中添加依附构件;

(3)统计各层的装修工程量。

8.1 首层装修工程量计算

通过本节的学习,你将能够:

(1)定义房间;

(2)分类统计首层装修工程量。

一、任务说明

①完成全楼装修工程的楼地面、天棚、墙面、踢脚、吊顶的构件定义及做法套用。

②建立首层房间单元,添加依附构件并绘制。

③汇总计算,统计首层装修工程的工程量。

二、任务分析

①楼地面、天棚、墙面、踢脚、吊顶的构件做法在图中什么位置可以找到?

②各装修做法套用清单和定额时,如何正确的编辑工程量表达式?

③装修工程中如何用虚墙分割空间?

④外墙保温如何定义、套用做法? 地下与地上一样吗?

三、任务实施

1)分析图纸

分析建施-01 的室内装修做法表,首层有 6 种装修类型的房间:大堂、办公室 1、办公室 2、楼梯间、走廊、卫生间;装修做法有楼面 1、楼面 2、楼面 3、楼面 4、踢脚 1、踢脚 2、踢脚 3、内墙 1、内墙 2、天棚 1、吊顶 1、吊顶 2。

2）清单、定额计算规则学习

（1）清单计算规则学习

装饰装修清单计算规则见表8.1。

表8.1　装饰装修清单计算规则

编号	项目名称	单位	计算规则
020102001	石材楼面	m²	按设计图示尺寸以面积计算。扣除凸出地面构筑物、设备基础、室内铁道、地沟等所占面积，不扣除间壁墙和0.3 m²以内的柱、垛、附墙烟囱及孔洞所占面积。门洞、空圈、暖气包槽、壁龛的开口部分不增加面积
020102002	块料楼面		
020101001	水泥砂浆楼面		
020105001	水泥砂浆踢脚线	m²	按设计图示长度乘以高度以面积计算
020105002	石材踢脚线		
020105003	块料踢脚线		
020202001	墙面抹灰	m²	按设计图示尺寸以面积计算。扣除墙裙、门窗洞口及单个0.3 m²以外的孔洞面积，不扣除踢脚线、挂镜线和墙与构件交接处的面积，门窗洞口和孔洞的侧壁及顶面不增加面积。附墙柱、梁、垛、烟囱侧壁并入相应的墙面面积内 1.外墙抹灰面积按外墙垂直投影面积计算 2.外墙裙抹灰面积按其长度乘以高度计算 3.内墙抹灰面积按主墙间的净长乘以高度计算 （1）无墙裙的，高度按室内楼地面至天棚底面计算 （2）有墙裙的，高度按墙裙顶至天棚底面计算 4.内墙裙抹灰面按内墙净长乘以高度计算
020204001	石材墙面	m²	按设计图示尺寸以镶贴面积计算
020204003	块料墙面		
020301001	天棚抹灰	m²	按设计图示尺寸以水平投影面积计算。不扣除间壁墙、垛、柱、附墙烟囱、检查口和管道所占面积，带梁天棚、梁两侧抹灰面积并入天棚面积内，板式楼梯底面抹灰按斜面积计算，锯齿形楼梯底板抹灰按展开面积计算
020302001	铝合金吊顶天棚	m²	按设计图示尺寸以水平投影面积计算。天棚面中的灯槽及跌级、锯齿形、吊挂式、藻井式天棚面积不展开计算。不扣除间壁墙、检查口、附墙烟囱、柱垛和管道所占面积，扣除单个0.3 m²以外的孔洞、独立柱及与天棚相连的窗帘盒所占的面积
020302001	岩棉吊顶天棚		
020506001	墙面喷刷涂料	m²	按设计图示尺寸以面积计算

（2）定额计算规则学习

①楼地面装修定额计算规则见表8.2。

表8.2　楼地面装修定额计算规则

编号	项目名称	单位	计算规则
4-1	楼地面垫层 商品混凝土	m^3	按室内房间净面积乘以厚度以体积计算
8-10	砾石灌浆垫层	m^2	地面垫层按主墙间净空面积乘以设计厚度以"m^3"计算,应扣除凸出地面的构筑物、设备基础、室内轨道、地沟等所占体积,不扣除间壁墙和0.3 m^2以内的柱、垛、附墙烟囱及孔洞所占体积
8-14	轻集料混凝土垫层		
8-21	水泥砂浆找平层	m^2	按主墙间净空面积以"m^2"计算,应扣除凸出地面的构筑物、设备基础、室内轨道等所占体积,不扣除间壁墙和0.3 m^2以内的柱、垛、附墙烟囱及孔洞所占体积,但门洞、空圈、暖气包槽、壁龛的开口部分亦不增加
9-106	楼地面防水、防潮	m^2	地面、墙面卷材和涂膜防水层,均按设计图示铺设卷材和涂布涂膜面积以"m^2"计算。不扣除单个面积≤0.30 m^2物件所占面积。地面防水层周边部位上卷高度按图示尺寸计算,无具体设计尺寸时可统按0.30 m计算。上卷高度≤0.50 m时,工程量并入平面防水层;>0.50 m者,按立面防水层子目计算
B9-7	楼地面保温 陶粒混凝土	m^3	地面隔热层按围护结构墙体间净面积乘以设计厚度以体积计算,不扣除柱、垛所占体积,但应扣除凸出地面的设备基础所占体积
10-1	水泥砂浆楼地面	m^2	整体楼地面面层按主墙间的实铺面积以"m^2"计算,应扣除凸出地面的构筑物、设备基础、室内轨道所占面积,不扣除柱、垛、附墙烟囱、间壁墙及0.3 m^2以内的孔洞等所占面积,门洞、空圈、暖气包槽、壁龛的开口部分亦不增加。阳台楼地面按净尺寸以"m^2"计算
10-19	石材楼地面	m^2	块料面层楼地面按饰面的实铺面积以"m^2"计算,不扣除0.3 m^2以内的孔洞所占面积。拼花部分按实贴面积计算
10-69	块料面层楼地面		
10-29	天然石材 大理石台阶	m^2	按水平投影面积以"m^2"计算,连接地面的一个暗台(如设计无规定时可按300 mm计)应并入台阶工程量
10-71	地砖楼梯面层	m^2	楼梯面层工程量按楼梯分层水平投影面积(包括踏步、平台)以"m^2"计算。计算时以楼梯楼层水平梁外侧为界,水平梁外侧以外部分套用相应楼地面子目。宽度大于500 mm的楼梯井面积应扣除

②踢脚定额计算规则见表8.3。

表8.3　踢脚定额计算规则

编号	项目名称	单位	计算规则
10-5	水泥砂浆踢脚线	m	整体面层踢脚线的工程量按房间主墙间周长以延长米计算。不扣除门洞及空圈所占长度,附墙垛、门洞和空圈等侧壁长度亦不增加。楼梯踏步段踢脚线均按相应定额乘以系数1.15
10-25	石材直线形踢脚线 水泥砂浆	m	非成品块料踢脚线按实贴长度乘以高度以"m²"计算。成品块料踢脚线按实贴长度以"m"计算。楼梯踏步段踢脚线均按相应定额乘以系数1.15
10-73	地砖踢脚制作安装		

③内墙面、独立柱装修定额计算规则(以内墙1为例)见表8.4。

表8.4　内墙面、独立柱装修定额计算规则

编号	项目名称	单位	计算规则
10-244	水泥砂浆外墙面	m²	外墙面装饰抹灰按外墙的不同部位、不同饰面以图示展开面积计算。应扣除门窗洞口和空圈所占面积,不扣除0.3 m²以内的孔洞面积,门窗洞口及空圈侧壁的面积也不增加。外墙裙抹灰面积的计算方法同外墙面
B10-13	外墙刷喷涂料	m²	按设计图示尺寸以展开面积计算
10-247	内墙面、墙裙水泥砂浆抹灰 砖墙	m²	内墙面抹灰长度以主墙间的图示净尺寸计算,其高度为:无墙裙的,以室内地面或楼面至天棚底面之间的距离计算;有墙裙的,以墙裙上平面至天棚底面之间的距离计算;有吊顶天棚的,其高度按吊顶高度增加100 mm计算。应扣除门窗洞口和空圈所占面积,不扣除踢脚线、挂镜线、0.3 m²以内的孔洞和墙与构件交接处的面积,洞口侧壁和顶面亦不增加。墙垛和附墙烟囱侧壁面积并入内墙抹灰工程量内 内墙裙抹灰面积的计算同内墙面
10-285	内墙面、墙裙水泥砂浆抹灰增减1 mm		
10-326	大理石板墙面	m²	块料面层定额按有基层、无基层两种做法编制。镶贴块料面层按图示实贴面积计算。高度在300 mm以内的墙裙贴块料,按踢脚板子目执行
10-421	墙面贴面砖 黏结剂粘贴		
10-256	水泥砂浆 零星项目20 mm厚	m²	栏板抹灰按栏板的垂直投影面积乘以系数2.2(包括立柱、扶手或压顶)计算,栏板中间有空档(200 mm以内)部分不扣减。内、外抹灰种类不同时应分别计算 压顶抹灰按展开宽度乘以长度计算

④天棚、吊顶定额计算规则(以天棚 1、吊顶 1 为例)见表 8.5。

表 8.5　天棚、吊顶定额计算规则

编号	项目名称	单位	计算规则
10-660	现浇混凝土天棚面抹灰	m²	天棚抹灰的面积以主墙间实际面积计算,不扣除间壁墙、独立柱、天棚装饰线、检查口、附墙烟囱、附墙垛和管道所占面积。檐口天棚、带梁天棚的梁侧抹灰按展开面积计算,并入天棚面积内。板式楼梯底面的抹灰工程量按水平投影面积乘系数1.15计算,梁式楼梯底面按展开面积计算
10-779	吸音板天棚,矿棉吸音板	m²	天棚基层和天棚装饰面层,按主墙间实钉面积计算,不扣除间壁墙、检查口、附墙烟囱、柱、垛和管道所占面积,但应扣除 0.3 m²以上的孔洞、独立柱、灯槽及与天棚相连的窗帘盒所占面积
10-790	铝合金条板天棚开缝		
10-697	装配式 U 形轻钢天棚龙骨(上人型)面层规格 600 mm×600 mm 平面	m²	吊顶天棚龙骨及龙骨、基层、面层合并列项的子目按主墙间净面积计算,不扣除间壁墙、检查洞、附墙烟囱、柱、垛和管道所占面积
10-700	装配式 U 形轻钢天棚龙骨(不上人型)面层规格 600 mm×600 mm以上 平面		
10-719	装配式 T 形铝合金(烤漆)天棚龙骨(不上人型)面层规格600 mm×600 mm 平面		

3) 装修构件的属性定义及做法套用

(1) 楼地面的属性定义及做法套用

单击导航树中的"装修"→"楼地面",在"构件列表"中选择"新建"→"新建楼地面",在属性编辑框中输入相应的属性值,如有房间需要计算防水,需在"是否计算防水"中选择"是",其属性定义及做法套用如图 8.1 至图 8.4 所示。

图 8.1

图 8.2

图 8.3

图 8.4

（2）踢脚的属性定义及做法套用

新建踢脚构件的属性定义及做法套用，如图 8.5 和图 8.6 所示。

图 8.5

图 8.6

（3）内墙面的属性定义及做法套用

新建内墙面构件的属性定义及做法套用,如图 8.7 至图 8.9 所示。

图 8.7

图 8.8

图 8.9

（4）天棚的属性定义及做法套用

天棚构件的属性定义及做法套用，如图 8.10 所示。

图 8.10

（5）吊顶的属性定义及做法套用

分析建施-01 可知吊顶距地的高度,吊顶的属性定义及做法套用如图 8.11 和图 8.12 所示。

图 8.11

图 8.12

（6）房间的属性定义及做法套用

通过"添加依附构件",建立房间中的装修构件。构件名称下"楼面 1"可以切换成"楼面 2"或是"楼面 3",其他的依附构件也是同理进行操作,如图 8.13 所示。

图 8.13

4）房间的绘制

点绘制。按照建施-04 中房间的名称,选择软件中建立好的房间,在需要布置装修的房间处单击一下,房间中的装修即自动布置上去。绘制好的房间,用三维查看效果。为保证大厅的"点"功能绘制,可在④~⑤/⑧轴上补画一道虚墙,如图 8.14 所示。

图 8.14

四、任务结果

按照以上装修的绘制方式,完成其他层外墙装修的绘制,并汇总计算,统计各层装修的工程量,见表 8.6。

表 8.6 装饰装修工程量表

编码	项目名称	单位	工程量
020102002001	地砖楼面 1.10 mm 厚高级地砖,稀水泥浆擦缝 2.6 mm 厚建筑胶水泥砂浆黏结层 3.素水泥浆一道(内掺建筑胶) 4.20 mm 厚 1∶3 水泥砂浆找平层 5.素水泥浆一道(内掺建筑胶) 6.钢筋混凝土楼板	m²	323.7869
020102002002	防滑地砖防水楼面(砖采用 400 mm×400 mm) 1.10 mm 厚防滑地砖,稀水泥浆擦缝 2.撒水泥浆面(洒适量清水) 3.20 mm 厚 1∶2 干硬性水泥砂浆黏结层 4.1.5 mm 厚聚氨酯涂膜防水层,靠墙处上卷 150 mm 高 5.20 mm 厚 1∶3 水泥砂浆找平层,四周及竖管根部抹小八字角 6.素水泥浆一道 7.平均 35 mm 厚 C15 细石混凝土从门口向地漏找 1%坡 8.现浇混凝土楼板	m²	43.1995

续表

编码	项目名称	单位	工程量
020102001001	大理石楼面(800 mm×800mm 大理石板) 1.铺 20 mm 厚大理石板,稀水泥浆擦缝 2.撒素水泥面(洒适量清水) 3.30 mm 厚 1:3 干硬性水泥砂浆黏结层 4.40 mm 厚 1:1.6 水泥粗砂焦渣垫层 5.钢筋混凝土楼板	m²	115.6576
020101001001	水泥砂浆楼面 1.20 mm 厚 1:2.5 水泥砂浆抹面压实赶光 2.5 mm 厚 CL7.5 轻集料混凝土 3.钢筋混凝土楼板	m²	47.3483
020101001002	水泥砂浆地面 1.20 mm 厚 1:2.5 水泥砂浆抹面压实赶光 2.素水泥浆一道(内掺建筑胶) 3.50 mm 厚 C10 混凝土 4.150 mm 厚 5~32 卵石灌 M5 混合砂浆,平板振捣器振捣密实 5.素土夯实,压实系数 0.95	m²	17.4623
020105003001	地砖踢脚线 1.10 mm 厚 400 mm×100 mm 深色防滑地砖踢脚,高度为 100 mm,稀水泥浆擦缝 2.8 mm 厚 1:2 水泥砂浆(内掺建筑胶)黏结层 3.5 mm 厚 1:3 水泥砂浆打底扫毛或划出纹道	m²	22.3589
020105002001	大理石踢脚线 1.15 mm 厚 800 mm×100 mm 深色大理石,高度为 100 mm,稀水泥浆擦缝 2.10 mm 厚 1:2 水泥砂浆(内掺建筑胶)黏结层 3.界面剂一道甩毛(甩前先将墙面用水湿润)	m²	4.916
020105001001	水泥砂浆踢脚线 1.6 mm 厚 1:2.5 水泥砂浆罩面压实赶光,高 100 mm 2.素水泥浆一道 3.6 mm 厚 1:3 水泥砂浆打底扫毛或划出纹道	m²	5.3088
020105003002	大理石踢脚线(楼梯) 1.15 mm 厚 800 mm×100 mm 深色大理石,高度为 100 mm,稀水泥浆擦缝 2.10 mm 厚 1:2 水泥砂浆(内掺建筑胶)黏结层 3.界面剂一道甩毛(甩前先将墙面用水湿润)	m²	3.315
020106002001	地砖楼梯面层 1.10 mm 厚高级地砖,稀水泥浆擦缝 2.6 mm 厚建筑胶水泥砂浆黏结层 3.素水泥浆一道(内掺建筑胶) 4.20 mm 厚 1:3 水泥砂浆找平层 5.素水泥浆一道(内掺建筑胶) 6.钢筋混凝土楼板	m²	16.7638

编码	项目名称	单位	工程量
020204001001	石材墙裙(内墙) 1.稀水泥浆擦缝 2.贴10 mm厚大理石板,正、背面及四面满刷防污剂 3.素水泥浆一道 4.6 mm厚1:0.5:2.5水泥石灰膏砂浆罩面 5.8 mm厚1:3水泥砂浆打底扫毛或划出纹道 6.素水泥浆一道甩毛(内掺建筑胶)	m²	26.2223
020204001002	石材墙裙 1.干挂石材墙面 2.竖向龙骨间(整个墙面用聚合物砂浆粘贴35 mm厚聚苯保温板,聚苯板与角钢竖龙骨交接处严贴(不得有缝隙),黏结面积20%,聚苯板离墙10 mm,形成10 mm厚空气层。聚苯保温板容重≥18 kg/m³) 3.墙面	m²	143.3956
020201001001	墙面一般抹灰(内墙面) 1.喷水性耐擦洗涂料 2.5 mm厚1:2.5水泥砂浆找平 3.9 mm厚1:3水泥砂浆打底扫毛 4.素水泥浆一道甩毛(内掺建筑胶)	m²	1039.0355
020204003001	瓷砖墙面(内墙面) 1.白水泥擦缝 2.5 mm厚釉面砖面层,面层用200 mm×300 mm高级面砖(粘前先将釉面砖浸水2 h以上) 3.5 mm厚1:2建筑水泥砂浆黏结层 4.素水泥浆一道 5.9 mm厚1:3水泥砂浆打底压实抹平 6.素水泥浆一道甩毛	m²	158.0649
020204003001	块料外墙面 1.10 mm厚面砖,在砖粘贴面上随粘随刷一遍YJ-302混凝土界面处理剂,1:1水泥砂浆勾缝 2.6 mm厚1:0.2:2水泥石灰膏砂浆(内掺建筑胶) 3.刷素水泥浆一道(内掺水重5%的建筑胶)	m²	222.6062
020201001001	外墙刷喷涂料 1.喷HJ80-1型无机建筑涂料 2.6 mm厚1:2.5水泥砂浆找平 3.12 mm厚1:3水泥砂浆打底扫毛或划出纹道 4.刷素水泥浆一道(内掺水重5%的建筑胶)	m²	36.1176

续表

编码	项目名称	单位	工程量
020301001001	天棚抹灰 1.喷水性耐擦洗涂料 2.3 mm 厚 1：2.5 水泥砂浆找平 3.5 mm 厚 1：3 水泥砂浆打底扫毛或划出纹道 4.素水泥浆一道甩毛(内掺建筑胶)	m²	77.1441
020302001001	铝合金条板吊顶 1.1.0 mm 厚铝合金条板,离缝安装带插缝板 2.U 形轻钢次龙骨 LB45×48,中距≤1500 mm 3.U 形轻钢主龙骨 LB38×12,中距≤1500 mm,与钢筋吊杆固定 4.φ6 钢筋吊杆,中距横向≤1500 mm、纵向≤1200 mm 5.现浇混凝土板底预留 φ10 钢筋吊环,双向中距≤1500 mm	m²	407.5366
020302001002	岩棉吸音板吊顶 1.12 mm 厚岩棉吸音板面层,规格 592 mm×592 mm 2.T 形轻钢次龙骨 TB24×28,中距 600 mm 3.T 形轻钢次龙骨 TB24×38,中距 600 mm,找平后与钢筋吊杆固定 4.φ8 钢筋吊杆,双向中距≤1200 mm 5.现浇混凝土板底预留 φ10 钢筋吊环,双向中距≤1200 mm	m²	43.1995

五、总结拓展

装修的房间必是封闭的

在绘制房间图元时,要保证房间必须是封闭的,如不封闭,可使用虚墙将房间封闭。

问题思考

(1)虚墙是否计算内墙面工程量?

(2)虚墙是否影响楼面的面积?

8.2 其他层装修工程量计算

通过本小节的学习,你将能够:

(1)分析软件在计算装修工程量时的计算思路;

(2)计算其他楼层装修工程量。

其他楼层装修方法同首层,也可考虑从首层复制图元。

一、任务说明

完成其他楼层的装修工程量。

二、任务分析

①其他楼层与首层做法有什么不同?
②装修工程量的计算与主体构件的工程量计算有什么不同?

三、任务实施

1)分析图纸

由建施-01 中室内装修做法表可知,地下一层所用的装修做法和首层装修做法基本相同,地面做法为地面 1、地面 2、地面 3。二层至四层装修做法基本和首层的装修做法相同,可以把首层构件复制到其他楼层,然后重新组合房间即可。

2)清单、定额计算规则学习

（1）清单计算规则

其他层装修清单计算规则,见表 8.7。

表 8.7　其他层装修清单计算规则

编号	项目名称	单位	计算规则
011102001	石材楼地面	m²	按设计图示尺寸以面积计算。门洞、空圈、暖气包槽、壁龛的开口部分并入相应的工程量内
010103001	土方回填	m³	按设计图示尺寸以体积计算 1.场地回填:回填面积乘平均回填厚度 2.室内回填:主墙间面积乘回填厚度,不扣除间壁墙 3.基础回填:按挖方清单项目工程量减去自然地坪以下埋设的基础体积(包括基础垫层及其他构筑物)
020102001	石材楼地面	m²	按设计图示尺寸以面积计算。扣除凸出地面构筑物、设备基础、室内铁道、地沟等所占面积,不扣除间壁墙和 0.3 m² 以内的柱、垛、附墙烟囱及孔洞所占面积。门洞、空圈、暖气包槽、壁龛的开口部分不增加面积
020102002	块料楼地面		
020101001	水泥砂浆楼面		

（2）定额计算规则

其他层装修定额计算规则(以地面 4 层为例)见表 8.8。

表 8.8　其他层装修定额计算规则

编号	项目名称	单位	计算规则
10-1	水泥砂浆楼地面面层	m²	整体楼地面面层按主墙间的实铺面积以"m²"计算,应扣除凸出地面的构筑物、设备基础、室内轨道所占面积,不扣除柱、垛、附墙烟囱、间壁墙及 0.3 m² 以内的孔洞等所占面积,门洞、空圈、暖气包槽、壁龛的开口部分亦不增加。阳台楼地面按净尺寸以"m²"计算
8-23	细石混凝土找平层 厚度 30 mm 商品混凝土	m³	防潮层及找平层均按主墙间净空面积以"m²"计算,应扣除凸出地面的构筑物、设备基础、室内轨道等所占面积,不扣除间壁墙和 0.3 m² 以内的柱、垛、附墙烟囱及孔洞所占面积,门洞、空圈、暖气包槽、壁龛的开口部分亦不增加
8-24	细石混凝土找平层 每增减 5 mm 商品混凝土		
4-1	混凝土垫层	m³	混凝土的工程量按设计图示尺寸以体积计算。不扣除构件内钢筋、螺栓、预理铁件及 0.3 m² 以内的孔洞所占体积

四、任务结果

汇总计算,统计地下一层的装修清单定额工程量,见表 8.9。

表 8.9　地下一层装修清单定额工程量

编码	项目名称	单位	工程量
020101001001	水泥砂浆地面 1.20 mm 厚 1∶2.5 水泥砂浆抹面压实赶光 2.素水泥浆一道(内掺建筑胶) 3.50 mm 厚 C10 混凝土 4.150 mm 厚 5~32 卵石灌 M5 混合砂浆,平板振捣器振捣密实 5.素土夯实,压实系数 0.95	m²	38.64
020102001001	大理石地面 1.铺 20 mm 厚 800 mm×800 mm 大理石板,稀水泥浆擦缝 2.撒素水泥面(洒适量清水) 3.30 mm 厚 1∶3 干硬性水泥砂浆黏结层 4.100 mm 厚 C10 素混凝土 5.150 mm 厚 3∶7 灰土夯实 6.素土夯实	m²	327.935
020102002001	防滑地砖地面 1.2.5 mm 厚石塑防滑地砖,建筑胶黏剂粘铺,稀水泥浆擦缝 2.素水泥浆一道(内掺建筑胶) 3.30 mm 厚 C15 细石混凝土随打随抹 4.3 mm 厚高聚物改性沥青涂膜防水层,四周往上卷 150 mm 高 5.平均 35 mm 厚 C15 细石混凝土找坡层 6.150 mm 厚 3∶7 灰土夯实 7.素土夯实,压实系数 0.95	m²	64.3075

续表

编码	项目名称	单位	工程量
020102002002	地砖地面 1.10 mm 厚高级地砖,建筑胶黏剂粘铺,稀水泥浆擦缝 2.20 mm 厚 1：2 干硬性水泥砂浆黏结层 3.素水泥结合层一道 4.50 mm 厚 C10 混凝土 5.150 mm 厚 5～32 卵石灌 M5 混合砂浆,平板振捣器振捣密实 6.素土夯实,压实系数 0.95	m²	115.32
020105001001	水泥砂浆踢脚线 1.6 mm 厚 1：2.5 水泥砂浆罩面压实赶光,高 100 mm 2.素水泥浆一道 3.6 mm 厚 1：3 水泥砂浆打底扫毛或划出纹道	m²	6.991
020105002001	大理石踢脚线 1.15 mm 厚 800 mm×100 mm 深色大理石,高度为 100 mm,稀水泥浆擦缝 2.10 mm 厚 1：2 水泥砂浆(内掺建筑胶)黏结层 3.界面剂一道甩毛(甩前先将墙面用水湿润)	m²	8.006
020105003001	地砖踢脚线 1.10 mm 厚 400 mm×100 mm 深色防滑地砖踢脚,高度为 100 mm,稀水泥浆擦缝 2.8 mm 厚 1：2 水泥砂浆(内掺建筑胶)黏结层 3.5 mm 厚 1：3 水泥砂浆打底扫毛或划出纹道	m²	20.7702
020105002002	大理石踢脚线(楼梯间) 1.15 mm 厚 800 mm×100 mm 深色大理石,高度为 100 mm,稀水泥浆擦缝 2.10 mm 厚 1：2 水泥砂浆(内掺建筑胶)黏结层 3.界面剂一道甩毛(甩前先将墙面用水湿润)	m²	3.315
020204003001	瓷砖墙面 1.白水泥擦缝 2.5 mm 厚釉面砖面层,面层用 200 mm×300 mm 高级面砖(粘前先将釉面砖浸水 2 h 以上) 3.5 mm 厚 1：2 建筑水泥砂浆黏结层 4.素水泥浆一道 5.9 mm 厚 1：3 水泥砂浆打底压实抹平 6.素水泥浆一道甩毛	m²	161.919
020201001001	墙面一般抹灰 1.喷水性耐擦洗涂料 2.5 mm 厚 1：2.5 水泥砂浆找平 3.9 mm 厚 1：3 水泥砂浆打底扫毛 4.素水泥浆一道甩毛(内掺建筑胶)	m²	1164.8418

续表

编码	项目名称	单位	工程量
011204003001	块料墙面(内墙2) 1.白水泥擦缝 2.5 mm 厚釉面砖面层(粘前先将釉面砖浸水 2 h 以上) 3.5 mm 厚 1:2 建筑水泥砂浆黏结层 4.素水泥浆一道 5.9 mm 厚 1:3 水泥砂浆打底压实抹平 6.素水泥浆一道甩毛	m²	161.919
020301001001	天棚抹灰 1.喷水性耐擦洗涂料 2.3 mm 厚 1:2.5 水泥砂浆找平 3.5 mm 厚 1:3 水泥砂浆打底扫毛或划出纹道 4.素水泥浆一道甩毛(内掺建筑胶)	m²	46.14
020301001002	楼梯板底抹灰 1.喷水性耐擦洗涂料 2.3 mm 厚 1:2.5 水泥砂浆找平 3.5 mm 厚 1:3 水泥砂浆打底扫毛或划出纹道 4.素水泥浆一道甩毛(内掺建筑胶)	m²	19.573
020302001001	铝合金条板吊顶 1.1.0 mm 厚铝合金条板,离缝安装带插缝板 2.U 形轻钢次龙骨 LB45×48,中距≤1500 mm 3.U 形轻钢主龙骨 LB38×12,中距≤1500 mm,与钢筋吊杆固定 4.ϕ6 钢筋吊杆,中距横向≤1500 mm、纵向≤1200 mm 5.现浇混凝土板底预留 ϕ10 钢筋吊环,双向中距≤1500 mm	m²	443.3026
020302001002	岩棉吸音板吊顶 1.12 mm 厚岩棉吸音板面层,规格 592 mm×592 mm 2.T 形轻钢次龙骨 TB24×28,中距 600 mm 3.T 形轻钢次龙骨 TB24×38,中距 600 mm,找平后与钢筋吊杆固定 4.ϕ8 钢筋吊杆,双向中距≤1200 mm 5.现浇混凝土板底预留 ϕ10 钢筋吊环,双向中距≤1200 mm	m²	42.21

8.3 外墙保温层计算

通过本节的学习,你将能够:

(1)定义外墙保温层;

(2)统计外墙保温层的工程量。

一、任务说明

完成各楼层外墙保温层的工程量。

二、任务分析

①地上外墙与地下部分保温层的做法有何不同?

②保温层增加后是否会影响外墙装修的工程量计算?

三、任务实施

1)分析图纸

分析建施-01 中"(六)墙体设计"可知,外墙外侧做 50 mm 厚的保温层。

2)清单、定额计算规则学习

(1)清单计算规则学习

外墙保温层清单计算规则见表 8.10。

表 8.10　外墙保温层清单计算规则

编号	项目名称	单位	计算规则
010803003	保温隔热墙	m²	按设计图示尺寸以面积计算。扣除门窗洞口所占面积;门窗洞口侧壁需做保温时,并入保温墙体工程量内
020204003	块料墙面(外墙 1)	m²	按镶贴表面积计算
020204001	石材墙面(外墙 2)	m²	按镶贴表面积计算
020201001	墙面抹灰喷刷涂料(外墙 3)	m²	按设计图示尺寸以面积计算。扣除墙裙、门窗洞口及单个 0.3 m² 以外的孔洞面积,不扣除踢脚线、挂镜线和墙与构件交接处的面积,门窗洞口和孔洞的侧壁及顶面不增加面积。附墙柱、梁、垛、烟囱侧壁并入相应的墙面面积内 1.外墙抹灰面积按外墙垂直投影面积计算 2.外墙裙抹灰面积按其长度乘以高度计算 3.内墙抹灰面积按主墙间的净长乘以高度计算 (1)无墙裙的,高度按室内楼地面至天棚底面计算 (2)有墙裙的,高度按墙裙顶至天棚底面计算 4.内墙裙抹灰面按内墙净长乘以高度计算

(2)定额计算规则学习

外墙保温层定额计算规则见表 8.11。

表 8.11　外墙保温层定额计算规则

编号	项目名称	单位	计算规则
B9-9	外墙外保温层(板材),贴聚苯板	m²	外墙外保温按设计图示尺寸以实铺(或抹)面积,区分不同厚度,以"m²"计算。扣除门窗、洞口面积,不扣除 0.30 m² 以内物件(或洞口)所占面积

3）属性定义和绘制

新建外墙面，其属性定义如图 8.15 至图 8.17 所示。

图 8.15

图 8.16

图 8.17

用"点"功能绘制时,在外墙外侧单击鼠标左键即可,如图 8.18 所示。或者选择"智能布置"→"外墙外边线",即可完成外墙面外侧保温层绘制。

图 8.18

选择④~⑤轴的外墙面 1,修改起点和终点底标高为"3.4",如图 8.19 所示。

图 8.19

外墙面 2 的操作方法同外墙面 1,布置位置同外墙面 1。

选择④~⑤轴的外墙面 2,修改起点和终点顶标高为"3.4"(因为已经绘制了外墙面 1 和外墙面 2,所以可以在三维状态下选中外墙面 2),如图 8.20 所示。

图 8.20

外墙面 3 的绘制,如图 8.21 所示。

图 8.21

问 题思考

外墙保温层增加后是否影响建筑面积的计算?

9 零星及其他工程量计算

通过本章的学习,你将能够:

(1)掌握建筑面积、平整场地的工程量计算;

(2)掌握挑檐、雨篷的工程量计算;

(3)掌握台阶、散水及栏杆的工程量计算。

9.1 建筑面积、平整场地工程量计算

通过本节的学习,你将能够:

(1)依据定额和清单分析建筑面积、平整场地的工程量计算规则;

(2)定义建筑面积、平整场地的属性及做法套用;

(3)绘制建筑面积、平整场地;

(4)统计建筑面积、平整场地工程量。

一、任务说明

①完成建筑面积、平整场地的属性定义、做法套用及图元绘制。

②汇总计算,统计首层建筑面积、平整场地工程量。

二、任务分析

①首层建筑面积中门厅外台阶的建筑面积应如何计算? 工程量表达式作何修改?

②与建筑面积相关的综合脚手架如何套用清单、定额?

③平整场地的工程量计算如何定义? 此任务中应选用地下一层还是首层的建筑面积?

三、任务实施

1)分析图纸

分析首层平面图可知,本层建筑面积分为楼层建筑面积和雨篷建筑面积两部分。平整场地的面积为建筑物首层建筑面积。

2)清单、定额计算规则学习

(1)清单计算规则学习

平整场地清单计算规则见表9.1。

表9.1 平整场地清单计算规则

编号	项目名称	单位	计算规则
010101001	平整场地	m²	按设计图示尺寸以建筑物首层建筑面积计算。施工现场已按竖向布置进行土方挖、填、找平的工程和大开挖工程、道路及室外沟管道不得计算场地平整

(2)定额计算规则学习

平整场地、钻探及回填孔,以及使用面积计算工程量的措施项目定额计算规则,见表9.2。

表9.2 平整场地等定额计算规则

编号	项目名称	单位	计算规则
1-19	平整场地 人工	m²	平整场地工程量按建筑物外墙外边线每边各加 2 m 以"m²"计算。施工现场已按竖向布置进行土方挖、填、找平的工程和大开挖工程、道路及室外沟管道不得计算场地平整
1-107	平整场地 机械		
1-20	钻探及回填孔	m²	按建筑物底层外边线每边各加 3 m 以"m²"计算。设计要求放宽者按设计要求计算
13-1	建筑外手架	m²	外脚手架分不同墙高,按外墙外边线的凹凸(包括凸出阳台)总长度乘以设计室外地坪至外墙的顶板面或檐口的高度计算,有女儿墙者高度算至女儿墙顶面。地下室外墙高度从设计室外地坪算至底板垫层底。如上层外墙或裙楼上有缩入的塔楼,工程量按上层缩入的面积计算,但套用子目时,子目步距的高度按设计室外地坪至塔楼顶面的高度计算。裙楼的高度应按设计室外地坪至裙楼顶面的高度计算,套用子目时按相应高度步距计算。屋面上的楼梯间、水池、电梯机房等的脚手架工程量应并入主体工程量内计算。同一建筑物檐口高度不同时,应按不同檐口高度分别计算
13-8	里脚手架 里钢管架,基本层 3.6 m	m²	房屋建筑里脚手架按建筑物建筑面积计算。楼层高度在3.6 m以内按各层建筑面积计算,层高超过 3.6 m 每增 1.2 m 按调增子目计算,不足 0.6 m 不计算。在有满堂脚手架搭设的部分,里脚手架按该部分建筑面积的50%计算。无法按建筑面积计算的部分,高度超过 3.6 m 时按实际搭设面积,套外脚手架子目乘以系数 0.7 计算
13-10	满堂脚手架 满堂钢管架,基本层	m²	室内天棚装饰面距设计室内地坪高度超过 3.6 m 时,计算满堂脚手架。满堂脚手架按室内净面积计算,其高度在 3.6~5.2 m 按满堂脚手架基本层计算,超过 5.2 m,每增加 1.2 m 按增加一层计算,不足 0.6 m 的不计

3）属性定义

（1）建筑面积的属性定义

在导航树中选择"其他"→"建筑面积"，在"构件列表"中选择"新建"→"新建建筑面积"，在属性编辑框中输入相应的属性值，如图9.1所示。

图9.1

（2）平整场地的属性定义

在导航树中选择"其他"→"平整场地"，在"构件列表"中选择"新建"→"新建平整场地"，在属性编辑框中输入相应的属性值，如图9.2所示。

图9.2

4）做法套用

①本工程土方采用机械大开挖，因而不必计算平整场地费用。可借用"平整场地"构件计算"钻探及回填孔"定额工程量，如图9.3所示。

图9.3

②本书计算的建筑面积工程量可作为措施项目清单计价中里脚手架定额子目工程量,如图9.4所示。

图9.4

5)画法讲解

(1)钻探及回填孔绘制

钻探及回填孔属于面式构件,可以点绘制,也可以直线绘制。注意本工程中飘窗部分不计算建筑面积。下面以直线绘制为例,沿着建筑外墙外边线向外偏移3 m进行绘制,形成封闭区域,单击鼠标右键即可,如图9.5所示。

图9.5

(2)建筑面积绘制

建筑面积构件可用于计算建筑物里脚手架面积。首层建筑面积绘制同平整场地,应特别注意飘窗部分不计算建筑面积,如图9.6所示。

图9.6

四、任务结果

汇总计算,统计本层钻探及回填孔的定额工程量,见表9.3。

表 9.3　钻探及回填孔定额工程量

序号	编码	项目名称及特征	单位	工程量
1	1-20	钻探及回填孔	100 m^2	9.8901

五、总结拓展

①平整场地清单工程量是计算首层建筑占地面积区域,定额工程量以建筑物外墙外边线每边各加 2 m 以"m^2"计算。施工现场已按竖向布置进行土方挖、填、找平的工程和大开挖工程、道路及室外沟管道不得计算场地平整。

②为了便于核对工程量及工程造价,有些工程造价人员将钻探及回填孔分部分项工程单独列清单项,因陕西省现行计价规则无此清单,故一般使用"平整场地"清单编码列项,工程量按照"钻探及回填孔"定额计算规则计算。

钻探及回填孔定额(1-20)工程量,先钻探后开挖时按定额规定计算钻探面积,先大开挖后钻探时按实际开挖面积计算。

问题思考

(1)平整场地与建筑面积属于面式图元,与用直线绘制其他面式图元有什么区别?需要注意哪些问题?

(2)平整场地与建筑面积绘制图元的范围是一样的,计算结果是否有区别?

(3)工程中转角窗处的建筑面积是否按全面积计算?

9.2 首层飘窗钢筋、雨篷的工程量计算

通过本节的学习,你将能够:
(1)依据定额和清单分析首层飘窗钢筋、雨篷的工程量计算规则;
(2)定义首层飘窗钢筋、雨篷;
(3)绘制首层飘窗钢筋、雨篷;
(4)统计首层飘窗钢筋、雨篷的工程量。

一、任务说明

①完成首层飘窗钢筋、雨篷的属性定义、做法套用及图元绘制。
②汇总计算,统计首层飘窗钢筋、雨篷的工程量。

二、任务分析

①首层飘窗钢筋涉及哪些构件？如何分析这些构件的图纸？如何计算这些构件的钢筋工程量？这些构件的做法都一样吗？如何选用工程量表达式？

②首层雨篷是一个室外构件，为什么要一次性将清单及定额做完？做法套用分别是什么？如何选用工程量表达式？

三、任务实施

1）分析图纸

分析结施-10，可以从板平面图中得到飘窗处飘窗板的剖面详图信息，飘窗的混凝土工程量已在 3.6.1 节计算。本层的飘窗板是一个异形构件，可以建立参数化挑檐构件计算钢筋工程量。依据陕西省相关规定，飘窗顶板及底板在参数化飘窗中按照有梁板计算，嵌入在砌体墙中的梁按照圈梁计算土建工程量。

分析建施-01，雨篷属于玻璃钢雨篷，面层是玻璃钢，底层为钢管网架，属于成品，由厂家直接定做安装。

2）清单、定额计算规则学习

（1）清单计算规则学习

飘窗板、雨篷清单计算规则，见表 9.4。

表 9.4　飘窗板、雨篷清单计算规则

编号	项目名称	单位	计算规则
010403004	圈梁	m³	按设计图示尺寸以体积计算
010405001	有梁板	m²	按设计图示尺寸以体积计算
010607003	成品雨篷	m²	按设计图示尺寸以水平投影面积计算

（2）定额计算规则（部分）学习

飘窗板、雨篷定额计算规则（部分），见表 9.5。

表 9.5　飘窗板、雨篷定额计算规则（部分）

编号	项目名称	单位	计算规则
B4-1	飘窗板 商品混凝土	m³	按设计图示尺寸以体积计算
4-48	现浇混凝土模板 有梁板	m²	按设计图示尺寸以体积计算，飘窗板模板套用栏板模板子目计算，仅适用于飘窗板竖板，不适用于飘窗水平板，空调板、飘窗上下水平板模板执行原定额说明即套用有梁板子目。建筑立面贯通设置的飘窗竖板执行 100 mm 混凝土墙定额
10-931	雨篷底吊铝骨架铝条天棚	m²	按设计图示尺寸以面积计算

3）飘窗板、雨篷的属性定义

（1）飘窗板的属性定义

在导航树中选择"其他"→"挑檐"，在"构件列表"中选择"新建"→"新建线式异形挑檐"，新建 1—1 剖面飘窗板，根据图纸中的尺寸标注，在弹出的"异形截面编辑器"中将飘窗板的截面绘制好，如图 9.7 所示。

【注意】

飘窗顶板、底板工程量可以在参数化飘窗中计算，也可在参数化挑檐或自定义线构件中计算，与飘窗板相联系的梁按照圈梁计算。此处应用参数化挑檐仅计算飘窗钢筋工程量。

图 9.7

单击"确定"按钮，在属性编辑框中输入相应的属性值，如图 9.8 所示。

	属性名称	属性值	附加
1	名称	TY-1(1-1大样)-下	
2	形状	异形	
3	截面形状	异形	
4	截面宽度(mm)	850	
5	截面高度(mm)	700	
6	轴线距左边线距离(mm)	(425)	
7	材质	商品混凝土	
8	混凝土类型	(特细砂塑性混凝土(坍...	
9	混凝土强度等级	(C30)	
10	截面面积(m²)	0.235	
11	起点顶标高(m)	0.6	
12	终点顶标高(m)	0.6	
13	备注		
14	⊞ 钢筋业务属性		
23	⊞ 土建业务属性		
26	⊞ 显示样式		

图 9.8

在"截面编辑"中完成钢筋信息的编辑,如图 9.9 所示。

图 9.9

（2）雨篷的属性定义

因为该工程的雨篷为成品雨篷,应用"其他"→"雨篷"构件绘制,也可灵活采用"自定义面"的方式计算雨篷的工程量。在导航树中选择"自定义"→"自定义面",在"构件列表"中选择"新建"→"新建自定义面",在属性编辑框中输入相应的属性值,如图 9.10 所示。

图 9.10

4) 做法套用

①飘窗的做法中与飘窗板相连接的梁套用圈梁清单,如图9.11所示。

图9.11

②雨篷的做法套用,如图9.12所示。

图9.12

5) 飘窗板、雨篷绘制

(1) 直线绘制飘窗板

根据图纸尺寸做好辅助轴线,单击"直线"命令,再用鼠标左键单击起点与终点即可绘制飘窗板,如图9.13所示。或者采用"Shift+左键"的方式进行偏移绘制直线。

图 9.13

（2）直线绘制雨篷

根据图纸尺寸做好辅助轴线，或者用"Shift+左键"的方法绘制雨篷，如图 9.14 所示。

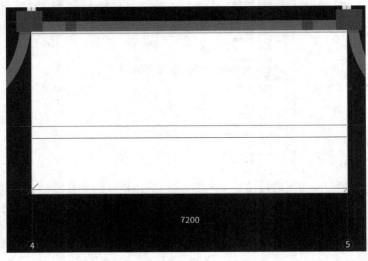

图 9.14

四、任务结果

汇总计算，统计首层飘窗板、雨篷的清单、定额工程量，见表 9.6。

表 9.6　首层飘窗板、雨篷清单、定额工程量

序号	编码	项目名称及特征	单位	工程量
1	020605001001	成品雨篷	m²	27.7084
	10-931	雨篷底吊铝骨架铝条天棚	10 m²	2.771
2	010403004001	飘窗圈梁 1.混凝土强度等级:C25 2.混凝土拌合料要求:商品混凝土	m³	1.425
	B4-1	商品混凝土	m³	1.425
3	010405001001	飘窗板 有梁板	m³	0.7958
	B4-1	商品混凝土	m³	0.7958

五、总结拓展

①飘窗板既属于线性构件也属于面式构件,因此飘窗板直线绘制的方法与线性构件一样。

②雨篷的形式不一样,所采用的计算方式也不一样。

问题思考

(1)若不使用辅助轴线,怎样才能快速绘制上述飘窗板?

(2)如果采用现浇混凝土雨篷,该如何绘制雨篷?

9.3 台阶、散水、栏杆的工程量计算

通过本节的学习,你将能够:

(1)依据定额和清单分析首层台阶、散水、栏杆的工程量计算规则;

(2)定义台阶、散水、栏杆的属性;

(3)绘制台阶、散水、栏杆;

(4)统计首层台阶、散水、栏杆的工程量。

一、任务说明

①完成首层台阶、散水、栏杆的属性定义、做法套用及图元绘制。

②汇总计算,统计首层台阶、散水、栏杆的工程量。

二、任务分析

①首层台阶的尺寸能够从哪个图中的什么位置找到? 都有哪些工作内容? 如何套用清单、定额?

②首层散水的尺寸能够从哪个图中的什么位置找到? 都有哪些工作内容? 如何套用清单、定额?

③首层栏杆的尺寸能够从哪个图中的什么位置找到? 都有哪些工作内容? 如何套用清单、定额?

三、任务实施

1)图纸分析

结合建施-04,可以从平面图中得到台阶、散水、栏杆的信息,本层台阶、散水、栏杆的截面尺寸如下:

①台阶的踏步宽度为 300 mm,踏步个数为 3,顶标高为首层层底标高。

②散水的宽度为 900 mm,沿建筑物周围布置。

③由平面图可知,阳台栏杆为 0.9 m 高的不锈钢栏杆。

结合建施-12,可以从散水做法详图和台阶做法详图中得到以下信息:

①台阶做法:a.20 mm 厚花岗岩板铺面;b.素水泥面;c.30 mm 厚 1:4硬性水泥砂浆黏结层;d.素水泥浆一道;e.100 mm 厚 C15 混凝土;f.300 mm 厚 3:7灰土垫层分两步夯实;g.素土夯实。

②散水做法:a.60 mm 厚 C15 细石混凝土面层;b.150 mm 厚 3:7灰土宽出面层 300 mm;c.素土夯实,向外坡 4%。

2)清单、定额计算规则学习

(1)清单计算规则学习

台阶、散水、栏杆清单计算规则,见表9.7。

表 9.7   台阶、散水、栏杆清单计算规则

编号	项目名称	单位	计算规则
020108001	台阶	m²	以"m²"计量,按设计图示尺寸以水平投影面积计算
010407002	散水、坡道	m²	按设计图示尺寸以水平投影面积计算
020107002	金属扶梯、栏杆	m	按设计图示尺寸以长度计算

(2)定额计算规则学习

台阶、散水、栏杆定额计算规则,见表9.8。

表 9.8   台阶、散水、栏杆定额计算规则

编号	项目名称	单位	计算规则
10-29	花岗石板 500 mm×400 mm×80 mm 台阶	100 m²	按设计图示尺寸以面积计算
4-1	现浇混凝土台阶	m³	按实体体积以"m³"计算,台阶与平台相连接时,应算至最上层踏步外沿加 300 mm,每 100 m² 投影面积混凝土含量为 16.4 m³
1-28	灰土垫层	m³	灰土回填夯实按压实方计算
4-65	现浇混凝土模板 台阶	10 m²	按水平投影面积计算,台阶与平台连接时,其分界线以最上层踏步外沿加 300 mm 计算
8-27	混凝土散水面层一次抹光	100 m²	散水、坡道按设计图示尺寸以面积计算,不扣除单个 0.3 m² 以内的孔洞所占面积
10-211	不锈钢管栏杆 直形 竖条式	100 m	按设计图示尺寸以长度计算
10-204	栏杆、栏板 木栏杆不车花	100 m	按设计图示尺寸以长度计算

3)台阶、散水、栏杆的属性定义

(1)台阶的属性定义

在导航树中选择"其他"→"台阶",在"构件列表"中选择"新建"→"新建台阶",新建室外台阶,根据建施-12 中台阶的尺寸标注,在属性编辑框中输入相应的属性值,如图 9.15 所示。

(2)散水的属性定义

在导航树中选择"其他"→"散水",在"构件列表"中选择"新建"→"新建散水",新建散水,根据散水图纸中的尺寸标注,在属性编辑框中输入相应的属性值,如图 9.16 所示。

图 9.15

图 9.16

(3)栏杆的属性定义

在导航树中选择"其他"→"栏杆扶手",在"构件列表"中选择"新建"→"新建栏杆扶手",新建栏杆扶手,根据图纸中的尺寸标注,在属性编辑框中输入相应的属性值,如图 9.17 所示。

图 9.17

4) 做法套用

①台阶的做法套用,如图 9.18 所示。

图 9.18

②散水的做法套用,如图 9.19 所示。

图 9.19

③栏杆的做法套用,如图 9.20 所示。

图 9.20

5) 台阶、散水、栏杆画法讲解

(1)绘制台阶

台阶属于面式构件,可以直线绘制、三点画弧,也可以点绘制,这里用直线和三点画弧绘制法。首先做好辅助轴线,根据建施-04,然后选择"直线"和"三点画弧"命令,单击交点形成闭合区域即可绘制台阶轮廓,如图 9.21 所示。

图 9.21

（2）智能布置散水

散水同样属于面式构件，可以直线绘制，也可以点绘制，这里用智能布置比较简单。选择"智能布置"→"外墙外边线"，在弹出的对话框中输入"900"，单击鼠标右键确定即可，如图 9.22 所示。

图 9.22

（3）直线布置栏杆

栏杆同样属于线式构件，因此可以直线绘制。依据图纸位置和尺寸，绘制直线，单击鼠标右键确定即可，如图9.23所示。

图 9.23

四、任务结果

汇总计算，统计首层台阶、散水、栏杆的清单、定额工程量，见表9.9。

表 9.9　首层台阶、散水、栏杆清单、定额工程量

编码	项目名称	单位	工程量
010407002001	散水、坡道 1.60 mm 厚 C15 细石混凝土面层,撒 1:1 水泥砂子压实赶光 2.150 mm 厚 3:7 灰土宽出面层 300 mm 3.素土夯实,向外坡 4% 4.散水伸缩缝填塞沥青砂浆 5.散水宽度:900 mm	m²	98.7642
8-27	散水、坡道	100 m²	0.9876
1-28	3:7 灰土	10 m³	19.75
020108001001	石材台阶 1.20 mm 厚花岗岩板铺面,正、背面及四周边满涂防污剂,稀水泥浆擦缝 2.撒素水泥面(洒适量清水) 3.30 mm 厚 1:4 硬性水泥砂浆黏结层 4.素水泥浆一道(内掺建筑胶) 5.100 mm 厚 C15 混凝土,台阶面向外坡 1% 6.300 mm 厚 3:7 灰土垫层分两步夯实 7.素土夯实	m²	12.2353
1-28	回填夯实 3:7 灰土	100 m³	0.0367
10-56	平面防腐 水玻璃耐酸胶泥 铺砌厚度 80 mm 花岗石板 500 mm×400 mm×80 mm	100 m²	0.1224
4-1	台阶 商品混凝土	m³	2.01
020102001	室外石材台阶地面 1.20 mm 厚花岗岩板铺面,正、背面及四周边满涂防污剂,稀水泥浆擦缝 2.撒素水泥面(洒适量清水) 3.30 mm 厚 1:4 硬性水泥砂浆黏结层 4.素水泥浆一道(内掺建筑胶) 5.100 mm 厚 C15 混凝土,台阶面向外坡 1% 6.300 mm 厚 3:7 灰土垫层分两步夯实 7.素土夯实	m²	25.7736
1-28	回填夯实 3:7 灰土	100 m³	0.0773
10-37	天然石材 花岗岩楼地面	100 m³	0.2577
4-1	商品混凝土垫层	m³	2.5774

编码	项目名称	单位	工程量
020107001001	金属扶手带栏杆、栏板 1.位置:楼梯间 2.栏杆:不锈钢管栏杆 3.扶手材料种类、规格、品牌、颜色:不锈钢管 φ50 圆管 4.高度:900 mm	m	38.341
10-201	栏杆、栏板 金属栏杆型钢	10 m	3.8341
10-211	扶手、弯头 钢管扶手 φ50 圆管	10 m	3.8341
020107001002	金属扶手带栏杆 1.栏杆:不锈钢管栏杆 2.扶手材料种类、规格、品牌颜色:不锈钢管 φ50 圆管 3.高度:900 mm	m	19.4794
10-201	栏杆、栏板 金属栏杆型钢	10 m	1.9479
10-211	扶手、弯头 钢管扶手 φ50 圆管	10 m	1.9479

五、总结拓展

①台阶绘制后,还要根据实际图纸设置台阶起始边。

②台阶属性定义只给出台阶的顶标高。

③如果在封闭区域,台阶也可以使用点绘制。

④栏杆还可以采用智能布置的方式绘制。

问题思考

(1)智能布置散水的前提条件是什么?

(2)表9.9中散水的工程量是最终工程量吗?

(3)散水与台阶相交时,软件会自动扣减吗? 若扣减,谁的级别大?

(4)台阶、散水、栏杆在套用清单与定额时,与主体构件有哪些区别?

10 表格输入

通过本章的学习,你将能够:
(1)通过参数输入法计算钢筋工程量;
(2)通过直接输入法计算钢筋工程量。

10.1 参数输入法计算钢筋工程量

通过本节的学习,你将能够:
掌握参数输入法计算钢筋工程量的方法。

一、任务说明

表格输入中,采用参数输入法完成所有层楼梯梯板的钢筋工程量计算。

二、任务分析

以首层一号楼梯为例,参考结施-13及建施-13,读取梯板的相关信息,如梯板厚度、钢筋信息及楼梯具体位置。

三、任务实施

参考3.7.2节楼梯梯板钢筋工程量的属性定义和绘制。

四、任务结果

查看报表预览中的构件汇总信息明细表,见表10.1。

表10.1 所有楼梯构件钢筋汇总表

汇总信息	汇总信息钢筋总重(kg)	构件名称	构件数量	HRB400
楼层名称:第-1层(表格输入)				134.424
楼梯	134.434	AT1	2	134.424
		合计		134.424

汇总信息	汇总信息钢筋总重(kg)	构件名称	构件数量	HRB400
楼层名称:首层(表格输入)				134.424
楼梯	134.424	AT1	2	134.424
		合计		134.424
楼层名称:第2层(表格输入)				139.723
楼梯	131.349	BT1	1	69.615
		AT2	1	72.511
		合计		139.723
楼层名称:第3层(表格输入)				145.022
楼梯	138.778	AT2	2	145.022
		合计		145.022

10.2　直接输入法计算钢筋工程量

通过本节的学习,你将能够:
掌握直接输入法计算钢筋工程量的方法。

一、任务说明

根据"顶板配筋结构图",电梯井右下角所在楼板处有阳角放射筋,本工程以该处的阳角放射筋为例,介绍表格直接输入法。

二、任务分析

表格输入中的直接输入法与参数输入法的新建构件操作方法一致。

三、任务实施

①如图10.1所示,切换到"工程量"选项卡,单击"表格输入"。

②在表格输入中,单击"构件"新建构件,修改名称为"阳角放射筋",输入构件数量,单击"确定"按钮,如图10.2所示。

③在直接输入的界面,"筋号"中输入"放射筋1",在"直径"中选择相应的直径(如16),选择"钢筋级别"。

④如图 10.3 所示，根据放射筋的形式选择相应的钢筋形式，如选择"两个弯折"，弯钩选择"90°弯折，不带弯钩"，选择图号完毕后单击"确定"按钮。

	属性名称	属性值
1	构件名称	阳角放射筋
2	构件类型	现浇板
3	构件数量	1
4	预制类型	现浇
5	汇总信息	现浇板
6	备注	
7	构件总重(kg)	0

图 10.1　　　　　　　　　　　　　　　　　　图 10.2

图 10.3

⑤在直接输入的界面中输入"图形"钢筋尺寸，如图 10.4 所示。软件会自动给出计算公式和长度，用户可以在"根数"中输入这种钢筋的根数。

筋号	直径(mm)	级别	图号	图形	计算公式	公式描述	号四调整	长度	根数
1	10	Φ	63	130　　1300	1300+2*130		46	1514	7
2									

图 10.4

采用同样的方法可以进行其他形状钢筋的输入，并计算钢筋工程量。

 题思考

表格输入中的直接输入法适用于哪些构件？

11 汇总计算工程量

通过本章的学习,你将能够:

(1)掌握查看三维模型的方法;

(2)掌握汇总计算的方法;

(3)掌握查看构件钢筋计算结果的方法;

(4)掌握云检查及云指标查看的方法;

(5)掌握查看报表结果的方法。

11.1 查看三维

通过本节的学习,你将能够:

正确查看工程的三维模型。

一、任务说明

①完成整体构件的绘制并使用三维查看构件。

②检查缺漏的构件。

二、任务分析

三维动态观察可在"显示设置"面板中选择楼层,若要检查整个楼层的构件,选择全部楼层即可。

三、任务实施

①对照图纸完成所有构件的输入之后,可查看整个建筑结构的三维视图。

②在"视图"菜单下选择"显示设置",如图 11.1 所示。

③在"显示设置"的"楼层显示"中选择"全部楼层",如图 11.2 所示。在"图元显示"中设置"显示图元",如图 11.3 所示,可使用"动态观察"旋转角度。

图 11.1

图 11.2 图 11.3

四、任务结果

查看整个结构的三维模型,如图 11.4 所示。

图 11.4

11.2　汇总计算

通过本节的学习,你将能够:
正确进行汇总计算。

一、任务说明

本节的任务是汇总土建及钢筋工程量。

二、任务分析

钢筋计算结果查看的原则:对于水平构件(如梁),在某一层绘制完毕后,只要支座和钢筋信息输入完成,就可以汇总计算,查看计算结果;对于竖向构件(如柱),因为和上下层的柱存在搭接关系,和上下层的梁与板也存在节点之间的关系,所以需要在上下层相关联的构件都绘制完毕后,才能按照构件关系准确计算。

土建计算结果查看的原则:构件与构件之间有相互影响的,需要将有影响的构件都绘制完毕,才能按照构件关系准确计算;构件相对独立,不受其他构件的影响,只要把该构件绘制完毕,即可汇总计算,查看计算结果。

三、任务实施

①需要计算工程量时,单击"工程量"选项卡上的"汇总计算",将弹出如图 11.5 所示的"汇总计算"对话框。

图 11.5

全楼:可以选中当前工程中的所有楼层,在全选状态下再次单击,即可将所选的楼层全部取消选择。

土建计算:计算所选楼层及构件的土建工程量。

钢筋计算:计算所选楼层及构件的钢筋工程量。

表格输入:在表格输入前打"√",表示只汇总表格输入方式下的构件的工程量。

若土建计算、钢筋计算和表格输入前都打"√",则工程中所有的构件都将进行汇总计算。

②选择需要汇总计算的楼层,单击"确定"按钮,软件开始计算并汇总选中楼层构件的相应工程量,计算完毕,弹出如图 11.6 所示对话框。根据所选范围的大小和构件数量的多少,需要不同的计算时间。

图 11.6

11.3　查看构件钢筋计算结果

通过本节的学习,你将能够:
正确查看构件钢筋计算结果。

一、任务说明
本节任务是查看构件的钢筋量。

二、任务分析
对于同类钢筋量的查看,可使用"查看钢筋量"功能,要查看单个构件图元钢筋的具体计算结果,可使用"编辑钢筋"的功能。在"查看报表"中还可查看所有楼层的钢筋量。

三、任务实施
汇总计算完毕后,可采用以下几种方式查看计算结果和汇总结果。

1)查看钢筋量

①使用"查看钢筋量"的功能,在"工程量"选项卡中选择"查看钢筋量",然后选择需要

查看钢筋量的图元,可以单击选择一个或多个图元,也可以拉框选择多个图元,此时将弹出如图 11.7 所示的对话框,显示所选图元的钢筋计算结果。

图 11.7

②要查看不同类型构件的钢筋量时,可以使用"批量选择"功能。按"F3"键,或者在"工具"选项卡中选择"批量选择",选择相应的构件(如选择柱和剪力墙),如图 11.8 所示。

图 11.8

选择"查看钢筋量",弹出"查看钢筋量"表,表中将列出所有柱和剪力墙的钢筋计算结果(按照级别和钢筋直径列出),同时列出合计钢筋量,如图 11.9 所示。

2)编辑钢筋

要查看单个构件图元钢筋的具体计算结果,可以使用"编辑钢筋"功能,下面以首层⑤轴与Ⓓ轴交点处的 KZ3 柱为例进行介绍。

①在"工程量"选项卡中选择"编辑钢筋",再选择 KZ3 图元,绘图区下方将显示编辑钢筋列表,如图 11.10 所示。

导出到Excel

钢筋总重量(Kg):7206.36

	楼层名称	构件名称	钢筋总重量(kg)	HRB400							合计
				8	10	16	18	20	22	25	
1	首层	KZ1[33]	218.252	79.96			92.4		45.892		218.252
2		KZ1[40]	218.252	79.96			92.4		45.892		218.252
3		KZ1[57]	218.252	79.96			92.4		45.892		218.252
4		KZ1[60]	218.252	79.96			92.4		45.892		218.252
5		KZ2[41]	198.262	59.97			92.4		45.892		198.262
6		KZ2[48]	198.262	59.97			92.4		45.892		198.262
7		KZ2[49]	198.262	59.97			92.4		45.892		198.262
8		KZ2[56]	198.262	59.97			92.4		45.892		198.262
9		KZ2[58]	196.263	57.971			92.4		45.892		196.263
10		KZ2[59]	196.263	57.971			92.4		45.892		196.263
11		KZ3[34]	209.779	58.087			92.4			59.292	209.779
12		KZ3[35]	209.779	58.087			92.4			59.292	209.779
13		KZ3[36]	209.779	58.087			92.4			59.292	209.779
14		KZ3[37]	209.779	58.087			92.4			59.292	209.779
15		KZ3[38]	209.779	58.087			92.4			59.292	209.779
16		KZ3[39]	209.779	58.087			92.4			59.292	209.779
17		KZ4[42]	231.499	58.087				114.12		59.292	231.499
18		KZ4[43]	231.499	58.087				114.12		59.292	231.499
19		KZ4[44]	231.499	58.087				114.12		59.292	231.499
20		KZ4[45]	231.499	58.087				114.12		59.292	231.499
21		KZ4[46]	231.499	58.087				114.12		59.292	231.499
22		KZ4[47]	231.499	58.087				114.12		59.292	231.499
23		KZ4[50]	231.499	58.087				114.12		59.292	231.499
24		KZ4[51]	231.499	58.087				114.12		59.292	231.499
25		KZ4[52]	231.499	58.087				114.12		59.292	231.499
26		KZ4[53]	231.499	58.087				114.12		59.292	231.499
27		KZ4[54]	231.499	58.087				114.12		59.292	231.499
28		KZ4[55]	231.499	58.087				114.12		59.292	231.499
29		KZ5[62]	267.612	72.69				134.862		60.06	267.612
30		KZ5[63]	267.612	72.69				134.862		60.06	267.612
31		KZ6[65]	267.612	72.69				134.862		60.06	267.612
32		KZ6[66]	267.612	72.69				134.862		60.06	267.612
33		TZ[33806]	40.668		13.146	27.522					40.668
34		合计:	7206.36	2011.988	13.146	27.522	1478.4	1908.888	458.92	1307.496	7206.36

图 11.9

编辑钢筋

插入 删除 缩尺配筋 钢筋信息 钢筋图库 其他 · 单构件钢筋总重量(kg):209.779

筋号	直径(mm)	级别	图号	图形	计算公式	公式描述	导出调整	长度	根数	搭接	损耗(%)	单重(kg)	总重(kg)
1 角筋.1	25	Φ	1	3850	3900-550+max(3000/6,500,500)	层高-本层的露出…	(0)	3850	4	1	0	14.823	59.292
2 B边纵筋.1	18	Φ	1	3850	3900-1180+max(3000/6,500,500)+1*35*d	层高-本层的露出…	(0)	3850	4	1	0	7.7	30.8
3 B边纵筋.2	18	Φ	1	3850	3900-550+max(3000/6,500,500)	层高-本层的露出…	(0)	3850	2	1	0	7.7	15.4
4 H边纵筋.1	18	Φ	1	3850	3900-1180+max(3000/6,500,500)+1*35*d	层高-本层的露出…	(0)	3850	4	1	0	7.7	30.8
5 H边纵筋.2	18	Φ	1	3850	3900-550+max(3000/6,500,500)	层高-本层的露出…	(0)	3850	2	1	0	7.7	15.4
6 箍筋.1	8	Φ	195	450 / 450	2*(450+450)+2*(13.57*d)		55	1962	29	0	0	0.775	22.475
7 箍筋.2	8	Φ	195	246 / 450	2*(450+246)+2*(13.57*d)		55	1554	58	0	0	0.614	35.612
8													

图 11.10

②"编辑钢筋"列表从上到下依次列出 KZ3 的各类钢筋的计算结果,包括钢筋信息(直径、级别、根数等),以及每根钢筋的图形和计算公式,并且对计算公式进行了描述,用户可以清楚地看到计算过程。例如,第一行列出的是 KZ3 的角筋,从中可以看到角筋的所有信息。

使用"编辑钢筋"的功能,可以清楚显示构件中每根钢筋的形状、长度、计算过程以及其他信息,明确掌握计算的过程。另外,还可以对"编辑钢筋"列表进行编辑和输入,列表中的每个单元格都可以手动修改,用户可以根据自己的需要进行编辑。

还可以在空白行进行钢筋的添加,输入"筋号"为"其他",选择钢筋直径和级别,选择图号来确定钢筋的形状,然后在图形中输入长度、需要的根数和其他信息。为便于区分,软件计算的钢筋结果显示为淡绿色底色,手动输入的行显示为白色底色。这样,不仅能够清楚地看到钢筋的计算结果,还可以对结果进行修改以满足不同的需求,如图 11.11 所示。

编辑钢筋

|< < > >| 插入 删除 缩尺配筋 钢筋信息 钢筋图库 其他 · 单构件钢筋总重(kg): 209.779

筋号	直径	级别	图号	图形	计算公式	公式描述	弯曲调整	长度	根数	搭接	损耗(%)	单重(kg)	总重(
1 角筋.1	25	⊕	1	3850	3900-550+max(3000/6,500,50 0)	层高-本层的露出…	(0)	3850	4	1	0	14.823	59.292
2 B边纵筋.1	18	⊕	1	3850	3900-1180+max(3000/6,500,5 00)+1*35*d	层高-本层的露出…	(0)	3850	4	1	0	7.7	30.8
3 B边纵筋.2	18	⊕	1	3850	3900-550+max(3000/6,500,50 0)	层高-本层的露出…	(0)	3850	2	1	0	7.7	15.4
4 H边纵筋.1	18	⊕	1	3850	3900-1180+max(3000/6,500,5 00)+1*35*d	层高-本层的露出…	(0)	3850	4	1	0	7.7	30.8
5 H边纵筋.2	18	⊕	1	3850	3900-550+max(3000/6,500,50 0)	层高-本层的露出…	(0)	3850	2	1	0	7.7	15.4
6 箍筋.1	8	⊕	195	450 450	2*(450+450)+2*(13.57*d)		55	1962	29	0	0	0.775	22.475
7 箍筋.2	8	⊕	195	246 450	2*(450+246)+2*(13.57*d)		55	1554	58	0	0	0.614	35.612
8 拉筋	20	⊕	1	L	0		(0)	0	1	0	0	0	0
9													

图 11.11

【注意】

用户需要对修改后的结果进行锁定,可使用"建模"选项卡下"通用操作"中的"锁定"和"解锁"功能(图 11.12),对构件进行锁定和解锁。如果修改后不进行锁定,那么重新汇总计算时,软件会按照属性中的钢筋信息重新计算,手动输入的部分将被覆盖。

图 11.12

其他种类构件的计算结果显示与此类似,都是按照同样的项目进行排列,列出每种钢筋的计算结果。

3)钢筋三维

在汇总计算完成后,还可利用"钢筋三维"功能来查看构件的钢筋三维排布。钢筋三维可显示构件钢筋的计算结果,按照钢筋的实际长度和形状在构件中排列和显示,并标注各段的计算长度,供直观查看计算结果和钢筋对量。钢筋三维能够直观真实地反映当前所选择图元的内部钢筋骨架,清楚显示钢筋骨架中每根钢筋与编辑钢筋中的每根钢筋的对应关系,且"钢筋三维"中的数值可修改。钢筋三维和钢筋计算结果还保持对应,相互保持联动,数值修改后,可以实时看到自己修改后的钢筋三维效果。

当前 GTJ 软件中已实现钢筋三维显示的构件,包括柱、暗柱、端柱、剪力墙、梁、板受力筋、板负筋、螺旋板、柱帽、楼层板带、集水坑、柱墩、筏板主筋、筏板负筋、独基、条基、桩承台、基础板带共 18 种 21 类构件。

钢筋三维显示状态应注意以下几点:

①查看当前构件的三维效果:直接用鼠标左键单击当前构件即可看到钢筋三维显示效果,同时配合绘图区右侧的动态观察等功能,可全方位查看当前构件的三维显示效果,如图 11.13 所示。

图 11.13

②钢筋三维和编辑钢筋对应显示。

a.选中三维的某根钢筋线时,在该钢筋线上显示各段的尺寸,同时在"编辑钢筋"表格中对应的行亮显。如果数字为白色字体,则表示此数字可供修改;否则,将不能修改。

b.在"编辑钢筋"表格中选中某行时,则钢筋三维中对应的钢筋线对应亮显,如图11.14 所示。

图 11.14

③可以同时查看多个图元的钢筋三维。选择多个图元,然后选择"钢筋三维",即可同时显示多个图元的钢筋三维。

④在执行"钢筋三维"时,软件会根据不同类型的图元,显示一个浮动的"钢筋显示控制面板",如图11.14所示梁的钢筋三维,左上角的白框即为"钢筋显示控制面板"。此面板用于设置当前类型的图元中隐藏、显示的钢筋类型。勾选不同项时,绘图区域会及时更新显示,其中"显示其他图元"可以设置是否显示本层其他类型构件的图元。

11.4 查看土建计算结果

通过本节的学习,你将能够:
正确查看土建计算结果。

一、任务说明

本节任务是查看构件的土建工程量。

二、任务分析

查看构件的土建工程量,可使用"工程量"选项卡中的"查看工程量"功能;查看构件土建工程量的计算式,可使用"查看计算式"功能。在"查看报表"中还可查看所有构件的土建工程量。

三、任务实施

汇总计算完毕后,用户可采用以下几种方式查看计算结果和汇总结果。

1)查看工程量

在"工程量"选项卡中选择"查看工程量",然后选择需要查看工程量的图元,可以单击选择一个或多个图元,也可以拉框选择多个图元,此时将弹出如图11.15所示"查看构件图元工程量"对话框,显示所选图元的工程量结果。

混凝土强度等级	名称	工程量名称								
		体积(m3)	截面周长(m)	梁净长(m)	轴线长度(m)	单梁抹灰面积(m2)	单梁块料面积(m2)	截面面积(m2)	截面高度(m)	截面宽度(m)
1 C30	KL5(3)	2.07	1.6	13.8	15.45	0	0	0.15	0.5	0.3
2	小计	2.07	1.6	13.8	15.45	0	0	0.15	0.5	0.3
3 合计		2.07	1.6	13.8	15.45	0	0	0.15	0.5	0.3

图 11.15

2)查看计算式

在"工程量"选项卡中选择"查看计算式",然后选择需要查看土建工程量的图元,可以单击选择一个或多个图元,也可以拉框选择多个图元,此时将弹出如图 11.16 所示"查看工程量计算式"对话框,对话框中将显示所选图元的钢筋计算结果。

图 11.16

11.5 云检查

通过本节的学习,你将能够:
灵活运用云检查功能。

一、任务说明

当完成 CAD 识别或模型定义与绘制工作后,即可进行工程量汇总。为了保证算量结果的正确性,可以先对所做的工程进行云检查。

二、任务分析

本节任务是对所做的工程进行检查,从而发现工程中存在的问题,以便进行修正。

三、任务实施

模型定义及绘制完毕后,用户可采用"云检查"功能进行整楼检查、当前层检查、自定义检查,得到检查结果后,可以对检查结果进行查看处理。

1)云模型检查

(1)整楼检查

整楼检查是为保证整楼算量结果的正确性而对整个楼层进行的检查。

单击"建模"选项卡中的"云检查"功能,在弹出的"云模型检查"界面单击"整楼检查",如图 11.17 所示。

图 11.17

进入检查后,软件自动根据内置的检查规则进行检查,也可以根据工程的具体情况自行设置检查规则,以便更合理地检查工程错误。单击"规则设置",根据工程情况作相应的参数调整,如图 11.18 所示。设置后单击"确定"按钮,再次执行云检查时,软件将按照设置的规则参数进行检查。

图 11.18

（2）当前层检查

工程的单个楼层完成 CAD 识别或模型绘制工作后,为了保证算量结果的正确性,可对当前楼层进行检查,以便发现当前楼层中存在的错误,便于及时修正。在"云模型检查"界面,单击"当前层检查"即可。

（3）自定义检查

工程 CAD 识别或模型绘制完成后,如果觉得工程部分模型信息,如基础层、四层的建模模型可能存在问题,希望有针对性地进行检查,以便在最短的时间内关注最核心的问题,可进行自定义检查。在"云模型检查"界面,单击"自定义检查",选择检查的楼层及检查的范围即可。

2）查看检查结果

"整楼检查/当前层检查/自定义检查"之后,在"云检查结果"界面,可以看到结果列表,如图 11.19 所示。软件根据当前检查问题的情况进行了分类,包含确定错误、疑似错误、提醒等。用户可根据当前问题的重要等级分别予以关注。

（1）忽略

在"结果列表"中逐一排查工程问题,经排查,某些问题不算作错误,可以忽略,则执行"忽略"操作 。当前忽略的问题,将在"忽略列表"中显示出来,如图 11.20 所示。假如没有,则忽略列表错误为空。

图 11.19

图 11.20

（2）定位

对检查结果逐一进行排查时,希望能定位到当前存在问题的图元或详细的错误位置,此时可以使用"定位"功能。

在"云检查结果"界面,错误问题支持双击定位,同时可以单击"定位"按钮进行定位,功能位置如图 11.21 所示。

图 11.21

单击"定位"后,软件自动定位到图元的错误位置,且会给出气泡提示,如图 11.22 所示。

图 11.22

接下来,可以进一步进行定位,查找问题,并对错误问题进行修复。

(3)修复

在"结果列表"中逐一排查问题时,发现的工程错误问题需要进行修改,软件内置了一些修复规则,可支持快速修复。此时可单击"修复"按钮,进行问题修复,如图 11.23 所示。

图 11.23

修复后的问题在"修复列表"中显现,可在"修复列表"中再次关注已修复的问题。

11.6 云指标

通过本节的学习,你将能够:
正确运用云指标。

一、任务说明

当完成工程汇总计算后,为了确定工程量的合理性,可以查看"云指标",对比类似工程指标进行判断。

二、任务分析

本节任务是对所作工程运用云指标进行查看和对比,从而判断该工程的工程量计算结果是否合理。

三、任务实施

当工程汇总完毕后,用户可以运用"云指标"功能进行工程指标的查看和对比,包含汇总表及钢筋、混凝土、模板、装修等不同维度的 8 张指标表,分别是工程指标汇总表、钢筋-部位楼层指标表、钢筋-构件类型楼层指标表、混凝土-部位楼层指标表、混凝土-构件类型楼层指标表、模板-部位楼层指标表、模板-构件类型楼层指标表、装修-装修指标表、砌体-砌体指标表。

1)云指标的查看

云指标可以通过"工程量"→"云指标"进行查看,也可以通过"云应用"→"云指标"进行查看,如图 11.24 所示。

图 11.24

【注意】

　　在查看云指标之前,可以对"工程量汇总规则"进行设置,也可以从"工程量汇总规则"表中查看数据的汇总归属设置情况。

(1)工程指标汇总表

　　工程量计算完成后,希望查看整个建设工程的钢筋、混凝土、模板、装修等指标数据,从而判断该工程的工程量计算结果是否合理。此时,可以单击"汇总表"分类下的"工程指标汇总表",查看"1 m² 单位建筑面积指标"数据,帮助判断工程量的合理性,如图 11.25 所示。

图 11.25

（2）部位楼层指标表

工程量计算完成后,在查看建筑工程总体指标数据时,发现钢筋、混凝土、模板等指标数据不合理,希望能深入查看地上、地下部分各个楼层的钢筋、混凝土等指标值,此时可以查看"钢筋/混凝土/模板"分类下的"部位楼层指标表",进行指标数据分析。

单击"钢筋"分类下"部位楼层指标表",查看"单位建筑面积指标（kg/m²）"值,如图11.26所示。

图 11.26

混凝土、模板查看部位楼层指标数据的方式与钢筋类似,分别位于"混凝土""模板"分类下,表名称相同,均为"部位楼层指标表"。

（3）构件类型楼层指标表

工程量计算完成后,在查看建设工程总体指标数据时发现钢筋、混凝土、模板等指标数据有些不合理,希望能进一步定位到具体不合理的构件类型,如具体确定柱、梁、墙等哪个构件的指标数据不合理,具体在哪个楼层出现了不合理,此时可以查看"钢筋/混凝土/模板"下的"构件类型楼层指标表",从该表数据中可依次查看"单位建筑面积指标（kg/m²）",从而进行详细分析。

单击"钢筋"分类下"构件类型楼层指标表",查看详细数据,如图11.27所示。

混凝土、模板查看不同构件类型楼层指标数据的方式与钢筋相同,分别单击"混凝土""模板"分类下对应的"构件类型楼层指标表"即可。

图 11.27

（4）单方混凝土标号指标

在查看工程指标数据时,希望能区分不同的混凝土标号进行对比,由于不同的混凝土强度等级其价格不同,需要区分指标数据,分别进行关注,此时可查看"混凝土"分组的"单方混凝土标号指标表"数据。

单击"选择云端模板",选中"混凝土"分类下的"单方混凝土标号指标表",单击"确定并刷新数据",如图 11.28 所示。

图 11.28

云指标页面的对应表数据,如图 11.29 所示。

图 11.29

(5)装修指标表

在查看"工程指标汇总表"中的装修数据后,发现有些装修量有问题,希望能进一步分析装修指标数据,定位问题出现的具体构件及楼层,此时可查看"装修指标表"中的"单位建筑面积指标(m^2/m^2)"数据。

单击"装修"分类下的"装修指标表",如图 11.30 所示。

图 11.30

(6)砌体指标表

查看完工程总体指标数据后,发现砌体指标数据不合理,希望能深入查看内外墙各个楼层的砌体指标值,此时可以查看"砌体指标表"中的"单位建筑面积指标(m^3/m^2)"数据。

单击"砌体"分类下的"砌体指标表",如图 11.31 所示。

图 11.31

2)导入指标对比

在查看工程的指标数据时,不能直观地核对出指标数据是否合理,为了更快捷地核对指标数据,需要导入指标数据进行对比。

在"云指标"界面中,单击"导入指标",如图 11.32 所示。在弹出的"选择模板"对话框中,选择要对比的模板,如图 11.33 所示。

图 11.32

图 11.33

设置模板中的指标对比值,如图 11.34 所示。

图 11.34

单击"确定"按钮后,可以看到当前工程指标的对比结果,其显示结果如图 11.35 所示。

图 11.35

11.7 云对比

通过本节的学习,你将能够:
正确运用云对比。

一、任务说明

在工程阶段完成或整体完成后汇总计算时,为了确定工程量的准确性,可以通过"云对比"来保证工程量的准确性。

二、任务分析

本节任务是对所作完整工程通过"云对比"进行查看,从而判断该工程的工程量计算结果是否合理及准确。

三、任务实施

在完成工程绘制,需要核对工程量的准确性时,学生以老师发的工程答案为准,核对自己所绘制工程出现的问题并找出错误原因。此时可以使用软件提供的"云对比"功能,此功能可以快速、多维度地对比两个工程文件的工程量差异,并分析工程量差异的原因,帮助学生和老师依据图纸进行对比和分析,消除工程量差异,并快速、精准地确定最终工程量。

1)打开云对比软件

可以通过两种方式打开云对比软件:

①打开 GTJ2018 软件,在开始界面左侧的"应用中心"启动云对比功能,如图 11.36 所示。

图 11.36

②打开 GTJ2018 软件,在"云应用"页签下启动云对比功能,如图 11.37 所示。

图 11.37

2)加载对比工程

(1)将工程文件上传至云空间

有两种上传方式:

①进入 GTJ2018"开始"界面,选择"另存为",在"另存为"对话框中选择要上传的文件,单击"云空间"(个人空间或企业空间),再单击"保存"按钮,如图 11.38 所示。

图 11.38

②进入 GTJ2018"开始"界面,选择"造价云管理平台",单击"上传"→"上传文件",选择需要上传的文件,如图 11.39 所示。

图 11.39

(2)选择主送审工程

工程文件上传至云空间后,选择云空间中要对比的主审工程(答案工程)和送审工程文件(自己做的工程)。主审、送审工程需满足以下条件:工程版本、土建计算规则、钢筋计算规则、工程楼层范围均需一致,且仅支持 1.0.23.0 版本以后的单区域工程,如图 11.40 所示。

欢迎使用

GTJ 2018 云对比

图 11.40

(3)选择对比范围

云对比支持单钢筋对比、单土建对比、土建钢筋对比 3 种模式。

（4）对比计算

当加载完主送审工程,选择完对比计算,单击"开始对比",云端开始自动对比两个 GTJ 工程文件差异。

3）差异信息总览

云对比的主要功能如下:

（1）对比主送审双方的工程文件

对比内容包括建筑面积、楼层信息和清单定额规则,如图 11.41 所示。

图 11.41

（2）直观查看主送审双方的工程设置差异（图 11.42）

①单击右侧工程设置差异项,调整扇形统计图的统计范围。

②单击扇形统计图中的"工程设置差异"项,链接到相应工程设置差异分析详情位置。

图 11.42

（3）直观查看主送审双方的工程量差异（图 11.43）

①从楼层、构件类型、工程量类别（钢筋、混凝土、模板、土方）等维度,以直方图形式展示工程量差异。

②单击直方图中的"工程量差异"项,链接到相应工程量差异分析详情位置。

图 11.43

（4）直观查看主送审双方的工程量差异原因（图 11.44）

量差分析原因包括属性不一致、一方未绘制、绘制差异、平法表格不一致、截面编辑不一致。

图 11.44

（5）直观查看主送审双方模型差异及原因（图 11.45）

①模型差异包括绘制差异和一方未绘制。

②单击直方图模型差异项,链接到相应模型差异分析详情位置。

图 11.45

4)工程设置差异(图 11.46)

(1)对比范围

对比范围包括基础设置-工程信息、基础设置-楼层设置、土建设置-计算设置、土建设置-计算规则、钢筋设置-计算设置、钢筋设置-比重设置、钢筋设置-弯钩设置、钢筋设置-弯钩调整值设置、钢筋设置-损耗设置。

(2)主要功能

①以图表的形式清晰地对比两个 GTJ 工程文件全部工程设置的差异。

②单击直方图中的"工程设置差异"项,链接到工程设置差异详情位置。

图 11.46

(3)查看工程设置差异详情(图 11.47)

图 11.47

5)工程量差异分析

(1)对比范围

对比范围包括钢筋工程量对比、混凝土工程量对比、模板工程量对比、装修工程量对比和土方工程量对比,如图 11.48 所示。

图 11.48

(2)主要功能

①楼层、构件类型筛选,过滤、排序辅助查找。

②以图表形式直观查看工程量差异。

③以表格形式,按照楼层、构件、图元分层级展开,定位工程量差异来源。

④以图元为单位,确定工程量差异原因,包括属性不一致、绘制差异、一方未绘制、平法表格不一致及截面编辑不一致。

⑤查看图元属性差异。

6)量差原因分析

(1)分析原因

分析原因包括属性不一致、绘制差异、一方未绘制、平法表格不一致、截面编辑不一致,如图 11.49 所示。

图 11.49

(2)主要功能

①查看属性不一致:工程量差异分析→展开至图元差异→量差原因分析→属性不一致。

②查看绘制差异:模型差异,主送审双方工程存在某些图元,双方绘制不一致;模型对比→模型差异详情→绘制差异。

③查看一方未绘制:模型差异,主送审双方工程存在某些图元,仅一方进行了绘制;模型对比→模型差异详情“一方未绘制”,如图 11.50 所示。

④查看截面编辑不一致。

⑤查看平法表格不一致。

图 11.50

263

7)模型对比

①按楼层、构件类型对模型进行筛选,如图 11.51 所示。

图 11.51

②主送审 GTJ 工程模型在 Web 端轻量化展示,其中紫色图元为一方未绘制,黄色图元为绘制差异,如图 11.52 所示。选择模型差异(紫色、黄色)图元,可以定位查看差异详情,如图11.53所示。

图 11.52

图 11.53

③查看模型差异详情,如图 11.54 所示。

主审工程	送审工程
> 剪力墙 (1)	剪力墙 (1)
∨ 楼地面 (3)	楼地面 (3)
∨ 地面1	无对应匹配项
[7073]	无对应匹配项
∨ 地面2	无对应匹配项
[15478]	无对应匹配项
[15504]	无对应匹配项
> 踢脚 (17)	踢脚 (17)
> 墙裙 (1)	墙裙 (1)
> 天棚 (4)	天棚 (4)
> 吊顶 (1)	吊顶 (1)

模型差异详情

● 一方未绘制 (27) ∨

图 11.54

8) 导出 Excel

工程设置差异、工程量差异的对比结果可以导出 Excel 文件,方便用户存档和线下详细分析。操作步骤如下:

①选择"导出报表",如图 11.55 所示。

重新对比

差异信息总览　工程设置差异分析　工程量差异分析　模型对比　　　↓ 导出报表

图 11.55

②选择导出范围,包括工程设置差异表、钢筋工程量差异表、土建工程量差异表,如图 11.56所示。

③选择文件导出的位置。

④解压缩导出的文件夹。

⑤查看导出结果 Excel 文件,包括工程设置差异、钢筋工程量差异、混凝土工程量差异、模板工程量差异、土方工程量差异、装修工程量差异,如图 11.57 所示。

名称	修改日期	类型	大小
钢筋工程量差异结果.xlsx	2020/3/31 11:16	Microsoft Excel ...	9 KB
钢筋-计算设置-计算规则(差异数: 5).xlsx	2020/3/31 11:16	Microsoft Excel ...	6 KB
钢筋-计算设置-节点设置(差异数: 1).xlsx	2020/3/31 11:16	Microsoft Excel ...	4 KB
混凝土工程量差异结果.xlsx	2020/3/31 11:16	Microsoft Excel ...	9 KB
楼层设置(差异数: 22).xlsx	2020/3/31 11:16	Microsoft Excel ...	30 KB
模板工程量差异结果.xlsx	2020/3/31 11:16	Microsoft Excel ...	9 KB
装修工程量差异结果.xlsx	2020/3/31 11:16	Microsoft Excel ...	28 KB

图 11.56

图 11.57

11.8 查看报表结果

通过本节的学习,你将能够:

正确查看报表结果。

一、任务说明

本节任务是查看工程报表。

二、任务分析

在"查看报表"中还可以查看所有楼层的钢筋工程量及所有楼层构件的土建工程量。

三、任务实施

汇总计算完毕后,用户可以使用"查看报表"功能查看钢筋汇总结果和土建汇总结果。

1)查看钢筋报表

汇总计算整个工程楼层的计算结果后,还需要查看构件的钢筋汇总量时,可通过"查看报表"功能来实现。

①单击"工程量"选项卡中的"查看报表",切换到"报表"界面,如图 11.58 所示。

②单击"设置报表范围",进入如图 11.59 所示对话框设置报表范围。

图 11.58

图 11.59

2)查看报表

汇总计算整个工程楼层的计算结果后,还需要查看构件的土建汇总量时,可通过"查看报表"功能来实现。单击"工程量"选项卡中的"查看报表",选择"土建报表量"即可查看土建工程量。

四、总结拓展

在查看报表部分,软件还提供了报表反查、报表分析、土建报表项目特征添加位置、显示费用项、分部整理等特有功能,这些功能的具体介绍请参照软件内置的"文字帮助"。

五、任务结果

所有层构件的钢筋工程量见表 11.1。

表 11.1 钢筋统计汇总表(包含措施筋)

工程名称:1 号办公楼　　　　　　　编制日期:2020-01-02　　　　　　　单位:t

构件类型	合计	级别	4	6	8	10	12	14	16	18	20	22	25
柱	34.176	⊕			9.779	0.054			1.951	8.926	4.783	3.025	5.658
暗柱/端柱	4.787	⊕			0.409	1.758	0.206				2.414		
构造柱	0.592	Φ		0.328			0.264						
构造柱	1.102	⊕					1.102						
剪力墙	0.812	Φ	0.812										
剪力墙	21.291	⊕		0.543	0.058	0.406	8.068	12.216					
砌体墙	0.735	Φ		0.735									
砌体加筋	1.682	Φ		1.682									
暗梁	3.476	⊕				0.624					2.852		
飘窗	0.168	⊕			0.03	0.138							
过梁	0.63	Φ		0.39		0.24							
过梁	1.366	⊕					0.666	0.477	0.053		0.17		
梁	0.36			0.36									
梁	58.414	⊕			0.215	8.426	2.095	0.325	0.455		1.271	3.997	41.63
连梁	0.008	Φ		0.008									
连梁	0.657	⊕				0.103	0.139				0.055	0.36	
圈梁	0.114	Φ		0.026			0.088						
圈梁	1.748	⊕		0.381			1.367						
现浇板	3.043	Φ			3.043								
现浇板	35.901	⊕			1.373	23.385	11.143						
筏板基础	23.258	⊕			0.167		23.091						
独立基础	5.9	⊕					2.306	3.594					
挑檐	0.654	⊕			0.125	0.529							
栏板	0.939	⊕		0.002	0.461		0.476						
压顶	0.153	Φ		0.153									
其他	0.803	⊕			0.365	0.268	0.17						
合计(t)	8.128	Φ	0.812	3.681	3.043	0.24	0.352						
合计(t)	194.638	⊕		0.926	12.982	35.689	50.829	16.612	2.459	8.926	11.544	7.383	47.288

所有层构件的土建工程量见计价部分。

12 CAD 识别做工程

通过本章的学习,你将能够:
(1)了解 CAD 识别的基本原理;
(2)了解 CAD 识别的构件范围;
(3)了解 CAD 识别的基本流程;
(4)掌握 CAD 识别的具体操作方法。

12.1 CAD 识别的原理

通过本节的学习,你将能够:
了解 CAD 识别的基本原理。

CAD 识别是软件根据建筑工程制图规则,快速从 AutoCAD 的结果中拾取构件和图元,快速完成工程建模的方法。同使用手工画图的方法一样,需要先识别构件,然后再根据图纸上构件边线与标注的关系,建立构件与图元的联系。

GTJ2018 软件提供了 CAD 识别功能,可以识别 CAD 图纸文件(.dwg),支持 AutoCAD 2015/2013/2011/2010/2008/2007/2006/2005/2004/2000 及 AutoCAD R14 版生成的图形格式文件。

CAD 识别是绘图建模的补充。CAD 识别的效率,一方面取决于图纸的完整程度和标准化程度,如各类构件是否严格按照图层进行区分,各类尺寸或配筋信息是否按照图层进行区分,标准方式是否按照制图标准进行;另一方面取决于对广联达 BIM 土建计量软件的熟练程度。

12.2 CAD 识别的构件范围及流程

通过本节的学习,你将能够:
了解 CAD 识别的构件范围及流程。

1)GTJ2018 软件 CAD 识别的构件范围

①表格类:楼层表、柱表、门窗表、装修表、独基表。

②构件类:轴网,柱,柱大样,梁,墙,门窗,墙洞,板钢筋(受力筋、跨板受力筋、负筋),独立基础,承台,桩,基础梁。

2)CAD 识别做工程的流程

CAD 识别做工程主要通过新建工程→图纸管理→符号转换→识别构件→构件校核的方式,将 CAD 图纸中的线条及文字标注转化成广联达 BIM 土建计量平台中的基本构件图元(如轴网、梁、柱等),从而快速地完成构件的建模操作,提高整体绘图效率。

CAD 识别的大体方法如下:

①首先需要新建工程,导入图纸,识别楼层表,并进行相应的设置。

②与手动绘制相同,需要先识别轴网,再识别其他构件。

③识别构件按照绘图类似的顺序,先识别竖向构件,再识别水平构件。

在进行实际工程的 CAD 识别时,软件的基本操作流程如图 12.1 所示。

图 12.1

软件的识别流程:添加图纸→分割图纸→提取构件→识别构件;识别顺序:楼层→轴网→柱→墙→梁→板钢筋→基础。

识别过程与绘制构件类似,先首层再其他层,识别完一层的构件后,通过同样的方法识别其他楼层的构件,或者复制构件到其他楼层,最后汇总计算。

通过以上流程,即可完成 CAD 识别做工程的过程。

3)图纸管理

软件还提供了完善的图纸管理功能,能够将原电子图进行有效管理,并随工程统一保存,提高做工程的效率。图纸管理在使用时,其流程如图 12.2 所示。

图 12.2

4) 图层管理

针对添加的图纸,可以在图层管理中设置"已提取的 CAD 图层"和"CAD 原始图层"的显示和隐藏。

12.3 CAD 识别实际案例工程

通过本节的学习,你将能够:
掌握 CAD 识别的具体操作方法。

本节主要讲解通过 CAD 识别,完成案例工程中构件的属性定义、绘制及钢筋信息的录入操作。

12.3.1 建工程、识别楼层

通过本小节的学习,你将能够:
进行楼层的 CAD 识别。

一、任务说明

使用 CAD 识别中"识别楼层表"的功能,完成楼层的建立。

二、任务分析

需提前确定好楼层表所在的图纸。

三、任务实施

①建立工程后,单击"图纸管理"面板,选择"添加图纸",在弹出的"添加图纸"对话框中选择有楼层表的图纸,如"1 号办公楼结构图",如图 12.3 所示。

②当导入的 CAD 图纸文件中有多个图纸时,需要通过"分割"功能将所需的图纸分割出来,如现将"一三层顶梁配筋图"分割出来。

图 12.3

单击"图纸管理"面板下的"分割"→"手动分割",鼠标左键拉框选择"一三层顶梁配筋图",单击右键确定,弹出"手动分割"对话框,如图 12.4 所示。

图 12.4

【注意】

除了手动分割外,还可以采用自动分割。自动分割能够快速完成图纸分割,操作步骤如下:单击"图纸管理"→"分割"下拉选择"自动分割",如图 12.5 所示。

图 12.5

软件会自动根据 CAD 图纸的图名定义图纸名称,也可手动输入图纸名称,单击"确定"按钮即可完成图纸分割。"图纸管理"面板下便会有"一三层顶梁配筋图",如图 12.6 所示。

双击"图纸管理"面板中的"一三层顶梁配筋图",绘图界面就会进入"一三层顶梁配筋图",如图 12.7 所示。

图 12.6

图 12.7

③单击"识别楼层表"功能,如图 12.8 所示。

④用鼠标框选图纸中的楼层表,单击鼠标右键确定,弹出"识别楼层表"对话框,如图
12.9 所示。

图 12.8

图 12.9

如果识别的楼层信息有误,可以在"识别楼层表"对话框中进行修改,可以对应识别信息,选择抬头属性,可以删除多余的行或列,或通过插入,增加行和列等。

⑤确定楼层信息无误后,单击"确定"按钮,弹出"楼层表识别完成"提示框,这样就可以通过 CAD 识别将楼层表导入软件中。

楼层设置的其他操作,与前面介绍的"建楼层"相同。

四、任务结果

导入楼层表后,其结果可参考 2.3 节的任务结果。

12.3.2　CAD 识别选项

通过本小节的学习,你将能够:

进行 CAD 识别选项的设置。

一、任务说明

在"CAD 识别选项"中完成柱、墙、门窗洞、梁和板钢筋的设置。

二、任务分析

在识别构件前,先进行"CAD 识别选项"的设置。单击"建模"选项卡,选择"CAD 操作"面板中的"CAD 识别选项"(图 12.10),会弹出如图 12.11 所示对话框。

图 12.10　　　　　　　　　　　　　　　图 12.11

三、任务实施

在"CAD 识别选项"对话框中,可以设置识别过程中的各个构件属性,每一列属性所表示的含义都在对话框左下角进行描述。

"CAD 识别选项"设置的正确与否关系到后期识别构件的准确率,需要准确进行设置。

12.3.3　识别轴网

通过本小节的学习,你将能够:

进行轴网的 CAD 识别。

一、任务说明

①完成图纸添加及图纸整理。

②完成轴网的识别。

二、任务分析

首先分析哪张图纸的轴网是最完整的,一般按照首层建筑图设置轴网。

三、任务实施

完成图纸分割后,双击进入"首层平面图",进行 CAD 轴线识别。

1)选择导航栏构件

将目标构件定位至"轴网",如图 12.12 所示。

图 12.12

2)提取轴线

①单击"建模"选项卡→"识别轴网"→"提取轴线",如图 12.13 所示。

图 12.13

②利用"单图元选择""按图层选择"及"按颜色选择"的功能点选或框选需要提取的轴线 CAD 图元,如图 12.14 所示。

图 12.14

"Ctrl+左键"代表按图层选择,"Alt+左键"代表按颜色选择。需要注意的是,不管在框中设置何种选择方式,都可以通过键盘来操作,优先实现选择同图层或同颜色的图元。

通过"按图层选择"选择所有轴线,被选中的轴线全部变成深蓝色。

③单击鼠标右键确认选择,则选择的 CAD 图元将自动消失,并存放在"已提取的 CAD 图层"中,如图 12.15 所示。这样就完成了轴网的提取工作。

图 12.15

3)提取标注

①单击"提取标注",利用"单图元选择""按图层选择"及"按颜色选择"的功能点选或框选需要提取的轴网标注 CAD 图元,如图 12.16 所示。

图 12.16

②单击鼠标右键确认选择,则选择的 CAD 图元自动消失,并存放在"已提取的 CAD 图层"中。其方法与提取轴线相同。

4)识别轴网

提取轴线及标注后,进行识别轴网的操作。识别轴网有 3 种方法可供选择,如图 12.17 所示。

图 12.17

- 自动识别轴网:用于自动识别 CAD 图中的轴线。
- 选择识别轴网:通过手动选择来识别 CAD 图中的轴线。
- 识别辅助轴线:用于手动识别 CAD 图中的辅助轴线。

本工程采用"自动识别轴网",快速地识别出 CAD 图中的轴网,如图 12.18 所示。

图 12.18

识别轴网成功后,同样可利用"轴线"部分的功能对轴网进行编辑和完善。

四、总结拓展

导入 CAD 之后,如果图纸比例与实际不符,则需要重新设置比例,在"CAD 操作"面板中单击"设置比例",如图 12.19 所示。

根据提示,利用鼠标选择两点,软件会自动量取两点距离,并弹出如图 12.20 所示"设置比例"对话框。

图 12.19

图 12.20

如果量取的距离与实际不符,可在对话框中输入两点间的实际尺寸,单击"确定"按钮,软件即可自动调整比例。

12.3.4　识别柱

通过本小节的学习,你将能够:

进行柱的 CAD 识别。

一、任务说明

用 CAD 识别的方式完成框架柱的属性定义和绘制。

二、任务分析

通过"CAD 识别柱"完成柱的属性定义的方法有两种:识别柱表生成柱构件和识别柱大样生成柱构件。生成柱构件后,通过"建模"选项卡中的"识别柱"功能:提取边线→提取标注→识别,完成柱的绘制。需要用到的图纸是"柱墙结构平面图"。

三、任务实施

分割完图纸后,双击进入"柱墙结构平面图",进行以下操作。

【注意】

　　当分割的"柱墙结构平面图"位置与前面所识别的轴网位置有出入时,可采用"定位"功能,将图纸定位到轴网正确的位置。单击"定位",选择图纸某一点,比如①轴与Ⓐ轴的交点,将其拖动到前面所识别轴网的①轴与Ⓐ轴交点处。

1)选择导航栏构件

将目标构件定位至"柱",如图 12.21 所示。

图 12.21

2)识别柱表生成柱构件

①单击"建模"选项卡→"识别柱表",软件可以识别普通柱表和广东柱表,遇到有广东柱表的工程,即可采用"识别广东柱表"。本工程为普通柱表,选择"识别柱表"功能,拉框选择柱表中的数据,单击鼠标右键确认选择,如图12.22所示。

柱号	标高	b X h	角筋	b每侧中部筋	h每侧中部筋	箍筋类型号	箍筋	柱号	标高	b X h	角筋	b每侧中部筋	h每侧中部筋	箍筋类型号	箍筋	备注
KZ1	基础顶~3.850	500X500	4Φ22	3Φ18	3Φ18	1(4X4)	Φ8@100	KZ4	基础顶~3.850	500X500	4Φ25	3Φ20	3Φ20	1(4X4)	Φ8@100/200	
	3.850~14.400	500X500	4Φ22	3Φ16	3Φ16	1(4X4)	Φ8@100		3.850~14.400	500X500	4Φ25	3Φ18	3Φ18	1(4X4)	Φ8@100/200	
KZ2	基础顶~3.850	500X500	4Φ22	3Φ18	3Φ18	1(4X4)	Φ8@100/200	KZ5	基础顶~3.850	600X500	4Φ25	4Φ20	3Φ20	1(5X4)	Φ8@100/200	
	3.850~14.400	500X500	4Φ22	3Φ16	3Φ16	1(4X4)	Φ8@100/200		3.850~14.400	600X500	4Φ25	4Φ18	3Φ18	1(5X4)	Φ8@100/200	
KZ3	基础顶~3.850	500X500	4Φ25	3Φ18	3Φ18	1(4X4)	Φ8@100/200	KZ6	基础顶~3.850	500X600	4Φ25	3Φ20	4Φ20	1(4X5)	Φ8@100/200	
	3.850~14.400	500X500	4Φ25	3Φ18	3Φ18	1(4X4)	Φ8@100/200		3.850~14.400	500X600	4Φ25	3Φ18	4Φ18	1(4X5)	Φ8@100/200	

图 12.22

②弹出"识别柱表"对话框,使用对话框上方的"查找替换""删除行"等功能对柱表信息

进行调整和修改。如表格中存在不符合的数据，单元格会以"红色"显示，便于查找和修改。调整后，如图 12.23 所示。

图 12.23

③确认信息准确无误后单击"识别"按钮即可，软件会根据对话框中调整和修改的柱表信息生成柱构件，如图 12.24 所示。

图 12.24

3）识别柱

通过识别柱表定义柱属性后，可以通过柱的绘制功能，参照 CAD 图将柱绘制到图上，也可使用"CAD 识别"提供的快速"识别柱"功能。

①单击"建模"选项卡→"识别柱"，如图 12.25 所示。

图 12.25

②单击"提取边线"，如图 12.26 所示。

通过"按图层选择"选择所有框架柱边线，被选中的边线变成深蓝色。

单击鼠标右键确认选择，则选择的 CAD 图元将自动消失，并存放在"已提取的 CAD 图层"中，如图 12.27 所示。这样就完成了柱边线的提取工作，如图 12.28 所示。

图 12.26

开 / 关	颜色	名称
☑	▷	已提取的 CAD 图层
☐	▷	CAD 原始图层

图 12.27

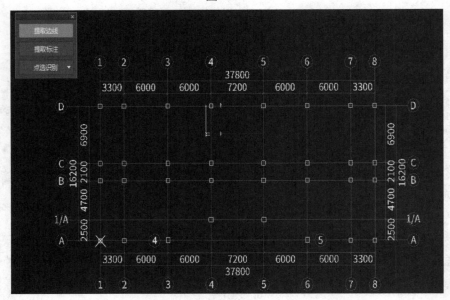

图 12.28

③单击"提取标注"（图 12.29），采用同样的方法选择所有柱的标志（包括标注及引线），单击鼠标右键确定，即可完成柱标志的提取。

④识别柱构件的操作有以下 4 种方式，如图 12.30 所示。

图 12.29　　　　　　　　图 12.30

a.自动识别。软件将根据所识别的柱表、提取的边线和标注来自动识别整层柱，本工程采用"自动识别"。单击"自动识别"，识别完成后，弹出识别柱构件的个数的提示。单击"确定"按钮，即可完成柱构件的识别，如图 12.31 所示。

图 12.31

b.框选识别。当你需要识别某一区域的柱时，可使用此功能，根据鼠标框选的范围，软件会自动识别框选范围内的柱。

c.点选识别。点选识别即通过鼠标点选的方式逐一识别柱构件。单击"识别柱"→"点选识别"，单击需要识别的柱标志 CAD 图元，则"识别柱"对话框会自动识别柱标志信息，如图 12.32 所示。

单击"确定"按钮，在图形中选择符合该柱标志的柱边线和柱标注，再单击鼠标右键确认选择，此时所选柱边线和柱标注被识别为柱构件，如图 12.33 所示。

图 12.32　　　　　　　　图 12.33

d.按名称识别。比如图纸中有多个 KZ6,通常只会对一个柱进行详细标注(截面尺寸、钢筋信息等),而其他柱只标注柱名称,此时就可以使用"按名称识别柱"进行柱识别操作。

单击绘图工具栏"识别柱"→"点选识别"→"按名称识别",然后单击需要识别的柱标志CAD 图元,则"识别柱"对话框会自动识别柱标志信息,如图 12.34 所示。

图 12.34

单击"确定"按钮,此时满足所选标志的所有柱边线会被自动识别为柱构件,并弹出识别成功的提示,如图 12.35 所示。

图 12.35

四、任务结果

任务结果参考 3.1 节的任务结果。

五、总结拓展

1)利用"CAD 识别"来识别柱构件

首先需要"添加图纸",通过"识别柱表"或"识别柱大样"先进行柱的定义,再利用"识别柱"的功能生成柱构件。其流程如下:添加图纸→识别柱表(柱大样)→识别柱。

通过以上流程,即可完成柱构件的识别。

2)识别柱大样生成构件

如果图纸中柱或暗柱采用柱大样的形式来作标记,则可单击"建模"选项卡→"识别柱"→"识别柱大样"的功能,如图 12.36 所示。

①提取柱大样边线及标志。参照前面的方法,单击"提取边线"和"提取标注"功能完成柱大样边线、标志的提取。

图 12.36

②提取钢筋线。单击"提取钢筋线"提取所有柱大样的钢筋线,单击鼠标右键确定,如图 12.37 所示。

③识别柱大样。提取完成后,单击"点选识别",有 3 种识别方式,如图 12.38 所示。

图 12.37　　　　　　　　图 12.38

- 点选识别:通过鼠标选择来识别柱大样。
- 自动识别:即软件自动识别柱大样。
- 框选识别:通过框选需要识别的柱大样来识别。

如果单击"点选识别",状态栏提示点取柱大样的边线,则用鼠标选择柱大样的一根边线,然后软件提示"请点取柱的标注或直接输入柱的属性",则点取对应的柱大样的名称,弹出如图 12.39 所示的"点选识别柱大样"对话框。

图 12.39

在此对话框中,可以利用"CAD 底图读取"功能,在 CAD 图中读取柱的信息,对柱的信息进行修改。在"全部纵筋"一行,软件支持"读取"和"追加"两种操作。

读取:从 CAD 中读取钢筋信息,对栏中的钢筋信息进行替换。

追加:如遇到纵筋信息分开标注的情况,可通过"追加"将多处标注的钢筋信息进行追加求和处理。

操作完成后,软件通过识别柱大样信息定义柱属性。

④识别柱。在识别柱大样完成之后,软件定义了柱属性,最后还需通过前面介绍的"提取边线""提取标注"和"自动识别"功能来生成柱构件,这里不再赘述。

3)墙柱共用边线的处理方法

某些剪力墙图纸中,墙线和柱线共用,柱没有封闭的图线,导致直接识别柱时选取不到封闭区域,识别柱不成功。在这种情况下,软件提供两种解决方法。

①使用"框选识别"。使用"提取边线""提取标注"功能完成柱信息的提取(将墙线提取到柱边线),使用提取柱边线拉框(反选),如图 12.40 所示区域,即可完成识别柱。

②使用"生成柱边线"功能进行处理。提取墙边线后,进入"识别柱"界面,单击"生成柱边线",按照状态栏提示,在柱内部单击鼠标左键点取一点,或是通过"自动生成柱边线"让软件自动搜索,生成封闭的柱边线,如图 12.41 所示。利用此功能生成柱的边线后,再利用"自动识别"功能识别柱,即可解决墙、柱共用边线的情况。

图 12.40

图 12.41

4)图层管理

在识别构件菜单下,通过"视图"选项卡→"用户面板"→"图层管理"进行图层控制的相关操作,如图 12.42 所示。

①在提取过程中,如果需要对 CAD 图层进行管理,单击"图层管理"功能。通过此对话框,即可控制"已提取的 CAD 图层"和"CAD 原始图层"的显示和隐藏,如图 12.43 所示。

图 12.42

图 12.43

②显示指定的图层,可利用此功能将其他图层的图元隐藏。

③隐藏指定的图层,将选中的 CAD 图元所在的图层进行隐藏,其他图层显示。

12.3.5　识别梁

通过本小节的学习,你将能够:

进行梁的 CAD 识别。

一、任务说明

用 CAD 识别的方式完成梁的属性定义和绘制。

二、任务分析

在梁的支座柱、剪力墙等识别完成后,进行梁的识别操作。需要用到的图纸是"一三层顶梁配筋图"。

三、任务实施

双击进入"一三层顶梁配筋图",进行以下操作。

1)选择导航栏构件

将目标构件定位至"梁",如图 12.44 所示。

2)识别梁

①单击"建模"选项卡→"识别梁",如图 12.45 所示。

图 12.44　　　　　　　　　　　　　　　　　　　图 12.45

②单击"提取边线",完成梁边线的提取,具体操作方法参考"识别柱"功能,如图 12.46 所示。

图 12.46

③单击"提取梁标注",提取梁标注包含 3 个功能:自动提取标注、提取集中标注和提取原位标注。

a."自动提取标注"可一次提取 CAD 图中全部的梁标注,软件会自动区别梁原位标注与集中标注,一般集中标注与原位标注在同一图层时使用。

单击"自动提取标注",选中图中所有同图层的梁标注,如果集中标注与原位标注在同一图层,就会被选择到,单击鼠标右键确定,如图 12.47 所示。弹出"标注提取完成"的提示。

图 12.47

GTJ2018 在做了优化后,软件会自动区分集中标注和原位标注。完成提取后,集中标注以黄色显示,原位标注以粉色显示,如图 12.48 所示。

图 12.48

b.如果集中标注与原位标注分别在两个图层,则采用"提取集中标注"和"提取原位标注"分开提取,方法与自动提取标注类似。

④接着进行识别梁构件的操作。识别梁有自动识别梁、框选识别梁、点选识别梁 3 种方法。

a.自动识别梁。软件根据提取的梁边线和梁集中标注自动对图中所有梁一次性全部识别。

单击识别面板"点选识别梁"的倒三角,在下拉菜单中单击"自动识别梁",软件弹出"识别梁选项"对话框,如图 12.49 所示。

识别梁选项

○ 全部　○ 缺少箍筋信息　○ 缺少截面　　　　　　复制图纸信息　粘贴图纸信息

	名称	截面(b*h)	上通长筋	下通长筋	侧面钢筋	箍筋	胶数
1	KL1(1)	250*500	2C25		N2C16	C10@100/200(2)	2
2	KL2(2)	300*500	2C25		G2C12	C10@100/200(2)	2
3	KL3(3)	250*500	2C22		G2C12	C10@100/200(2)	2
4	KL4(1)	300*600	2C22		G2C12	C10@100/200(2)	2
5	KL5(3)	300*500	2C25		G2C12	C10@100/200(2)	2
6	KL6(7)	300*500	2C25		G2C12	C10@100/200(2)	2
7	KL7(3)	300*500	2C25		G2C12	C10@100/200(2)	2
8	KL8(1)	300*600	2C25		G2C12	C10@100/200(2)	2
9	KL9(3)	300*600	2C25		G2C12	C10@100/200(2)	2
10	KL10(3)	300*600	2C25		G2C12	C10@100/200(2)	2
11	KL10a(3)	300*600	2C25		G2C12	C10@100/200(2)	2
12	KL10b(1)	300*600	2C25	2C25	G2C12	C10@100/200(2)	2
13	L1(1)	300*550	2C22		G2C12	C8@200(2)	2
14	LL1(1)	200*1000	4C22	4C22	GC12@200	C10@100(2)	2

请检查并确认得到的梁信息　　　　　　　　继续　　取消

图 12.49

【说明】

　　①在"识别梁选项"对话框可以查看、修改、补充梁集中标注信息,以提高梁识别的准确性。

　　②识别梁之前,应先完成柱、墙等图元的模型创建,这样识别出来的梁会自动延伸到现有的柱、墙、梁中,计算结果更准确。

　　单击"继续"按钮,则按照提取的梁边线和梁集中标注信息自动生成梁图元,如图12.50所示。

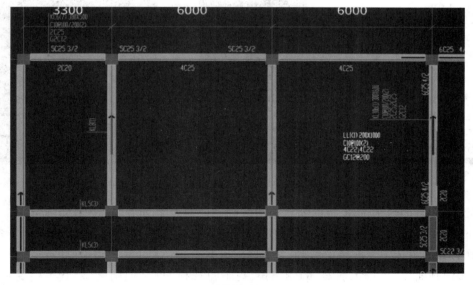

图 12.50

识别梁完成后,软件自动启用"校核梁图元"功能,如识别的梁跨与标注的梁跨数量不符,则弹出提示,并且梁会以红色显示,如图 12.51 所示。此时需要检查并进行修改。

b.点选识别梁。"点选识别梁"功能可以通过选择梁边线和梁集中标注的方法进行梁识别操作。

单击识别梁面板"点选识别梁",弹出"点选识别梁"对话框,如图 12.52 所示。

图 12.51　　　　　　　　　　　　　　　　图 12.52

单击需要识别的梁集中标注,则"点选识别梁"对话框自动识别梁集中标注信息,如图 12.53 所示。

单击"确定"按钮,在图形中选择符合该梁集中标注的梁边线,被选择的梁边线以高亮显示,如图 12.54 所示。

图 12.53　　　　　　　　　　　　　　　　图 12.54

单击鼠标右键确认选择,此时所选梁边线则被识别为梁图元,如图 12.55 所示。

c.框选识别梁。"框选识别梁"可满足分区域识别的需求,对于一张图纸中存在多个楼层平面的情况,可选中当前层识别,也可框选一道梁的部分梁线完成整道梁的识别。

单击识别面板"点选识别梁"的倒三角,再下拉选择"框选识别梁"。状态栏提示:左键拉框选择集中标注。

图 12.55

拉框选择需要识别的梁集中标注,如图 12.56 所示。

图 12.56

单击鼠标右键确定选择,弹出"识别梁选项"对话框,再单击"继续"按钮即可完成识别,如图 12.57 所示。

图 12.57

【说明】

①识别梁完成后,与集中标注中跨数一致的梁用粉色显示,与标注不一致的梁用红色显示,方便用户检查,如图 12.58 所示。

图 12.58

②梁识别的准确率与"计算设置"有关。

a.在"钢筋设置"中的"计算设置"→"框架梁"部分,第 3 项如图 12.59 所示。此项设置可修改,并会影响后面的梁识别,注意应准确设置。

3	截面小的框架梁是否以截面大的框架梁为支座	是

图 12.59

b.在"计算设置"→"非框架梁"部分,第 3 和第 4 项如图 12.60 所示。

3	宽高均相等的非框架梁L型、十字相交互为支座	否
4	截面小的非框架梁是否以截面大的非框架梁为支座	是

图 12.60

这两项需要根据实际工程情况准确设置。

③梁跨校核。当识别梁完成之后,软件提供"梁跨校核"功能进行智能检查。梁跨校核是自动提取梁跨,然后将提取到的跨数与标注中的跨数进行对比,二者不同时弹出提示。

a.软件识别梁之后,会自动对梁图元进行梁跨校核,或单击"校核梁图元"命令,如图 12.61 所示。

图 12.61

b.如存在跨数不符的梁,则会弹出提示,如图 12.62 所示。

图 12.62

c.在"校核梁图元"对话框中,双击梁构件名称,软件可以自动定位到此道梁,如图 12.63所示。

图 12.63

【注意】
　　梁跨校核只针对有跨信息的梁,手动绘制的无跨信息的粉色梁不会进行校核。

　　⑤当"校核梁图元"完成后,如果存在梁跨数与集中标注中不符的情况,则可使用"编辑支座"功能进行支座的增加、删除以调整梁跨,如图 12.64 和图 12.65 所示。

图 12.64

图 12.65

　　"编辑支座"是对以前"设置支座"和"删除支座"两个功能的优化,如要删除支座,直接点取图中支座点的标志即可;如要增加支座,则点取作为支座的图元,单击鼠标右键确定即可。这样即可完成编辑支座的操作。

【说明】
　　①"校核梁图元"与"编辑支座"并配合修改功能(如打断、延伸、合并等)使用,来修改和完善梁图元,保证梁图元和跨数正确,然后再识别原位标注。
　　②识别梁时,自动启动"校核梁图元",只针对本次生成的梁,要对所有梁校核则需要手动启用"校核梁图元"。

⑥识别梁构件完成后,还应识别原位标注。识别原位标注有自动识别原位标注、框选识别原位标注、点选识别原位标注和单构件识别原位标注 4 个功能,如图 12.66 所示。

图 12.66

【说明】

①所有原位标注识别成功后,其颜色都会变为深蓝色,而未识别成功的原位标注仍保持粉色,方便查找和修改。

②识别原位标注的 4 个功能可以按照实际工程的特点结合使用,从而提高识别原位标注的准确率。实际工程图纸中,可能存在一些画图不规范或是错误的情况,会导致实际识别原位标注并不能完全识别的情况,此时只需找到"粉色"的原位标注进行单独识别,或是直接对梁进行"原位标注"即可。

3)识别吊筋

所有梁识别完成之后,如果图纸中绘制了吊筋和次梁加筋,则可以使用"识别吊筋"功能,对 CAD 图中的吊筋、次梁加筋进行识别。

"识别吊筋"的操作步骤如下:

①提取钢筋和标注:选中吊筋和次梁加筋的钢筋线及标注(如无标注则不选),单击鼠标右键确定,完成提取。

②识别吊筋:在"提取钢筋和标注"后,通过自动识别、框选识别和点选识别来完成吊筋的识别。

【说明】

①在 CAD 图中,若存在吊筋和次梁加筋标注,软件会自动提取;若不存在,则需要手动输入。

②所有的识别吊筋功能都需要在主次梁已经变成绿色后,才能识别吊筋和加筋。

③识别后,已经识别的 CAD 图线变为蓝色,未识别的 CAD 图线保持原来的颜色。

④图上有钢筋线的才识别,没有钢筋线的不会自动生成。

⑤与自动生成吊筋一样,重复识别时会覆盖上次识别的内容。

⑥吊筋线和加筋线比较短且乱,必须有误差限制,因此,如果 CAD 图绘制得不规范,则可能会影响识别率。

四、任务结果

任务结果同 3.3 节的任务结果。

五、总结拓展

1)识别梁的流程

CAD 识别梁可以按照以下基本流程来操作:添加图纸→分割图纸、标注→识别梁构件→识别梁原位标注→识别吊筋、次梁加筋。

①在识别梁的过程中,软件会对提取标注、识别梁、识别标注、识别吊筋等进行验收的区分。

②CAD 识别梁构件、梁原位标注、吊筋时,因为 CAD 图纸的不规范可能会对识别的准确率造成影响,所以需要结合梁构件的其他功能进行修改完善。

2)定位图纸

"定位"功能可用于不同图纸之间构件的重新定位。例如,先导入柱图并将柱构件识别完成后,这时需要识别梁,然而导入梁图后,就会发现梁图与已经识别的图元不重合,此时就可以使用"定位"功能。

在"添加图纸"后,单击"定位",在 CAD 图纸上选中定位基准点,再选择定位目标点,快速完成所有图纸中构件的对应位置关系,如图12.67所示。

图 12.67

若创建好了轴网,对整个图纸使用"移动"命令也可以实现图纸定位的目的。

12.3.6　识别板及板钢筋

通过本节的学习,你将能够:

进行板及板钢筋的 CAD 识别。

一、任务说明

①完成首层板的识别。

②完成首层板受力筋的识别。

③完成首层板负筋的识别。

二、任务分析

在梁识别完成后,接着识别板。识别板钢筋之前,首先需要在图中绘制板。绘制板的方法参见前面介绍的"现浇板的属性定义和绘制"。另外,也可通过"识别板"功能将板创建出来。

三、任务实施

双击进入"一三层板配筋图",进行以下操作。

1)识别板

①选择导航栏构件,将目标构件定位至"板",如图 12.68 所示。

图 12.68

②单击"建模"选项卡→"识别板",如图 12.69 所示。

图 12.69

识别板有以下 3 个步骤:提取板标识→提取板洞线→自动识别板。

a.单击识别面板上"提取板标识"(图 12.70),利用"单图元选择""按图层选择"或"按颜色选择"的功能选中需要提取的 CAD 板标识,选中后变成蓝色。此过程也可以点选或框选需要提取的 CAD 板标识。

图 12.70

按照软件下方的提示,单击鼠标右键确认选择,则选择的标识自动消失,并存放在"已提取的 CAD 图层"中。

b.单击识别面板上的"提取板洞线",利用"单图元选择""按图层选择"或"按颜色选择"的功能选中需要提取的 CAD 板洞线,选中后变成蓝色。

按照软件下方的提示,单击鼠标右键确认选择,则选择的板洞线自动消失,并存放在"已提取的 CAD 图层"中。

【注意】
　　若板洞图层不对,或板洞较少时,也可跳过该步骤,后期直接补画板洞即可。

c.单击识别面板上的"自动识别板",弹出"识别板选项"对话框,选择板支座的图元范围,单击"确定"按钮进行识别,如图 12.71 所示。

图 12.71

【注意】
①识别板前,请确认柱、墙、梁等图元已绘制完成。
②通过复选框可以选择板支座的图元范围,从而调整板图元生成的大小。

2)识别板受力筋

①选择导航栏构件,将目标构件定位至"板受力筋",如图 12.72 所示。

图 12.72

②单击"建模"选项卡→"识别板受力筋"→"识别受力筋",如图 12.73 所示。

图 12.73

识别受力筋有以下 3 个步骤:提取板筋线→提取板筋标注→识别受力筋(点选识别受力筋或自动识别板筋)。

3)识别板负筋

①选择导航栏构件,将目标构件定位至"板负筋",如图 12.74 所示。

图 12.74

②单击"建模"选项卡→"识别板负筋"→"识别负筋",如图 12.75 所示。

图 12.75

识别负筋有以下 3 个步骤:提取板筋线→提取板标注→识别负筋(点选识别负筋或自动识别板筋)。

四、任务结果

任务结果同 3.4 节的任务结果。

五、总结扩展

识别板筋(包含板和筏板基础)的操作流程如下:添加图纸→分割图纸→定位钢筋构件→提取板钢筋线→提取板钢筋标注→识别板筋。

【注意】

使用"自动识别板筋"之前,需要对"CAD 识别选项"中"板筋"选项进行设置,如图 12.76 所示。

在"自动识别板筋"之后,如果遇到有未识别成功的板筋,可灵活应用识别"点选识别受力筋""点选识别负筋"的相关功能进行识别,然后再使用板受力筋和负筋的绘图功能进行修改,这样可以提高对板钢筋建模的效率。

图 12.76

12.3.7 识别砌体墙

通过本小节的学习,你将能够:
进行砌体墙的 CAD 识别。

一、任务说明

用 CAD 识别的方式完成砌体墙的属性定义和绘制。

二、任务分析

本工程首层为框架结构,首层墙为砌体墙,需要使用的图纸是含完整砌体墙的"一层建筑平面图"。

三、任务实施

分割完图纸后,双击进入"一层建筑平面图",进行以下操作。

1)选择导航栏构件

将目标构件定位至"砌体墙",如图12.77所示。

图 12.77

2)识别砌体墙

在砌体墙构件下,选择"建模"选项卡→"识别砌体墙",如图12.78所示。

图 12.78

"识别砌体墙"有4个步骤:提取砌体墙边线→提取墙标识→提取门窗线→识别砌体墙(自动识别、框选识别和点选识别),如图12.79所示。

图 12.79

【说明】
①当建筑平面图中无砌体墙标识时,需要先新建砌体墙,定义好砌体墙的属性。
②对于砌体墙,用"提取砌体墙边线"功能来提取;对于剪力墙,需要在剪力墙构件中选择"提取混凝土墙边线",这样识别出来的墙才能分开材质类别。
③识别墙中的"剪力墙"操作和"砌体墙"操作一样。

四、任务结果

任务结果同3.5节的任务结果。

五、知识扩展

①"识别墙"可识别剪力墙和砌体墙,因为墙构件存在附属构件,所以在识别时需要注意此类构件。对墙构件的识别,其流程如下:添加图纸→提取墙线→提取门窗线→识别墙→识别暗柱(存在时)→识别连梁(存在时)。

通过以上流程,即可完成对整个墙构件的识别。

②识别暗柱。"识别暗柱"的方法与识别柱相同,可参照"识别柱"部分的内容。

③识别连梁表。有些图纸是按 16G101—1 规定的连梁表形式设计的,此时就可以使用软件提供的"识别连梁表"功能,对 CAD 图纸中的连梁表进行识别。

④识别连梁。识别连梁的方法与"识别梁"完全一致,可参照"识别梁"部分的内容。

12.3.8　识别门窗

通过本小节的学习,你将能够:

进行门窗的 CAD 识别。

一、任务说明

通过 CAD 识别门窗表和门窗洞,完成首层门窗的属性定义和绘制。

二、任务分析

在墙、柱等识别完成后,进行识别门窗的操作。通过"添加图纸"功能导入 CAD 图,添加"建筑设计说明"建施-01(含门窗表),完成门窗表的识别;添加"首层平面图",进行门窗洞的识别。

三、任务实施

1)识别门窗表

分割完图纸后,双击进入"建筑设计总说明",进行以下操作。

(1)选择导航栏构件

将目标构件定位至"门""窗",如图 12.80 所示。

图 12.80

(2)识别门窗表生成门窗构件

①单击"建模"选项卡→"识别门窗表",拉框选择门窗表中的数据,如图 12.81 所示的黄色线框为框选的门窗范围,单击鼠标右键确认选择。

②在"识别门窗表"对话框中,选择对应行或列,使用"删除行"或"删除列"删除无用的行或列,调整后的表格如图 12.82 所示。

门窗数量及门窗规格一览表

编号	名称	规格 (洞口尺寸)		数量						备注
		宽	高	地下一层	一层	二层	三层	四层	总计	
FM甲1021	甲级防火门	1000	2100	2					2	甲级防火门
FM乙1121	乙级防火门	1100	2100	1	1				2	乙级防火门
M5021	旋转玻璃门	5000	2100		1				1	甲方确定
M1021	木质夹板门	1000	2100	18	22	22	22	22	106	甲方确定
C0924	塑钢窗	900	2400		4	4	4	4	16	详见立面
C1524	塑钢窗	1500	2400		2	2	2	2	8	详见立面
C1624	塑钢窗	1600	2400	2	2	2	2	2	10	详见立面
C1824	塑钢窗	1800	2400		2	2	2	2	8	详见立面
C2424	塑钢窗	2400	2400		2	2	2	2	8	详见立面
PC1	飘窗(塑钢窗)	见平面	2400		2	2	2	2	8	详见立面
C5027	塑钢窗	5000	2700			1	1	1	3	详见立面
MQ1	装饰幕墙	6927	14400							详见立面
MQ2	装饰幕墙	7200	14400							详见立面

图 12.81

图 12.82

③单击"识别"按钮,即可完成门窗表的识别,如图 12.83 所示。

图 12.83

2）识别门窗洞

通过识别门窗表完成门窗的属性定义后，再通过识别门窗洞完成门窗的绘制。

双击进入"一层平面图"进行以下操作：

（1）选择导航栏构件

将目标构件定位至"门""窗"，方法同上。

图 12.84

（2）识别门窗洞

单击"建模"选项卡→"识别门窗洞"，如图 12.84 所示。

识别门窗洞有以下 3 个步骤：提取门窗线→提取门窗洞标识→识别（自动识别、框选识别和点选识别）。

四、任务结果

任务结果同 3.6 节的任务结果。

五、总结拓展

①在识别门窗之前一定要确认已经绘制完墙并建立门窗构件（可通过识别门窗表创建），以便提高识别率；

②若未创建构件，软件可以对固定格式进行门窗尺寸解析，如 M0921，自动反建为 900 mm×2100 mm 的门构件。

12.3.9　识别基础

通过本小节的学习，你将能够：

进行基础的 CAD 识别。

一、任务说明

用 CAD 识别方式完成独立基础的识别。

二、任务分析

软件提供识别独立基础、识别桩承台、识别桩的功能，本工程采用的是独立基础。下面以识别独立基础为例，介绍识别基础的过程。

三、任务实施

双击进入"基础结构平面图"，进行以下操作。

1）选择导航栏构件

将目标构件定位至"独立基础"，如图 12.85 所示。

图 12.85

2）识别独基表生成独立基础构件

单击"建模"选项卡→"识别独立基础"→"识别独基表"，如图12.86所示。

图 12.86

"识别独基表"的操作方法同"识别柱表"，请参考"识别柱表"部分的内容。本工程无"独基表"，可先定义独立基础构件。

3）识别独立基础

单击"建模"选项卡→"识别独立基础"。识别独立基础有以下3个步骤：提取独基边线→提取独基标识→识别（自动识别、框选识别、点选识别）。

四、任务结果

任务结果同第7章的任务结果。

五、知识扩展

①上面介绍的方法为识别独立基础，在识别完成之后，需要进入独立基础的属性定义界面，对基础的配筋信息等属性进行修改，以保证识别的准确性。

②独立基础还可先定义，再进行CAD图的识别。这样识别完成之后，不需要再进行修改属性的操作。

12.3.10　识别装修

通过本小节的学习，你将能够：

进行装修的 CAD 识别。

一、任务说明

用 CAD 识别的方式完成装修的识别。

二、任务分析

在做实际工程时，CAD图上通常会有房间做法明细表，表中注明了房间的名称、位置以及房间内各种地面、墙面、踢脚、天棚、吊顶、墙裙的一系列做法名称。例如，在1号办公楼图纸中，建筑设计说明中就有"室内装修做法表"，如图12.87所示。

如果通过识别表的功能能够快速地建立房间及房间内各种细部装修的构件，那么就可以极大地提高绘图效率。

室内装修做法表

房间名称		楼面/地面	踢脚/墙裙	窗台板	内墙面	顶棚	备注
地下一层	排烟机房	地面4	踢脚1	/	内墙面1	天棚1	
	楼梯间	地面2	踢脚1	/	内墙面1	天棚1	
	走廊	地面3	踢脚2	/	内墙面1	吊顶1（高3200）	
	办公室	地面1	踢脚1	有	内墙面1	吊顶1（高3300）	
	餐厅	地面1	踢脚3	/	内墙面1	吊顶1（高3300）	
	卫生间	地面2	/	/	内墙面2	吊顶2（高3300）	
一层	大堂	楼面3	墙裙1高1200	/	内墙面1	吊顶1（高3200）	一、关于吊顶高度的说明 这里的吊顶高度指的是某层的结构标高到吊顶底的高度。 二、关于窗台板的说明： 窗台板材质为大理石 飘窗窗台板尺寸为： 洞口宽（长）*650（宽） 其他窗台板尺寸： 洞口宽（长）*200（宽）
	楼梯间	楼面2	踢脚1	/	内墙面1	天棚1	
	走廊	楼面3	踢脚2	/	内墙面1	吊顶1（高3200）	
	办公室1	楼面1	踢脚1	有	内墙面1	吊顶1（高3300）	
	办公室2（含阳台）	楼面4	踢脚3	/	内墙面1	天棚1	
	卫生间	楼面2	/	有	内墙面2	吊顶2（高3300）	
二至三层	楼梯间	楼面2	踢脚1	/	内墙面1	天棚1	
	公共休息室大厅	楼面3	踢脚2	/	内墙面1	吊顶1（高2900）	
	走廊	楼面3	踢脚2	/	内墙面1	吊顶1（高2900）	
	办公室	楼面1	踢脚1	有	内墙面1	天棚1	
	办公室2（含阳台）	楼面4	踢脚3	/	内墙面1	天棚1	
	卫生间	楼面2	/	有	内墙面2	吊顶2（高2900）	
四层	楼梯间	楼面2	踢脚1	/	内墙面1	天棚1	
	公共休息室大厅	楼面3	踢脚2	/	内墙面1	天棚1	
	走廊	楼面3	踢脚2	/	内墙面1	天棚1	
	办公室	楼面1	踢脚1	有	内墙面1	天棚1	
	办公室2（含阳台）	楼面4	踢脚3	/	内墙面1	天棚1	
	卫生间	楼面2	/	/	内墙面1	天棚1	

图 12.87

三、任务实施

识别房间装修表有按房间识别装修表和按构件识别装修表两种方式。

1）按房间识别装修表

图纸中明确了装修构件与房间的关系，这时可以使用"按房间识别装修表"的功能，操作如下：

①在图纸管理界面"添加图纸"，添加一张带有装修做法表的图纸。

②在"建模"选项卡中，"识别房间"分栏选择"按房间识别装修表"功能，如图 12.88 所示。

③左键拉框选择装修表，单击鼠标右键确认。

④在"按房间识别装修表"对话框中，在第一行的空白行处单击鼠标左键，从下拉框中选择对应列关系，单击"识别"按钮，如图 12.89 所示。

图 12.88

图 12.89

【说明】

①对于构件类型识别错误的行,可以调整"类型"列中的构件类型;

②可利用表格的一些功能对表格内容进行核对和调整,删除无用的部分;

③需要对应装修表的信息,在第一行的空白行处单击鼠标左键,从下拉框中选择对应列关系,如第一列识别出来的抬头是空,对应第一行,应选择"房间"。

图 12.90

④需要将每种门窗所属楼层进行正确匹配,单击所属楼层下的 符号,进入"所属楼层"对话框(图12.90),将所属楼层进行勾选。

调整后的表格如图12.91所示。

图 12.91

⑤识别成功后,软件会提示识别到的构件个数,如图 12.92 所示。

图 12.92

【说明】

房间装修表识别成功后,软件会按照图纸上房间与各装修构件的关系自动建立房间并自动依附装修构件,如图 12.93 所示。

图 12.93

2)按构件识别装修表(拓展)

本套图纸没有体现房间与房间内各装修之间的对应关系,在此我们假设装修如图 12.94所示。

类别	名 称	使 用 部 位	做法编号	备 注
地 面	水泥砂浆地面	全部	编号1	
楼 面	陶瓷地砖楼面	一层楼面	编号2	
楼 面	陶瓷地砖楼面	二至五层的卫生间、厨房	编号3	
楼 面	水泥砂浆楼面	除卫生间厨房外全部	编号4	水泥砂浆毛面找平

装 修 一 览 表

图 12.94

①在图纸管理界面"添加图纸",添加一张带有装修做法表的图纸。

②在"建模"选项卡中"识别房间"分栏选择"按构件识别装修表"功能。

③左键拉框选择装修表,单击鼠标右键确认。

④在"按构件识别装修表"对话框中,在第一行的空白行处单击鼠标左键,从下拉框中选择对应列关系,单击"识别"按钮,如图 12.95 所示。

图 12.95

⑤识别完成后软件会提示识别到的构件个数,共 10 个构件。

【说明】

这种情况下需要在识别完装修构件后,再建立房间构件,然后把识别好的装修构件依附到房间里,最后画房间即可。

下篇

建筑工程计价

13　编制招标控制价要求

通过本章的学习,你将能够:

(1) 了解工程概况及招标范围;

(2) 了解招标控制价的编制依据;

(3) 了解造价的编制要求;

(4) 掌握工程量清单样表。

1) 工程概况及招标范围

①工程概况:本建筑物用地概貌属于平缓场地,为二类多层办公建筑,合理使用年限为50年,抗震设防烈度为7度,结构类型为框架结构体系,总建筑面积为 3155 m²,建筑层数为地上4层,地下1层,檐口距地高度为14.850 m。

②工程地点:西安市高新区。

③招标范围:建筑及结构施工图的全部内容。

④本工程施工工期210天,合同约定开工日期为2020年5月10日。

⑤建筑类型:公共建筑。

2) 招标控制价编制依据

该工程招标控制价依据2009年《陕西省建设工程工程量清单计价规则》、2004年《陕西省建筑装饰工程消耗量定额》及《建筑装饰工程消耗量定额补充定额》、2009年《陕西省建设工程工程量清单计价费率》(简称"09计价费率")、2009年《陕西省建筑装饰工程价目表》、陕建发〔2018〕84号、陕建发〔2018〕2019号文、陕建发〔2019〕45号、陕建发〔2019〕1246号、《陕西省工程造价信息》(2020.01)编制。

3) 造价编制要求

(1) 价格约定

①除暂估材料及甲供材料外,材料价格按"陕西省2020年1月工程造价信息"及市场价计取。

②综合人工单价按照陕建发〔2018〕2019号文,建筑工程按120元/工日计,装饰工程按130元/工日计。

③计税方式按陕建发〔2019〕45号文,纳税地区为市区,增值税为9%,附加税(含城市维护建设税、教育费附加、地方教育费附加)为0.48%。

④安全文明施工费、规费足额计取,其中安全文明施工费按照陕建发〔2019〕1246号文执行。

⑤暂列金额为100万元。

⑥幕墙工程(含预埋件)专业工程暂估价为80万元。

（2）其他要求

①原始地貌暂按室外地坪考虑，开挖设计底标高暂按垫层底标高，土方大开挖工作面宽度按 800 mm 计算，放坡坡度按 0 计算，机械开挖土方至止水板垫层底。独立基础土方开挖工作面按照 300 mm 计算，除 JC-7 外，其余止水板以下独立基础土方按照人工挖土处理，人工挖土采用坑边堆土。JC-7 土方按照机械挖土处理，机械挖土外运距离 1 km。

②所有混凝土采用商品混凝土计算。

③旋转玻璃门 M5021 材料单价按 42735.04 元/樘计算。

④本工程大型机械进出场费用，暂按塔吊 1 台、挖掘机配自卸汽车 1 台计算。

⑤本工程设计的砂浆都为现场搅拌砂浆。

⑥不考虑总承包服务费及施工配合费。

4）甲供材料一览表（表 13.1）

表 13.1　甲供材料一览表

序号	名称	规格型号	单位	单价（元）
1	C15 商品混凝土	最大粒径 30 mm	m^3	440
2	C25 商品混凝土	最大粒径 30 mm	m^3	470
3	C30 商品混凝土	最大粒径 30 mm	m^3	480
4	C30 P6 商品混凝土	最大粒径 30 mm	m^3	490
5	C15 细石商品混凝土	最大粒径 30 mm	m^3	460

5）材料暂估单价表（表 13.2）

表 13.2　材料暂估单价表

序号	名称	规格型号	单位	单价（元）
1	内墙面砖	200 mm×300 mm	m^2	42
2	外墙面砖	100 mm×100 mm	m^2	42
3	防滑地砖	10 mm 厚防滑地砖	m^2	33
4	高级地面砖	10 mm 厚	m^2	35
5	深色地面砖（踢脚线）	400 mm×100 mm	m^2	43
6	花岗石地砖	500 mm×400 mm×20 mm	m^2	138
7	大理石地砖	20 mm	m^2	136
8	深色大理石（踢脚线）	800 mm×100 mm	m^2	136
9	普通大理石（墙裙）	20 mm	m^2	135
10	装饰石材（外墙）		m^2	135

6)计日工表(表 13.3)

表 13.3　计日工表

序号	名称	工程量	单位	单价(元)	备注
1	人工				
	木工	10	工日	250	
	瓦工	10	工日	300	
	钢筋工	10	工日	280	
2	材料				
	砂子(中粗)	5	m^3	72	
	水泥	5	m^3	460	
3	施工机械				
	载重汽车	1	台班	1000	

7)评分办法(表 13.4)

表 13.4　评分办法

序号	评标内容	分值范围	说明
1	工程造价	70	不可竞争费单列
2	工程工期	5	招标文件要求工期进行评定
3	工程质量	5	招标文件要求质量进行评定
4	施工组织设计	20	招标工程的施工要求、性质等进行评定

8)报价单(表 13.5)

表 13.5　报价单

工程名称	第____标段_____(项目名称)	
工程控制价		
其中	安全文明施工措施费(万元)	
	税金(万元)	
	规费(万元)	
除不可竞争费外工程造价(万元)		
措施项目费用合计(不含安全文明施工措施费)(万元)		

9)工程量清单样表

工程量清单样表参见 2009 年《陕西省建设工程工程量清单计价规则》,主要包括以下表格:

①工程量清单表封面:封-1。

②总说明:表-1。

③分部分项工程量清单表:表-2。

④措施项目清单表：表-3。

⑤其他项目清单表：表-4。

⑥规费、税金清单表：表-5。

⑦暂列金额明细表：表-6。

⑧专业工程暂估价明细表：表-7。

⑨计日工表：表-8。

⑩总承包服务项目表：表-9。

⑪甲供材料、设备数量及单价明细表：表-10。

⑫材料、设备暂估单价明细表：表-11。

⑬主要材料、设备表：常用-3。

⑭甲方评标材料表：常用-4。

10）工程量清单计价表样表

（1）总封面

总封面：1#办公楼工程招标最高限价，封-2。

（2）工程项目计价表

①工程项目总造价表：1#办公楼工程项目总造价表，表-1。

②工程项目总造价表：1#办公楼工程项目总造价表，常用-2。

（3）单项工程计价表

①单项工程造价汇总表：1#办公楼单项工程造价汇总表，表-1。

②单项工程造价汇总表：1#办公楼单项工程造价汇总表，常用-2。

（4）单位工程计价表

①工程量清单计价表：工程量清单计价表封面，封-2。

②招标最高限价：单位工程招标最高限价，封-3。

③单位工程造价汇总表：1号办公楼项目建筑工程单位工程造价汇总表，表-1。

④分部分项工程量清单计价表：表-2。

⑤措施项目清单计价表：表-3。

⑥其他项目清单计价表：表-4。

⑦计日工计价表：表-5。

⑧总承包服务费计价表：表-6。

⑨规费、税金项目清单计价表：增值税表-7。

⑩主要材料价格表：表-9。

⑪分部分项工程量清单综合单价分析表：常用-2。

⑫措施项目费（综合单价）分析表：常用-4。

⑬单位工程材料价差表：常用-5。

⑭单位工程材料价差表：常用-6。

⑮暂列金额明细表：表-12-1。

材料（工程设备）暂估单价及调整表：表-12-2。

专业工程暂估价及结算价表：表-12-3。

计日工表：表-12-4。

备注：表格编号为软件导出表格编号。

14 编制招标控制价

通过本章的学习,你将能够:
(1)掌握招标控制价的编制过程和编制方法;
(2)熟悉招标控制价的组成内容。

14.1 新建招标项目结构

通过本节的学习,你将能够:
(1)建立建设项目;
(2)建立单项工程;
(3)建立单位工程;
(4)按标段多级管理工程项目;
(5)修改工程属性。

一、任务说明

在计价软件中完成招标项目的建立。

二、任务分析

①招标项目的单项工程和单位工程分别是什么?
②单位工程的造价构成是什么?各构成所包括的内容分别又是什么?

三、任务实施

①新建项目。单击"新建招投标项目",如图 14.1 所示。

图 14.1

②进入"新建工程",选择"清单计价",并单击"新建招标项目",如图 14.2 所示。

图 14.2

本项目的计价方式:清单计价。

项目名称:1 号办公楼。

项目编码:001。

修改项目信息,如图 14.3 所示。修改完成后,单击"下一步"按钮。

图 14.3

③新建单项工程。在"1 号办公楼"单击鼠标右键,如图 14.4 所示。

图 14.4

选择"新建单项工程",修改单项工程名称为"1 号办公楼",如图 14.5 所示。

图 14.5

单击"确定"按钮,完成"1 号办公楼"工程的新建,如图 14.6 所示。

图 14.6

【注意】

在建设项目下,可以新建单项工程;在单项工程下,可以新建单位工程。

单击"完成"按钮,完成项目信息及工程信息的相关内容填写,如图 14.7 和图 14.8 所示。

造价分析　项目信息　取费设置　人材机汇总

	名称	内容
1	⊟ 基本信息	
2	项目编号	001
3	项目名称	1号办公楼
4	工程类型	建安工程
5	建筑分类	
6	建筑面积	3155
7	监理单位	
8	施工单位	
9	工程地址	
10	质量标准	
11	开工日期	2020-02-10
12	竣工日期	
13	项目投资方	
14	造价类别	
15	结构类型	框架
16	基底面积	
17	地上层数	4
18	地下层数	1
19	抗震设防	
20	防火等级	
21	建筑高度	
22	是否有人防	
23	装修标准	
24	计算口径*	建筑面积(m2)

图 14.7

造价分析　项目信息　取费设置　人材机汇总

	名称	内容
22	是否有人防	
23	装修标准	
24	计算口径*	建筑面积(m2)
25	地上面积	
26	地下面积	
27	⊟ 招标信息	
28	招标人	广联达科技股份有限公司
29	招标代理	
30	项目所在地	西安
31	工程地点	
32	计价依据	2009
33	招标范围	
34	总招标面积	3155
35	编制单位	
36	编制时间	2020-01-18
37	建设单位	
38	设计单位	
39	纳税地区类别	市区
40	编制人员1	
41	注册号1	
42	编制人员2	
43	注册号2	
44	编制人员3	
45	注册号3	
46	备注	

图 14.8

四、任务结果

任务结果参考图 14.7 和图 14.8。

五、总结拓展

1)标段结构保护

项目结构建立完成后,为防止误操作而更改项目结构内容,用鼠标右键单击项目名称,选择"标段结构保护"对项目结构进行保护,如图 14.9 所示。

图 14.9

2)编辑

①在项目结构中进入单位工程进行编辑时,可直接用鼠标右键双击项目结构中的单位工程名称或者选中需要编辑的单位工程,单击鼠标右键选择"编辑"即可。

②也可以直接用鼠标左键双击"1 号办公楼"及单位工程进入。

14.2 导入 GTJ 算量工程文件

通过本节的学习,你将能够:

(1)导入图形算量文件;

(2)整理清单项;

(3)项目特征描述;

(4)增加、补充清单项。

一、任务说明

①导入图形算量工程文件。

②添加钢筋工程清单和定额,以及相应的钢筋工程量。

③补充其他清单项。

二、任务分析

①算量软件与计价软件的接口在哪里？
②分部分项工程中如何增加钢筋工程量？

三、任务实施

1)导入图形算量文件

①进入单位工程界面，单击"导入"，选择"导入算量文件"，如图 14.10 所示，选择相应图形算量文件。

图 14.10

②弹出如图 14.11 所示的"打开文件"对话框，选择算量文件所在的位置，单击"打开"按钮即可。

图 14.11

　　然后再检查列是否对应,无误后单击"导入"按钮即可完成算量工程文件的导入,如图14.12 所示。

		导入	编码	类别	名称	单位	工程量
1	□	☑	010101003001	项	挖基础土方 ⋯	m3	35.144
2		☑	1-1	定	人工挖土方.挖深(2m)以内	100m3	0.44227 * 100
3	□	☑	010101003002	项	挖土方（机械大开挖）⋯	m3	34.56
4		☑	1-90	定	挖掘机挖土配自卸汽车运土1km	1000m3	0.041184 * 1000
5	□	☑	010101003003	项	挖土方（机械大开挖）⋯	m3	3509.352
6		☑	1-90	定	挖掘机挖土配自卸汽车运土1km	1000m3	3.912216 * 1000
7	□	☑	010103001001	项	土方回填 ⋯	m3	26.5963
8		☑	1-26	定	回填夯实素土	100m3	0.406545 * 100
9	□	☑	010103001002	项	土方回填 ⋯	m3	967.3774
10		☑	1-28	定	回填夯实3:7灰土	100m3	13.702414 * 100
11	□	☑	010301001001	项	砖基础 ⋯	m3	4.1491
12		☑	3-1	定	砖基础	10m3	0.42512 * 10
13	□	☑	010302001001	项	弧形实心砖墙（女儿墙）⋯	m3	1.3936
14		☑	3-7	定	弧形混水砖墙一砖	10m3	0.13936 * 10
15	□	☑	010302001002	项	实心砖墙（女儿墙）⋯	m3	19.9595
16		☑	3-4	定	混水砖墙一砖	10m3	1.99595 * 10
17	□	☑	010302001003	项	砌块墙 ⋯	m3	0.286
18		☑	3-46	定	加气砼砌块墙	10m3	0.0286 * 10
19	□	☑	010304001001	项	砌块墙 ⋯	m3	169.805
20		☑	3-46	定	加气砼砌块墙	10m3	16.98051 * 10
21	□	☑	010304001002	项	砌块墙 ⋯	m3	378.5214
22		☑	3-46	定	加气砼砌块墙	10m3	37.85214 * 10
23		☑	010304001003	项	阳台砌块墙 ⋯	m3	0.7194

图 14.12

2) 整理清单

在分部分项界面进行清单项整理。

①单击"整理清单",选择"分部整理",如图 14.13 所示。

图 14.13

②弹出如图 14.14 所示的"分部整理"对话框,选择按专业、章、节整理后,单击"确定"按钮。

图 14.14

③清单项整理完成后,如图 14.15 所示。

图 14.15

3)项目特征描述

项目特征描述主要有以下 3 种方法:

①图形算量中已包含项目特征描述的,可以在"特征及内容"界面下选择"应用规则到全部清单"即可,如图 14.16 所示。

图 14.16

②选择清单项,可以在"特征及内容"界面进行添加或修改来完善项目特征,如图 14.17 所示。

	特征	特征值	输出
1	砖品种、规格、强度等级	:Mu10煤矸石砖	☑
2	基础类型	条形基础	☑
3	砂浆强度等级	:M5水泥砂浆 ▾	☑
4	防潮层材料种类		☐

图 14.17

③直接单击清单项中的"项目特征"对话框,进行修改或添加,如图 14.18 所示。

	造价分析	工程概况	取费设置	分部分项	措施项目	其他项目	人材机汇总	费用汇

	编码	类别	名称	单位	含量	工程量表达式
			整个项目			
1	010101003001	项	挖基础土方 1.土壤类别:二类土壤 2.基础类型:独立基础 ···	m3		1
2	010101003002	项	挖基础土方	m3		1

工料机显示	单价构成	标准换算	换算信息	特征及内容	工程量明细	反查图形工程量

	工作内容	输出		特征	特征值
1	排地表水	☑	1	土壤类别	二类土壤
2	土方开挖	☑	2	基础类型	独立基础 ▾
3	截桩头	☑	3	垫层底宽、底面积	
4	基底钎探	☑	4	挖土深度	
5	运输	☑	5	弃土运距	

图 14.18

4)补充清单项

完善分部分项清单,将项目特征补充完整,方法如下:

①单击"插入"按钮,选择"插入清单"和"插入子目",如图 14.19 所示。

图 14.19

②单击鼠标右键选择"插入清单"和"插入子目",如图 14.20 所示。

该工程需补充的清单子目如下(仅供参考):

①增加钢筋清单项,如图 14.21 所示。

②补充屋面排水管等清单项,如图 14.22 所示。

项 | 自动提示：请输入清单简称

插入	Ins
插入清单	Ctrl+Q
插入子目	Alt+Ins
取消换算	
强制修改综合单价	
剪切	Ctrl+X
复制	Ctrl+C
复制格子内容	Ctrl+Shift+C
粘贴	Ctrl+V
粘贴为子项	
删除	Del
临时删除	
插入批注	
删除所有批注	
查询	F3
云存档	
补充	
按清单名称生成主材	
按定额名称生成主材	
同步主材名称至子目	
批量设置工程量精度	
页面显示列设置	

图 14.20

	编码	类别	名称	单位	含量	工程量表达式	工程量	单价	合价	综合单价	综合合价	单价构成文件	取费专业	是
B1			补充分部								20099.36	[一般土建工…		
1	AB001	补项	钢筋机械连接 1.现浇混凝土钢筋机械连接 2.钢筋种类、规格：≙16 3.构件类型：柱	个		384	384			3.21	1232.64	[一般土建工程（人工调整计入差价）	一般土建工程	
	补-001	补	柱构件钢筋机械连接扣减电渣压力焊	个	1	384	384	-4.5	-1728	-4.88	-1873.92	一般土建工程（人工调整计入差价）	一般土建工程	
	B4-15	定	直螺纹接头（mm以内）Φ16mm以内	10个	0.1	QDL	38.4	74.72	2869.25	80.98	3109.63	一般土建工程	一般土建工程	
2	AB002	补项	钢筋机械连接 1.现浇混凝土钢筋机械连接 2.钢筋种类、规格：≙18 3.构件类型：柱	个		1200	1200			5.93	7116	一般土建工程（人工调整计入差价）		
	补-001	补	柱构件钢筋机械连接扣减电渣压力焊	个	1	1200	1200	-4.5	-5400	-4.88	-5856	一般土建工程（人工调整计入差价）		
	B4-16	定	直螺纹接头（mm以内）Φ18mm以内	10个	0.1	QDL	120	99.77	11972.4	108.13	12975.6	一般土建工程（…	一般土建工程	
3	AB003	补项	钢筋机械连接 1.现浇混凝土钢筋机械连接 2.钢筋种类、规格：≙20 3.构件类型：柱	个		400	400			3.73	1492	一般土建工程（人工调整计入差价）	一般土建工程	
	补-001	补	柱构件钢筋机械连接扣减电渣压力焊	个	1.64	656	656	-4.5	-2952	-4.88	-3201.28	一般土建工程（…	一般土建工程	
	B4-17	定	直螺纹接头（mm以内）Φ20mm以内	10个	0.1	QDL	40	108.25	4330	117.32	4692.8	一般土建工程（…	一般土建工程	
4	AB004	补项	钢筋机械连接 1.现浇混凝土钢筋机械连接 2.钢筋种类、规格：≙22 3.构件类型：柱	个		272	272			7.88	2143.36	一般土建工程（人工调整计入差价）	一般土建工程	
	补-001	补	柱构件钢筋机械连接扣减电渣压力焊	个	1.073529	292	292	-4.5	-1314	-4.88	-1424.96	一般土建工程（人工调整计入差价）	一般土建工程	
	B4-18	定	直螺纹接头（mm以内）Φ22mm以内	10个	0.1	QDL	27.2	121.18	3296.1	131.33	3572.18	一般土建工程（…	一般土建工程	
5	AB005	补项	钢筋机械连接 1.现浇混凝土钢筋机械连接 2.钢筋种类、规格：≙25 3.构件类型：柱	个		368	368			10.41	3830.86	一般土建工程（人工调整计入差价）	一般土建工程	
	补-001	补	柱构件钢筋机械连接扣减电渣压力焊	个	1	368	368	-4.5	-1656	-4.88	-1795.84	一般土建工程（…	一般土建工程	
	B4-19	定	直螺纹接头（mm以内）Φ25mm以内	10个	0.1	QDL	36.8	141.18	5195.42	153	5630.4	一般土建工程（…	一般土建工程	
6	AB006	补项	钢筋机械连接 1.现浇混凝土钢筋机械连接 2.钢筋种类、规格：≙20 3.构件类型：其他	个		256	256			8.91	2280.96	一般土建工程（人工调整计入差价）	一般土建工程	
	补-002	补	其他构件钢筋机械连接扣减电渣压力焊	个	1	256	256	-2.6	-665.6	-2.81	-719.36	一般土建工程（人工调整计入差价）	一般土建工程	
	B4-17	定	直螺纹接头（mm以内）Φ20mm以内	10个	0.1	QDL	25.6	108.25	2771.2	117.32	3003.39	一般土建工程（…	一般土建工程	
7	AB007	补项	钢筋机械连接 1.现浇混凝土钢筋机械连接 2.钢筋种类、规格：≙22 3.构件类型：其他	个		20	20			10.32	206.4	一般土建工程（人工调整计入差价）	一般土建工程	
	补-002	补	其他构件钢筋机械连接扣减电渣压力焊	个	1	20	20	-2.6	-52	-2.81	-56.2	[一般土建工…	一般土建工程	

图 14.21

	编码	类别	名称	单位	含量	工程量表达式	工程量	单价	合价	综合单价	综合合价
	010702004001	项	屋面排水管 1.排水管品种、规格、品牌、颜色：Φ100PVC… 水落管 2.接缝、嵌缝材料种类：塑料水斗	m		14.85*4	59.4			27.86	1654.88
	9-69	定	塑料制品水落斗	10个	0.006734	4	0.4	137.88	55.15	149.44	59.78
	9-68	定	塑料制品水落管	10m	0.1	QDL	5.94	247.82	1472.05	268.58	1595.37

图 14.22

四、检查与整理

1) 整体检查

①对分部分项的清单与定额的套用做法进行检查,确认是否有误。

②查看整个分部分项中是否有空格,如有,则删除。

③按清单项目特征描述校核套用定额的一致性,并进行修改。

④查看清单工程量与定额工程量数据的差别是否正确。

2) 整体进行分部整理

对于分部整理完成后出现的"补充分部"清单项,可以调整专业章节位置至应该归类的分部。具体操作如下:

①鼠标右键单击清单项编辑界面,选择"页面显示列设置",在弹出的"页面显示列设置"对话框中勾选"指定专业章节位置",如图 14.23 和图 14.24 所示。

图 14.23

图 14.24

②单击清单项的"指定专业章节位置",弹出"指定专业章节"对话框,选择相应的分部,调整完后再进行分部整理。

五、单价构成

在对清单项进行相应的补充、调整后,需要对清单的单价构成进行费率调整。具体操作如下:

①在工具栏中单击"单价构成"→"单价构成",如图 14.25 所示。

2	⊟	010302001001	项	1. 砖品种、规格、强度等级:粘土砖 2. 墙体厚度:240mm 3. 砂浆强度等级、配合比:M5水泥砂浆 4. 部位:女儿墙	m3	1.3936		1.39
	3-7	...	换	弧形混水砖墙一砖 换为【水泥砂浆 M5 水泥32.5】	10m3	0.100288	0.13936 * 10	0.1394
				实心砖墙 1. 砖品种、规格:粘土砖				

工料机显示	单价构成	标准换算	换算信息	特征及内容	工程量明细	反查图形工程量	说明信息

图 14.25

②根据专业选择对应"管理取费文件"下的对应费率,如图 14.26 所示。

工料机显示	单价构成	标准换算	换算信息	特征及内容	工程量明细	反查图形工程量	说明信息	组价方案

	序号	费用代号	名称	计算基数	基数说明	费率(%)	单价	合价	费用类别
1	—	A	分项直接工程费	A1+A2+A3+A4	人工费+材料费+机械费+风险费		6518.99	908.75	直接费
2	1	A1	人工费	YSRGF	预算人工费		738.36	102.93	人工费
3	2	A2	材料费	CLF	材料费		5751.22	801.72	材料费
4	3	A3	机械费	YSRGJXF	机械费(人工预算价)		29.41	4.1	机械费
5	4	A4	风险费				0	0	风险费
6	二	B	分项管理费	A	分项直接工程费	5.11	333.12	46.44	管理费
7	三	C	分项利润	A+B	分项直接工程费+分项管理费	3.11	213.1	29.71	利润
8		D	分项综合单价	A+B+C	分项直接工程费+分项管理费+分项利润		7065.21	984.89	单位工程造价

图 14.26

六、任务结果

详见报表实例。

14.3 计价中的换算

通过本节的学习,你将能够:

(1)了解清单与定额的套定一致性;

(2)调整人材机系数;

（3）换算混凝土、砂浆强度等级；

（4）补充或修改材料名称。

一、任务说明

根据招标文件所述换算内容，完成对应换算。

二、任务分析

①GTJ 算量软件与计价软件的接口在哪里？

②分部分项工程中如何换算混凝土、砂浆？

③清单描述与定额子目材料名称不同时，应如何修改？

三、任务实施

1)替换子目

根据清单项目特征描述校核套用定额的一致性，如果套用子目不合适，可单击"查询"，选择相应子目进行"替换"，如图 14.27 所示。

图 14.27

2)子目换算

按清单描述进行子目换算时，主要包括以下 3 个方面的换算。

①调整人材机系数。以机械挖土方为例，介绍调整人材机系数的操作方法。定额中说明"机械土方子目是按土壤天然含水率制定，若土壤含水率大于 25%时，子目人工、机械乘以系数 1.15，其他不变"，如图 14.28 所示。

图 14.28

②换算混凝土、砂浆强度等级时,方法如下:

a.标准换算。选择需要换算混凝土强度等级的定额子目,在"标准换算"界面下选择相应的混凝土强度等级,本项目选用的全部为商品混凝土,如图 14.29 所示。

图 14.29

b.批量系数换算。若清单中的材料进行换算的系数相同时,可选中所有换算内容相同的清单项,单击常用功能中的"其他",选择"批量换算",如图 14.30 所示。在弹出的"批量换算"对话框中对材料进行换算,如图 14.31 所示。

③修改材料名称。若项目特征中要求材料与子目相对应人材机材料不符时,需要对材料名称进行修改。下面以混凝土工程为例,介绍人材机中材料名称的修改。

图 14.30

	编码	类别	名称	规格型号	单位	调整系数前数量	调整系数后数量	预算价	市场价	供货方式	是否暂估
1	R00002	人	综合工日		工日	34.6249	34.6249	42	120	自行采购	
2	C00148	材	草袋子		m2	46.3843	46.3843	1.71	1.71	自行采购	
3	C01167	材	水		m3	82.3158	82.3158	3.85	5	自行采购	
4	C02145@1	商砼	抗渗商品砼 C30 P6 32.5R		m3	65.6567	65.6567	368	715	自行采购	
5	J15013	机	混凝土震捣器(平板式)		台班	0.9146	0.9146	13.57	13.57	自行采购	
6	J15012	机	混凝土震捣器(插入式)		台班	6.4677	6.4677	11.82	11.82	自行采购	

设置工料机系数

人工：1 材料：1 机械：1 设备：1 主材：1 单价：1 高级

确定 取消

图 14.31

选择需要修改的定额子目,在"工料机显示"界面下的"规格及型号"一栏备注混凝土的具体类别,如抗渗商品混凝土、C30、P6、32.5R,如图 14.32 所示。

2	⊟ 010401003001	项	无梁式满堂基础 1.混凝土强度等级:C30。抗渗等级P6 2.混凝土拌和料要求:商品混凝土		m3	316.757	316.76			567.45	179
	B4-1 HC02152 …	换	C20混凝土,非现场搅拌 换为【抗渗商品砼 C30 P8 32.5R】		m3	1	QDL	316.76	523.58	165849.2	567.45	179
3	⊟ 010401003002	项	无梁式满堂基础 1.混凝土强度等级:C15 2.混凝土拌和料要求:商品混凝土 3.备注:floor板基础下垫层		m3	66.0953	66.1			512.99	33
	B4-1 HC02152 C02132	换	C20混凝土,非现场搅拌 换为【商品混凝土 C15 32.5R】		m3	1	QDL	66.1	473.33	31287.11	512.99	33
4	⊟ 010401006001	项	条基垫层 1.混凝土强度等级:C15 2.混凝土拌和料要求:商品混凝土		m3	1.5771	1.58			512.99	
	B4-1 HC02152 C02132	换	C20混凝土,非现场搅拌 换为【商品混凝土 C15 32.5R】		m3	1	QDL	1.58	473.33	747.86	512.99	
5	⊟ 010401008002	项	垫层 1.混凝土强度等级:C15 2.混凝土拌和料要求:商品混凝土 3.备注:独立基础		m3	39.2	39.2			512.99	20
	B4-1 HC02152 C02132	换	C20混凝土,非现场搅拌 换为【商品混凝土 C15 32.5R】		m3	1	QDL	39.2	473.33	18554.54	512.99	20
6	⊟ 010402001001	项	构造柱 1.柱高度:3.6m以内 2.柱截面尺寸:周长小于1.8m 3.混凝土强度等级:C25		m3	2.2134+15.634 5	17.85			545.67	

| | 工料机显示 | 单价构成 | 标准换算 | 换算信息 | 特征及内容 | 工程量明细 | 反查图形工程量 | 说明信息 | ⊞ 组价方案 | | | |

	编码	类别	名称	规格及型号	单位	损耗率	含量	数量	定额价	市场价	合价	是否暂估	锁定数量	是否计价	原始含量
1	R00002	人	综合工日		工日		0.53	167.8828	42	**120**	20145.94		☑	0.53
2	C0214582	商砼	抗渗商品砼 C30 P6 …	抗渗混凝土 P6	m3	1.005	316.3438	368	**490**	155988.46		☑	1.005
3	C01167	材	水		m3		1.26	399.1176	3.85	5	1995.59		☑	1.26
4	C00148	材	草袋子		m2		0.71	224.8996	1.71	1.71	384.58		☑	0.71
5	J15013	机	混凝土震捣器(平板…		台班		0.014	4.4346	13.57	13.57	60.18		☑	0.014
6	J15012	机	混凝土震捣器(插入…		台班		0.099	31.3592	11.82	11.82	370.67		☑	0.099

图 14.32

④生石灰转袋装熟石灰、预拌砂浆的换算方法,如图 14.33 和图 14.34 所示。

图 14.33

	选择	编码	名称	单位	工程量	砂浆类别	现拌砂浆	预拌湿拌砂浆	预拌干混砂浆
1	☑	3-1	砖基础 换为【水泥砂浆 M5 水泥32.5】	10m3	4.251				
2	☑	C01624	水泥砂浆 M5 水泥32.5	m3	10.0324	砌筑砂浆	☑	☐	☐
3	☑	3-7	弧形混水砖墙一砖 换为【水泥砂浆 M5 水泥32.5】	10m3	0.1394				
4	☑	C01624	水泥砂浆 M5 水泥32.5	m3	0.3137	砌筑砂浆	☑	☐	☐
5	☑	3-4	混水砖墙一砖 换为【水泥砂浆 M5 水泥32.5】	10m3	1.996				
6	☑	C01624	水泥砂浆 M5 水泥32.5	m3	4.491	砌筑砂浆	☑	☐	☐
7	☑	3-46	加气砼砌块墙 换为【水泥砂浆 M5 水泥32.5】	10m3	16.981				
8	☑	C01624	水泥砂浆 M5 水泥32.5	m3	13.5848	砌筑砂浆	☑	☐	☐
9	☑	3-46	加气砼砌块墙 换为【水泥砂浆 M5 水泥32.5】	10m3	37.852				
10		C01624	水泥砂浆 M5 水泥32.5	m3	30.2816	砌筑砂浆	☑	☐	☐
11	☑	3-46	加气砼砌块墙	10m3	0.0286				
12		C01638	混合砂浆 M10 水泥32.5	m3	0.0229	砌筑砂浆	☑	☐	☐
13	☑	3-47	煤矸石小型空心砌块墙	10m3	0.072				
14		C01638	混合砂浆 M10 水泥32.5	m3	0.0626	砌筑砂浆	☑	☐	☐

说明:

1、工程使用预拌湿拌砂浆时,在执行消耗量定额时,需对相应定额子目做如下调整:

(1)砌筑工程中,不分砌筑砂浆种类,相应定额子目内每立方米砂浆扣除人工0.69工日;抹灰工程中,不分抹灰砂浆种类,相应定额子目内每立方米砂浆扣除人工1.10工日。

(2)相应额子目内"灰浆搅拌机200L"的台班消耗量全部扣除。

(3)砂浆数量不变,将现场制拌砂浆配合比改为预拌湿拌砂浆。

2、工程使用预拌干砂浆时,在执行消耗量定额及价目表时做以下调整:

(1)将定额中现场搅拌砂浆改为预拌干混砂浆。

(2)砌筑定额子目内每立方米砂浆扣除人工0.49工日;抹灰定额子目内每立方米砂浆扣除人工0.85工日。

图 14.34

四、任务结果

详见报表实例。

五、总结拓展

锁定清单

在所有清单项补充完整之后,可运用"锁定清单"对所有清单项进行锁定,锁定之后的清单项将不能再进行添加和删除等操作。若要进行修改,需先对清单项进行解锁,如图 14.35 所示。

图 14.35

14.4 其他项目清单

通过本节的学习,你将能够:
(1)编制暂列金额;
(2)编制专业工程暂估价;
(3)编制计日工表。

一、任务说明

①根据招标文件所述,编制其他项目清单。

②按本工程招标控制价的编制要求,本工程暂列金额为 100 万元(列入建筑工程专业)。

③本工程幕墙(含预埋件)为专业暂估工程,暂估工程价为 80 万元。

二、任务分析

①其他项目清单中哪几项内容不能变动?

②暂估材料价如何调整？计日工是不是综合单价？应如何计算？

三、任务实施

1）添加暂列金额

单击"其他项目"，如图 14.36 所示。

图 14.36

单击"暂列金额"，按招标文件要求暂列金额为 1000000 元，在名称中输入"暂估工程价"，在金额中输入"1000000"，如图 14.37 所示。

	序号	名称	计量单位	工程量	单价	暂定金额	备注
1	1	暂估工程价	元			1000000	

图 14.37

2）添加专业工程暂估价

选择"其他项目"→"专业工程暂估价"，按招标文件内容，幕墙工程（含预埋件）为专业暂估工程，在工程名称中输入"玻璃幕墙工程"，在金额中输入"800000"，如图 14.38 所示。

	序号	工程名称	工程内容	工程量	单价	金额	备注
1	1	玻璃幕墙工程	幕墙工程（含预埋件）			800000	

图 14.38

3）添加计日工

选择"其他项目"→"计日工费用"，按招标文件要求，本项目有计日工费用，需要添加计日工，如图 14.39 所示。

图 14.39

添加材料时,如需增加费用行,可用鼠标右键单击操作界面,选择"插入费用行"进行添加即可,如图 14.40 所示。

图 14.40

四、任务结果

详见报表实例。

五、总结拓展

总承包服务费

在工程建设施工阶段实行施工总承包时,当招标人在法律、法规允许的范围内对工程进行分包和自行采购供应部分设备、材料时,要总承包人提供相关服务(如分包人使用总包人脚手架、水电接剥等)和施工现场管理等所需的费用。

14.5 编制措施项目

通过本节的学习,你将能够:

(1)编制安全文明施工措施费;

(2)编制脚手架、模板、大型机械等技术措施项目费。

一、任务说明

根据招标文件所述,编制以下措施项目:

①参照 2004 年《陕西省建筑装饰工程消耗量定额》及《陕西省建筑装饰工程消耗量定额补充定额》、2009 年《陕西省建设工程工程量清单计价费率》、陕建发〔2019〕1246 号文件计

取安全文明施工措施费。

②提取混凝土及钢筋混凝土模板及支架子目,完成模板费用的编制。

③编制大型机械进出场、垂直运输、脚手架、超高降效等费用。

二、任务分析

①措施项目中按项计算与按量计算有什么不同?分别如何调整?

②安全文明施工措施费与其他措施费有什么不同?

③何种情况下计算装饰工程脚手架、垂直运输等费用?

三、任务实施

1)定额计算规则学习

大型机械进出场及安拆费、脚手架、模板、垂直运输、超高降效定额计算规则,见表 14.1。

表 14.1　定额计算规则

编码	项目名称	单位	计算规则	工程量计算公式
16-333	大型机械进出场及安拆费　挖掘机配自卸汽车	m³	土石方工程的大型机械 25 km 内场外往返运输和安装拆卸消耗量定额依据其相对应的施工工艺按 1000 m³ 工程量计算	1170.18+2783.22=3953.4
16-345	20 m(6 层)内塔式起重机施工,场外往返运输	单位工程	以塔式起重机和自升式塔吊作为垂直运输工具,其大型机械 25 km 内往返场外运输、安装拆卸、基础铺拆等应按一个单位工程分别计取一次	1
16-346	20 m(6 层)内塔式起重机施工,安装拆卸			1
13-1	外脚手架	m²	外脚手架分不同墙高,按外墙外边线的凹凸(包括凸出阳台)总长度乘以设计室外地坪至外墙的顶板面或檐口的高度计算,有女儿墙者高度算至女儿墙顶面。地下室外墙高度从设计室外地坪算至底板垫层底	125.026(地上建筑长度)×15.3(地上建筑物高度)+122.986(地下建筑长度)×4.35(地下建筑高度)=2447.8869
13-8	里脚手架	m²	房屋建筑里脚手架按建筑物建筑面积计算。楼层高度在 3.6 m 以内按各层建筑面积计算,层高超过 3.6 m 每增 1.2 m 按调增子目计算,不足 0.6 m 不计算。在有满堂脚手架搭设的部分,里脚手架按该部分建筑面积的 50%计算	3155(建筑面积)−1127.26/2(满堂脚手架处折半面积)=2591

续表

编码	项目名称	单位	计算规则	工程量计算公式
13-10	满堂脚手架	m²	室内天棚装饰面距设计室内地坪高度超过 3.6 m 时,计算满堂脚手架。满堂脚手架按室内净面积计算,其高度在 3.6~5.2 m 按满堂脚手架基本层计算,超过 5.2 m,每增加 1.2 m 按增加一层计算,不足 0.6 m 的不计	633.8515（－1 层面积）＋ 622.6313（1 层面积）－72.095（－1 层墙面积）－57.128（1 层墙面积）＝1127.26
13-39	电梯井字架 搭设高度在 20m 以内	座	电梯井字脚手架依据井底板面至顶板底高度,按单孔套相应子目以"座"计算	1
14-21	20 m(6 层)以内塔式起重机施工 教学及办公用房,现浇框架	m²	建筑物垂直运输消耗量定额,区分不同建筑物的结构类型、功能及高度按建筑面积以"m²"计算	3155（建筑面积）
定额第 15 章	建筑物超高降效	m²	适用于建筑物檐高 20 m(层数 6 层)以上的工程。 人工降效按建筑物±0.00 以上的全部工程项目,但不包括垂直运输、各类构件的水平运输及各项脚手架中的全部人工工日乘以降效系数计算。 吊装机械降效按吊装项目中全部机械,分别对其消耗台班量乘以降效系数计算。 其他机械降效按规定内容中的全部机械,分别对其消耗台班量(扣除吊装机械)乘以降效系数计算	0

2) 注意事项

①安全文明施工包含环境保护、安全文明施工、临时设施、扬尘污染治理四项内容。本工程安全文明施工措施费足额计取,在对应的计算基数和费率一栏中填写即可。

②依据相关规定,编制招标控制价时,措施项目费中冬雨季夜间施工措施费、二次搬运费和测量放线、定位复测、检测试验费按照 2009 年《陕西省建设工程工程量清单计价费率》全额计取。

③提取模板项目,正确选择对应模板项目以及需要计算超高的项目。在措施项目界面中选择"提取模板子目",如图 14.41 所示。

图 14.41

④完成大型机械进出场及安拆费用,如图 14.42 所示。

土石方工程的大型机械 25 km 内场外往返运输和安装拆卸消耗量定额依据其对应的施工工艺按 1000 m³ 工程量计算;土方工程、桩基础工程、吊装工程中的消耗量定额虽未按场外运输和安装拆卸分列,但均已包括机械的 25 km 内场外往返运输和安装拆卸工料在内。

以塔式起重机和自升式塔吊作为垂直运输工艺,其大型机械 25 km 内往返场外运输、安装拆卸、基础铺拆等应按一个单位工程分别计取一次。

22	─ 5		大型机械设备进出场及安拆	项	定额组价		1	20454.63	20454.63	一般土建工程
	16-333	定	挖土机挖土自卸汽车运土	1000m3			3.9534	410.57	1623.15	一般土建工程(人…
	16-346	定	20m(6层)内塔式起重机施工,安装拆卸	单位工程			1	8150.75	8150.75	一般土建工程(人…
	16-345	定	20m(6层)内塔式起重机施工,场外往返运输	单位工程			1	10680.73	10680.73	一般土建工程(人工调整计入差价)

图 14.42

⑤脚手架和垂直运输的编制,如图 14.43 所示。

24	─ 12		脚手架	项	定额组价		1	57726.61	57726.61	一般土建工程(人…
	13-6	定	里脚手架 里钢管架,基本层3.6m	100m2			25.9041	658.77	17064.84	一般土建工程(人…
	13-1	定	外脚手架 钢管架,15m以内	100m2			24.4789	1242.08	30404.75	一般土建工程(人…
	13-39	定	电梯井字架 指设高度在20m以内	座			1	957.37	957.37	一般土建工程(人…
	13-10	定	满堂脚手架 满堂钢管架,基本层	100m2			11.2726	824.98	9299.87	一般土建工程(人…
25	─ 13		建筑工程垂直运输机械、超高降效	项	定额组价		1	105682.1	105682.1	一般土建工程(人…
	14-21	定	20m(6层)以内塔式起重机施工 教学及办公用房,现浇框架	100m2			31.5404	3350.69	105682.1	一般土建工程(人工调整计入差价)

图 14.43

四、任务结果

详见报表实例。

14.6 调整人材机

通过本节的学习,你将能够:
(1)调整定额工日;
(2)调整材料价格;
(3)增加甲供材料;
(4)添加暂估材料。

一、任务说明

根据招标文件所述导入信息价,按招标要求修正人材机价格:
①按照招标文件规定,计取相应的人工费,人工工日单价按照陕建发〔2018〕2019 号文调整。
②材料价格按"陕西省 2020 年 1 月工程造价信息"调整。
③根据招标文件,编制甲供材料及暂估材料。

二、任务分析

①有效信息价是如何导入的? 哪些类型的价格需要调整?
②甲供材料价格如何调整?
③暂估材料价格如何调整?

三、任务实施

①在"人材机汇总"界面下,按照招标文件要求的"陕西省 2020 年 1 月工程造价信息"对材料"市场价"进行调整,如图 14.44 所示。

	编码	类别	名称	规格型号	单位	数量	预算价	市场价	市场价合计	供货方式	价差	价差合计	价格来源	
1	C0020103	材	800*100mm深色大理石板		m2	45.4206	135	135	6131.78	自行采购	0	0		
2	C0020104	材	10mm厚大理石墙板		m2	26.7444	135	135	3610.49	自行采购	0	0		
3	C0089301	材	200×300mm轴面砖		m2	774.072	42	42	32511.02	自行采购	0	0		
4	C0089302	材	外墙面砖周长 1600mm以内		m2	1259.1384	42	42	52883.81	自行采购	0	0		
5	C01251	材	陶瓷地面砖周长 1200mm以内		m2	206.7257	35	35	7235.4	自行采购	0	0		
6	C01252	材	陶瓷地面砖周长 2000mm以内		m2	184.4421	35	35	6455.47	自行采购	0	0		
7	C0125201	材	10mm厚防滑陶瓷地面砖周长 2000mm以内		m2	66.2393	33	33	2185.9	自行采购	0	0		
8	C0125301	材	10mm厚陶瓷地面砖周长 2000mm以外		m2	1459.7951	35	35	51092.83	自行采购	0	0		
9	C01624	浆	水泥砂浆 #5 水泥32.5		m3	49.6193	106.13	641	31805.97	自行采购	534.87	26539.67	陕西信息价(2020年01月)	
10	C02132	商砼	商品砼 C15 32.5R		m3	112.2665	313	440	49397.26	甲供材料	127	14257.85	自行询价	
11	C0213201	商砼	商品细石混凝土 C15 32.5R		m3	6.2998	313	460	2897.45	甲供材料	147	925.92	自行询价	
12	C02134	商砼	商品砼 C25 32.5		m3	48.0096	339	470	22606.81	甲供材料	131	6301.05	自行询价	
13	C02135	商砼	商品砼 C30 32.5R		m3	794.5503	357	480	381384.14	甲供材料	123	97729.69	自行询价	
14	C0150T	砼	普通砼（明落度10~90mm)C10 碎石10~30mm 水泥32.5		m3	41.9855	138.74	440	18473.62	甲供材料	301.26	12648.55	自行询价	
15	C01513	砼	混凝土 C15		m3	6.5182	148.52	440	2868.01	甲供材料	291.48	1899.92	自行询价	
16	R00002	人	综合工日		工日	9610.8263	42	120	1153299.16	自行采购	78	749644.45		
17	R00003	人	综合工日(装饰)		工日	3997.8273	50	130	519717.55	自行采购	80	319826.18		
18	C00025	材	生石灰		t	369.1498	181.78	490	180883.4	自行采购	308.22	113779.35		
19	C00026	材	生石灰		kg	129.9666	0.18	0.49	63.68	自行采购	0.31	40.29	陕西信息价(2020年01月)	
20	C00030	材	白水泥		kg	685.5971	0.53	0.79	541.62	自行采购	0.26	178.26	陕西信息价(2020年01月)	
21	C00054	材	标准砖		千块	13.5349	230	793	10733.18	自行采购	563	7620.15		
22	C00070	材	玻璃砖		kg	2.5773	17	17	43.81	自行采购				

图 14.44

②按照招标文件的要求,对于甲供材料,可以在供货方式处选择"甲供材料",如图 14.45 所示。

10	C02132	商砼	商品砼 C15 32.5R		m3	112.2665	313	440	49397.26	甲供材料	127	14257.85	(2020-01-11)
11	C0213201	商砼	商品细石混凝土 C15 32.5R		m3	6.2988	313	460	2897.45	甲供材料	147	925.92	自行询价
12	C02134	商砼	商品砼 C25 32.5R		m3	48.0096	339	470	22606.81	甲供材料	131	6301.05	自行询价
13	C02135	商砼	商品砼 C30 32.5R		m3	794.5503	357	480	381384.14	甲供材料	123	97729.69	自行询价
14	C01507	砼	普通砼 (明落度10～90mm)C10,砾石10～30mm 水泥32.5		m3	41.9855	138.74	440	18473.62	甲供材料	301.26	12648.55	自行询价
15	C01513	砼	混凝土 C15		m3	6.5182	148.52	440	2868.01	甲供材料	291.48	1899.92	自行询价
16	C00025	材	生石灰		t	369.1498	181.78	490	180883.4	自行采购	308.22	113779.35	
17	C00026	材	生石灰		kg	129.9666	0.18	0.49	63.68	自行采购	0.31	40.29	陕西信息价 (2020年01月)
18	C00030	材	白水泥		kg	685.5971	0.53	0.79	541.62	自行采购	0.26	178.26	陕西信息价 (2020年01月)

图 14.45

③按照招标文件的要求,对于暂估材料表中要求的暂估材料,可以在"人材机汇总"中将暂估材料选中,如图 14.46 所示。

	编码	类别	名称	规格型号	单位	价差合计	价格来源	市场价锁定	输出标记	产地	厂家	是否暂估
1	C0020103	材	800*100mm深色大理石板		m2	0		✓	✓			✓
2	C0020104	材	10mm厚大理石墙板		m2	0		✓	✓			✓
3	C0089301	材	200*300mm釉面砖		m2	0		✓	✓			✓
4	C0089302	材	外墙面砖周长 1600mm以内		m2	0		✓	✓			✓
5	C01251	材	陶瓷地面砖周长 1200mm以内		m2	0		✓	✓			✓
6	C01252	材	陶瓷地面砖周长 2000mm以内		m2	0		✓	✓			✓
7	C0125201	材	10mm厚防滑陶瓷地面砖周长 2000mm以内		m2	0		✓	✓			✓
8	C0125301	材	10mm厚陶瓷地面砖周长 2000mm以外		m2	0		✓	✓			✓

图 14.46

四、任务结果

详见报表实例。

五、总结拓展

1) 市场价锁定

对于招标文件要求的内容,如甲供材料表、暂估材料表中涉及的材料价格是不能进行调整的,为了避免在调整其他材料价格时出现操作失误,可使用"市场价锁定"对修改后的材料价格进行锁定,如图 14.47 所示。

	编码	类别	名称	规格型号	单位	价差	价差合计	价格来源	市场价锁定	输出标记	产地	厂家	是否暂估
1	C0020103	材	800*100mm深色大理石板		m2	0	0		✓	✓			✓
2	C0020104	材	10mm厚大理石墙板		m2	0	0		✓	✓			✓
3	C0089301	材	200*300mm釉面砖		m2	0	0		✓	✓			✓
4	C0089302	材	外墙面砖周长 1600mm以内		m2	0	0		✓	✓			✓
5	C01251	材	陶瓷地面砖周长 1200mm以内		m2	0	0		✓	✓			✓
6	C01252	材	陶瓷地面砖周长 2000mm以内		m2	0	0		✓	✓			✓
7	C0125201	材	10mm厚防滑陶瓷地面砖周长 2000mm以内		m2	0	0		✓	✓			✓
8	C0125301	材	10mm厚陶瓷地面砖周长 2000mm以外		m2	0	0		✓	✓			✓

图 14.47

2) 显示对应子目

对于"人材机汇总"中出现的材料名称异常或数量异常的情况,可直接用鼠标右键单击相应材料,选择"显示对应子目",在分部分项中对材料进行修改,如图 14.48 所示。

1	C00201@3	材	800*100mm深色大理石板		m2	0
2	C00201@4	材	10mm厚大理石墙板		m2	0
3	C00893@1	材	200*300mm釉面砖		m2	0
4	C00893@2	材	外墙面砖周长 1600mm 以内	显示对应子目		0
5	C01251	材	陶瓷地面砖周长 以内	人材机无价差 人材机无价差		0
6	C01252	材	陶瓷地面砖周长 以内	清除载入		0
7	C01252@1	材	10mm厚防滑陶瓷 长 2000mm以内	替换材料　　Ctrl+B		0
8	C01253@1	材	10mm厚陶瓷地面砖 2000mm以外	删除所有批注		0
9	C01624	浆	水泥砂浆 M5 水	导出到Excel		1.87
10	C02132	商砼	商品砼 C15 32.5	页面显示列设置 复制格子内容　Ctrl+Shift+C		315
11	C02132@1	商砼	商品细石混凝土 32.5R	强制修改预算价		315

图 14.48

3)市场价存档

对于同一个项目的多个标段,发包方会要求所有标段的材料价保持一致,在调整好一个标段的材料价后,可运用"存价"将此材料价运用到其他标段,如图 14.49 所示。

图 14.49

在其他标段的"人材机汇总"中使用该市场价文件时,可运用"载价",载入 Excel 市场价文件,如图 14.50 所示。

	编码	类别	名称
1	C00201@3	材	800*100mm深色大理石板
2	C00201@4	材	10mm厚大理石墙板
3	C00893@1	材	200*300mm釉面砖
4	C00893@2	材	外墙面砖周长 1600mm 以内
5	C01251	材	陶瓷地面砖周长 1200mm 以内
6	C01252	材	陶瓷地面砖周长 2000mm 以内
7	C01252@1	材	10mm厚防滑陶瓷地面砖周长 2000mm 以内
8	C01253@1	材	10mm厚陶瓷地面砖周长 2000mm 以外

图 14.50

在导入 Excel 市场价文件时,按图 14.51 所示顺序进行操作。

图 14.51

导入 Excel 市场价文件后,需要先识别材料号、名称、规格、单位、单价等信息,如图14.52所示。

图 14.52

识别完需要的信息后,需要选择匹配选项,然后单击"导入"按钮即可,如图14.53所示。

图 14.53

14.7   **计取规费和税金**

通过本节的学习,你将能够:
(1)查看费用汇总;
(2)修改报表样式;
(3)调整规费、税金。

一、任务说明

在预览报表状态下对报表格式及相关内容进行调整和修改,根据招标文件所述内容和定额规定计取规费和税金。

二、任务分析

①规费都包含哪些项目?
②税金是如何确定的?

三、任务实施

①在"费用汇总"界面,查看"工程费用构成",如图 14.54 所示。

	序号	费用代号	名称	计算基数	基数说明	费率(%)	金额	费用类别	不可竞争费
1	1	A	分部分项工程费	A1 + A2	Σ(综合单价×工程量)+可能发生的差价		5,974,155.64	分部分项工程费	☐
2	1.1	A1	Σ(综合单价×工程量)	FBFXF	分部分项费		5,183,386.93	分部分项综合合价	☐
3	1.2	A2	可能发生的差价	FBFXRGCJ	分部分项人工差价		790,768.71	分部分项人工调整费	☐
4	2	B	措施项目费	B1 + B2	Σ(综合单价×工程量)+可能发生的差价		1,289,130.25	措施项目费	☐
5	2.1	B1	Σ(综合单价×工程量)	CSXMF	措施项目费		919,395.86	措施项目综合合价	☐
6	2.2	B2	可能发生的差价	CSXMRGCJ	措施项目人工差价		369,734.39	措施项目人工调整费	☐
7	2.3	B3	其中：安全文明施工措施费	AQWMSGF	安全及文明施工措施费		362,192.74	安全及文明施工措施费	☑
8	3	C	其他项目费	C1 + C2	Σ(综合单价×工程量)+可能发生的差价		1,811,960.00	其他项目费	☐
9	3.1	C1	Σ(综合单价×工程量)	QTXMF	其他项目费		1,811,960.00	其他项目综合合价	☐
10	3.2	C2	可能发生的差价	QTXMRGCJ	其他项目人工差价		0.00	其他项目人工调整费	☐
11	4	D	规费	D1 + D2 + D3 + D4 + D5 + D6 + D7 + D8	养老保险+失业保险+医疗保险+工伤保险+残疾人就业保险+女工生育保险+住房公积金+危险作业意外伤害保险		423,813.99	规费	☐
12	4.1	D0	社会保障费	D1 + D2 + D3 + D4 + D5 + D6	养老保险+失业保险+医疗保险+工伤保险+残疾人就业保险+女工生育保险		390,235.58	社会保障费	☐
13	4.1.1	D1	养老保险	A + B + C	分部分项工程费+措施项目费+其他项目费	3.55	322,171.23	养老保险	☑
14	4.1.2	D2	失业保险	A + B + C	分部分项工程费+措施项目费+其他项目费	0.15	13,612.87	失业保险	☑
15	4.1.3	D3	医疗保险	A + B + C	分部分项工程费+措施项目费+其他项目费	0.45	40,838.61	医疗保险	☑
16	4.1.4	D4	工伤保险	A + B + C	分部分项工程费+措施项目费+其他项目费	0.07	6,352.67	工伤保险	☑
17	4.1.5	D5	残疾人就业保险	A + B + C	分部分项工程费+措施项目费+其他项目费	0.04	3,630.10	残疾人就业保险	☑
18	4.1.6	D6	女工生育保险	A + B + C	分部分项工程费+措施项目费+其他项目费	0.04	3,630.10	女工生育保险	☑
19	4.2	D7	住房公积金	A + B + C	分部分项工程费+措施项目费+其他项目费	0.3	27,225.74	住房公积金	☑
20	4.3	D8	危险作业意外伤害保险	A + B + C	分部分项工程费+措施项目费+其他项目费	0.07	6,352.67	危险作业意外伤害保险	☑
21	5	E	税前工程造价	E1+E2+E3+E4	人工土石方工程综合系数+机械土石方工程综合系数+桩基工程综合系数+土建工程综合系数		9,061,030.77	不含税单位工程造价	☐
22	5.1	E1	人工土石方工程综合系数	FBFX_RGTSFHJ +CSXM_RGTSFHJ +GF_RGTSFHJ	分部分项清单人工土石方工程合计+措施项目人工土石方工程合计+规费	99.82	395,504.95	人工土石方工程综合系数	☐

图 14.54

【注意】

费用汇总中可查看规费和税金等,规费和税金的基数和费率可进行调整。

②进入"报表"界面,选择"招标控制价",勾选需要输出的报表,单击鼠标右键选择"报表设计",如图 14.55 所示;或直接单击"报表设计器",进入"报表设计器"界面调整列宽及行距,如图 14.56 所示。

图 14.55

图 14.56

③单击文件，选择"报表设计预览"，如需修改，关闭预览，重新调整。

四、任务结果

详见报表实例。

五、总结拓展

调整规费

如果招标文件对规费有特别要求的，可在规费的费率一栏进行调整，如图 14.57 所示。本项目没有特别要求，按软件默认设置即可。

	序号	费用代号	名称	计算基数	基数说明	费率(%)	金额	费用类别	不可竞争费
1	1	A	分部分项工程费	A1 + A2	Σ(综合单价×工程量)+可能发生的差价		5,974,155.64	分部分项工程费	☐
2	1.1	A1	Σ(综合单价×工程量)	FBFXF	分部分项费		5,183,386.93	分部分项综合合价	☐
3	1.2	A2	可能发生的差价	FBFXRGCJ	分部分项人工差价		790,768.71	分部分项人工调整费	☐
4	2	B	措施项目费	B1 + B2	Σ(综合单价×工程量)+可能发生的差价		1,289,130.25	措施项目费	☐
5	2.1	B1	Σ(综合单价×工程量)	CSXMF	措施项目费		919,395.86	措施项目综合合价	☐
6	2.2	B2	可能发生的差价	CSXMRGCJ	措施项目人工差价		369,734.39	措施项目人工调整费	☐
7	2.3	B3	其中：安全文明施工措施费	AQWMSGF	安全及文明施工措施费		362,192.74	安全及文明施工措施费	☑
8	3	C	其他项目费	C1 + C2	Σ(综合单价×工程量)+可能发生的差价		1,811,960.00	其他项目费	☐
9	3.1	C1	Σ(综合单价×工程量)	QTXMF	其他项目费		1,811,960.00	其他项目综合合价	☐
10	3.2	C2	可能发生的差价	QTXMRGCJ	其他项目人工差价		0.00	其他项目人工调整费	☐
11	4	D	规费	D1 + D2 + D3 + D4 + D5 + D6 + D7 + D8	养老保险+失业保险+医疗保险+工伤保险+残疾人就业保险+女工生育保险+住房公积金+危险作业意外伤害保险		423,813.99	规费	☐
12	4.1	D0	社会保障费	D1 + D2 + D3 + D4 + D5 + D6	养老保险+失业保险+医疗保险+工伤保险+残疾人就业保险+女工生育保险		390,235.58	社会保障费	☐
13	4.1.1	D1	养老保险	A + B + C	分部分项工程费+措施项目费+其他项目费	3.55	322,171.23	养老保险	☑
14	4.1.2	D2	失业保险	A + B + C	分部分项工程费+措施项目费+其他项目费	0.15	13,612.87	失业保险	☑
15	4.1.3	D3	医疗保险	A + B + C	分部分项工程费+措施项目费+其他项目费	0.45	40,838.61	医疗保险	☑
16	4.1.4	D4	工伤保险	A + B + C	分部分项工程费+措施项目费+其他项目费	0.07	6,352.67	工伤保险	☑
17	4.1.5	D5	残疾人就业保险	A + B + C	分部分项工程费+措施项目费	0.04		残疾人就业保险	☑

查询费用代码　查询费率信息

定额库：　陕西省建筑装饰工程计价目表(2009)

- 计价程序类
  - 规费（不分专业）
    - 养老保险（劳保统筹基金）
    - 失业保险
    - 医疗保险
    - 工伤保险
    - 残疾人就业保险
    - 生育保险
    - 住房公积金
    - 意外伤害保险
  - ▷ 建筑工程类
  - ▷ 装饰工程类
  - ▷ 安装工程类
  - ▷ 市政工程类
  - ▷ 园林工程类
  - ▷ 税金
- ▷ 措施项目类

	名称
1	养老保险（劳保统筹基金）

图 14.57

14.8 生成电子招标文件

通过本节的学习,你将能够:

(1)使用"项目自检"功能进行检查并对检查结果进行修改;

(2)运用软件生成招标书。

一、任务说明

根据招标文件所述内容生成招标书。

二、任务分析

①输出招标文件之前有检查要求吗?

②输出的招标文件是什么类型? 如何使用?

三、任务实施

1)项目自检

①在"编制"页签下,单击"项目自检",如图 14.58 所示。

图 14.58

②在"项目自检"对话框中,选择需要检查的项目名称,可以设置检查范围和检查内容,如图 14.59 所示。

③根据生成的"检查结果"对单位工程中的内容进行修改,检查报告如图 14.60 所示。

④还可通过"云检查",判断工程造价计算的合理性,如图 14.61 所示。

图 14.59

图 14.60

图 14.61

2) 生成招标书

①在"电子标"页签下,单击"生成招标书",如图 14.62 所示。

图 14.62

②在"导出标书"对话框中,选择导出位置以及需要导出的标书类型,单击"确定"按钮即可,如图 14.63 所示。

图 14.63

四、任务结果

详见报表实例。

五、总结拓展

在生成招标书之前,软件会进行友情提醒:"生成标书之前,最好进行自检",以免出现不必要的错误!假如未进行项目自检,则可单击"是",进入"项目自检"界面;假如已进行项目自检,则可单击"否",如图 14.64 所示。

图 14.64

15 报表实例

通过本章的学习,你将能够:
熟悉编制招标控制价时需要打印的表格。

一、任务说明

按照招标文件的要求,打印相应的报表,并装订成册。

二、任务分析

①招标文件的内容和格式是如何规定的?
②如何检查打印前的报表是否符合要求?

三、任务实施

①检查报表样式。
②设定需要打印的报表。

四、任务结果

工程量清单招标控制价实例(由于篇幅限制,本书仅提供报表的部分内容,全部内容详见电子版)。

1号办公楼项目 工程

招标最高限价

最高限价(小写):9599947.80

　　　　(大写):玖佰伍拾玖万玖仟玖佰肆拾柒元捌角

招　　标　人:＿＿＿＿＿＿＿＿＿＿＿＿＿＿＿＿＿＿＿＿(单位盖章)

法定代表人
或其授权人:＿＿＿＿＿＿＿＿＿＿＿＿＿＿＿＿＿＿＿＿(签字或盖章)

工程造价咨询
或招标代理人:＿＿＿＿＿＿＿＿＿＿＿＿＿＿＿＿＿＿(单位盖章)

法定代表人
或其授权人:＿＿＿＿＿＿＿＿＿＿＿＿＿＿＿＿＿＿＿＿(签字或盖章)

编　　制　人:＿＿＿＿＿＿＿＿＿＿＿＿＿＿＿＿(造价人员签字盖专用章)

复　　核　人:＿＿＿＿＿＿＿＿＿＿＿＿＿＿＿＿(造价人员签字盖专用章)

　　　　　编制时间:　　年　月　日

　　　　　复核时间:　　年　月　日

工程项目总造价表

工程名称:1号办公楼项目　　　　　　　　　　　　　　　　　第 1 页 共 1 页

序号	单项工程名称	造价(元)
1	1#办公楼	9599947.80
	合　计	9599947.80
总报价(大写):玖佰伍拾玖万玖仟玖佰肆拾柒元捌角		

工程项目总造价表

工程名称:1号办公楼项目 第 1 页 共 1 页

序号	工程名称	金额	其中:(元)							
			分部分项合计	措施项目合计	其他项目合计	规费	增值税销项税额	附加税	劳保费用	安全文明施工费
1	1号办公楼	9599947.8	5974155.64	1289130.25	1811960	423813.99	815492.77	45595.49	322171.23	362192.74
1.1	1号办公楼工程	9599947.8	5974155.64	1289130.25	1811960	423813.99	815492.77	45595.49	322171.23	362192.74
	合计	9599947.8	5974155.64	1289130.25	1811960	423813.99	815492.77	45595.49	322171.23	362192.74

_____1 号办公楼_____工程

工程量清单计价表

编制单位:_____（单位盖章）

法定代表人
或其授权人:_____（签字或盖章）

编　制　人:_____（造价人员签字盖专用章）

复　核　人:_____（造价人员签字盖专用章）

编制时间:　　年　月　日

复核时间:　　年　月　日

_____1号办公楼_____ 工程

招标最高限价

最高限价(小写):9599947.80

　　　　(大写):玖佰伍拾玖万玖仟玖佰肆拾柒元捌角

招　标　人:＿＿＿＿＿＿＿＿＿＿＿＿＿＿＿＿＿＿＿（单位盖章）

法定代表人
或其授权人:＿＿＿＿＿＿＿＿＿＿＿＿＿＿＿＿＿＿＿（签字或盖章）

工程造价咨询
或招标代理人:＿＿＿＿＿＿＿＿＿＿＿＿＿＿＿＿＿＿＿（单位盖章）

法定代表人
或其授权人:＿＿＿＿＿＿＿＿＿＿＿＿＿＿＿＿＿＿＿（签字或盖章）

编　制　人:＿＿＿＿＿＿＿＿＿＿＿＿＿＿＿＿＿＿＿（造价人员签字盖专用章）

复　核　人:＿＿＿＿＿＿＿＿＿＿＿＿＿＿＿＿＿＿＿（造价人员签字盖专用章）

编制时间:　　年　月　日

复核时间:　　年　月　日

单位工程造价汇总表

工程名称:1 号办公楼工程 　　　　专业:土建工程 　　　　第 1 页 共 1 页

序号	项目名称	造价(元)
1	分部分项工程费	5974155.64
1.1	∑(综合单价×工程量)	5183386.93
1.2	可能发生的差价	790768.71
2	措施项目费	1289130.25
2.1	∑(综合单价×工程量)	919395.86
2.2	可能发生的差价	369734.39
2.3	其中:安全文明施工措施费	362192.74
3	其他项目费	1811960
3.1	∑(综合单价×工程量)	1811960
3.2	可能发生的差价	
4	规费	423813.99
5	税前工程造价	9061030.77
5.1	人工土石方工程综合系数	395504.95
5.2	机械土石方工程综合系数	96895.16
5.3	桩基工程综合系数	
5.4	土建工程综合系数	8568630.66
6	增值税销项税额	815492.77
7	附加税	45595.49
8	工程造价	9922119.03
9	扣除养老保险后工程造价	9599947.8
	合计	9599947.80

分部分项工程量清单计价表

工程名称:1号办公楼工程　　　　专业:土建工程　　　　

序号	项目编码	项目名称	计量单位	工程数量	金额(元)	
					综合单价	合价
	A.1	A.1　土(石)方工程				
1	010101002001	挖土方(机械大开挖) 1.土壤类别:二类土壤 2.挖土平均厚度:4.0 m 以内 3.开挖范围:图纸设计工程量(含工作面工程量) 4.弃土运距:1 km 以内 5.钻探及回填孔	m³	826.14	27.7	22884.08
2	010101002002	挖土方(机械大开挖) 1.土壤类别:二类土壤 2.挖土平均厚度:4.0 m 以内 3.开挖范围:图纸设计工程量(含工作面工程量) 4.弃土运距:5 km 以内	m³	2720.47	21.15	57537.94
3	010101003001	挖基础土方 1.土壤类别:二类土壤 2.基础类型:独立基础 3.开挖范围:图纸设计工程量(含工作面工程量) 4.挖土深度:2.0 m 以内 5.弃土运距:现场堆放	m³	44.23	14.39	636.47
4	010103001001	土方回填 1.土质要求:3:7灰土 2.密实度要求:压实系数不小于0.94 3.夯填(碾压):分层夯填(碾压) 4.回填部位:地下室外围	m³	1370.24	176.85	242326.94
5	010103001002	土方回填 1.土质要求:素土回填(原土) 2.密实度要求:压实系数不小于0.94 3.夯填(碾压):分层夯填(碾压) 4.回填部位:独立基础的基坑 5.运输距离:50 m 以内	m³	40.65	49.74	2021.93
		分部小计				325407.36
		本页合计				325407.36

分部分项工程量清单计价表

序号	项目编码	项目名称	计量单位	工程数量	金额(元)	
					综合单价	合价
	A.3	A.3　砌筑工程				
6	010301001001	砖基础 1.砖品种、规格、强度等级:MU10 煤矸石砖 2.基础类型:条形基础 3.基础深度:0.89 m 4.砂浆强度等级:M5 水泥砂浆	m³	4.15	672.07	2789.09
7	010302001001	弧形实心砖墙 1.砖品种、规格、强度等级:黏土砖 2.墙体厚度:240 mm 3.砂浆强度等级、配合比:M5 水泥砂浆 4.部位:女儿墙	m³	1.39	708.56	984.9
8	010302001002	实心砖墙 1.砖品种、规格:黏土砖 2.墙体类型:外墙 3.墙体厚度:240 mm 4.砂浆强度等级:M5 水泥砂浆 5.部位:女儿墙	m³	20.08	686.39	13782.71
9	010304001001	砌块墙 1.墙体类型:外墙 2.墙体厚度:250 mm 3.砌块品种、规格、强度等级:陶粒空心砖 400 mm×250 mm×200 mm 4.砂浆强度等级:M5 水泥砂浆	m³	169.42	516.99	87588.45
10	010304001002	砌块墙 1.墙体类型:内墙 2.墙体厚度:200 mm 3.砌块品种、规格、强度等级:煤陶粒空心砖 400 mm×250 mm×200 mm 4.砂浆强度等级:M5 水泥砂浆	m³	378.52	516.99	195691.05
11	010304001003	砌块墙 1.墙体类型:外墙 2.墙体厚度:200 mm 3.砌块品种、规格、强度等级:陶粒空心砖 400 mm×250 mm×200 mm 4.砂浆强度等级:M5 水泥砂浆 5.部位:屋顶剪力墙连梁下	m³	0.29	493.91	143.23
		本页合计				300979.43

分部分项工程量清单计价表

工程名称:1号办公楼工程　　　　专业:土建工程　　　　

序号	项目编码	项目名称	计量单位	工程数量	综合单价	合价
					金额(元)	
12	010304001004	阳台砌块墙 1.墙体厚度:100 mm 2.砌块品种、规格、强度等级:MU10 煤矸石砖 3.砂浆强度等级、配合比:M5 水泥砂浆 4.部位:首层阳台底部	m³	0.72	600.93	432.67
		分部小计				301412.1
A.4		A.4　混凝土及钢筋混凝土工程				
13	010401002001	独立基础 1.混凝土强度等级:C30,P6 2.混凝土拌合料要求:商品混凝土	m³	65.33	567.45	37071.51
14	010401003001	无梁式满堂基础 1.混凝土强度等级:C30,P6 2.混凝土拌合料要求:商品混凝土	m³	316.76	567.45	179745.46
15	010401003002	无梁式满堂基础 1.混凝土强度等级:C15 2.混凝土拌合料要求:商品混凝土 3.备注:筏板基础下垫层	m³	66.1	512.99	33908.64
16	010401006001	条基垫层 1.混凝土强度等级:C15 2.混凝土拌合料要求:商品混凝土	m³	1.58	512.99	810.52
17	010401006002	垫层 1.混凝土强度等级:C15 2.混凝土拌合料要求:商品混凝土 3.备注:独立基础	m³	39.2	512.99	20109.21
18	010402001001	构造柱 1.柱高度:3.6 m 以内 2.柱截面尺寸:周长小于 1.8 m 3.混凝土强度等级:C25 4.混凝土拌合料要求:商品混凝土	m³	17.85	545.67	9740.21
19	010402001002	矩形柱 1.柱高度:3.6 m 以内 2.柱截面尺寸:周长大于 1.8 m 3.混凝土强度等级:C30 4.混凝土拌合料要求:商品混凝土	m³	86.43	556.56	48103.48
		本页合计				329921.7

分部分项工程量清单计价表

工程名称:1号办公楼工程　　　　　　专业:土建工程　　　　

序号	项目编码	项目名称	计量单位	工程数量	金额(元)	
					综合单价	合价
20	010402001003	梯柱 1.柱高度:3.6 m 以内 2.柱截面尺寸:周长小于 1.8 m 3.混凝土强度等级:C30 4.混凝土拌合料要求:商品混凝土	m³	0.46	556.56	256.02
21	010402001004	矩形柱 1.柱高度:3.9 m 2.柱截面尺寸:周长大于 1.8 m 3.混凝土强度等级:C30 4.混凝土拌合料要求:商品混凝土	m³	63.96	556.56	35597.58
22	010403002001	矩形梁 1.梁顶标高:3.6 m 以内 2.混凝土强度等级:C30 3.混凝土拌合料要求:商品混凝土	m³	109.82	556.56	61121.42
23	010403002003	矩形梁 1.梁顶标高:3.9 m 2.混凝土强度等级:C30 3.混凝土拌合料要求:商品混凝土	m³	59.85	556.56	33310.12
24	010403002005	矩形梁 1.梁顶标高:-3.8 m 2.混凝土强度等级:C30 3.混凝土拌合料要求:商品混凝土	m³	0.08	556.51	44.52
25	010403004001	飘窗圈梁 1.混凝土强度等级:C25 2.混凝土拌合料要求:商品混凝土	m³	3.83	545.67	2089.92
26	010403004002	窗下圈梁 1.梁截面:250 mm×180 mm 2.混凝土强度等级:C25 3.混凝土拌合料要求:商品混凝土	m³	13.77	545.67	7513.88
27	010403004003	窗下弧形圈梁 1.梁截面:180 mm×250 mm 2.混凝土强度等级:C25 3.混凝土拌合料要求:商品混凝土	m³	1.21	545.67	660.26
28	010403004004	圈梁(-1 层阳台砖条基中) 1.梁截面:240 mm×240 mm 2.混凝土强度等级:C25 3.混凝土拌合料要求:商品混凝土	m³	1.2	545.67	654.8
		本页合计				141248.52

分部分项工程量清单计价表

工程名称:1号办公楼工程　　　　　　专业:土建工程　　　　　　

序号	项目编码	项目名称	计量单位	工程数量	金额(元)	
					综合单价	合价
29	010403005001	过梁 1.混凝土强度等级:C25 2.混凝土拌合料要求:商品混凝土	m³	7.93	545.67	4327.16
30	010403006001	弧形梁 1.梁底标高:3.6 m 以内 2.混凝土强度等级:C30 3.混凝土拌合料要求:商品混凝土	m³	5.34	556.56	2972.03
31	010403006002	弧形梁 1.梁底标高:3.9 m 2.混凝土强度等级:C30 3.混凝土拌合料要求:商品混凝土	m³	1.68	556.56	935.02
32	010404001001	电梯井墙 1.墙高度:3.6 m 以内 2.墙厚度:200 mm 3.混凝土强度等级:C30 4.混凝土拌合料要求:商品混凝土	m³	20.04	556.56	11153.46
33	010404001002	电梯井墙 1.墙高度:3.9 m 2.墙厚度:200 mm 3.混凝土强度等级:C30 4.混凝土拌合料要求:商品混凝土	m³	13.39	556.56	7452.34
34	010404001003	直形墙(内墙) 1.墙类型:高 3.9 m 2.墙厚度:300 mm 3.混凝土强度等级:C30 4.混凝土拌合料要求:商品混凝土	m³	5.45	556.56	3033.25
35	010404001004	直形墙(外墙) 1.墙类型:高 3.9 m 2.墙厚度:300 mm 3.混凝土强度等级:C30,P6 4.混凝土拌合料要求:商品混凝土	m³	121.37	567.45	68871.41
36	010404001005	电梯井墙(基础层) 1.墙高度:3.6 m 以内 2.墙厚度:200 mm 3.混凝土强度等级:C30,P6 4.混凝土拌合料要求:商品混凝土	m³	3.1	567.45	1759.1
		本页合计				100503.77

分部分项工程量清单计价表

工程名称:1号办公楼工程　　　　　　专业:土建工程　　　　　　

序号	项目编码	项目名称	计量单位	工程数量	综合单价	合价
					金额(元)	
37	010404001006	直形墙 1.墙厚度:35 mm 2.混凝土强度等级:C30 3.混凝土拌合料要求:商品混凝土	m³	15.19	556.56	8454.15
38	010404001006	直形墙 1.墙厚度:35 mm 2.混凝土强度等级:C30 3.混凝土拌合料要求:商品混凝土	m³	8.05	567.45	4567.97
39	010404002001	弧形墙(外墙) 1.墙类型:高 3.9 m 2.墙厚度:300 mm 3.混凝土强度等级:C30,P6 4.混凝土拌合料要求:商品混凝土	m³	41.55	556.56	23125.07
40	010405001001	有梁板 1.层高:3.6 m 以内 2.板厚度:大于 100 mm 3.混凝土强度等级:C30 4.混凝土拌合料要求:商品混凝土	m³	6.63	556.56	3689.99
41	010405001002	有梁板 1.层高:3.6 m 以内 2.板厚度:小于 100 mm 3.混凝土强度等级:C30 4.混凝土拌合料要求:商品混凝土	m³	23.95	556.56	13329.61
42	010405001003	有梁板 1.层高:3.9 m 2.板厚度:大于 100 mm 3.混凝土强度等级:C30 4.混凝土拌合料要求:商品混凝土	m³	1.67	556.56	929.46
43	010405001004	有梁板(楼梯间入口板) 1.层高:3.9 m 2.板厚度:100 mm 3.混凝土强度等级:C30 4.混凝土拌合料要求:商品混凝土	m³	188.32	556.56	104811.38
44	010405003001	平板 1.层高:3.6 m 以内 2.板厚度:大于 100 mm 3.混凝土强度等级:C30 4.混凝土拌合料要求:商品混凝土	m³	121.52	556.56	67633.17
	本页合计					226540.8

分部分项工程量清单计价表

工程名称:1号办公楼工程　　　　专业:土建工程　　　　

序号	项目编码	项目名称	计量单位	工程数量	金额(元)	
					综合单价	合价
45	010405003002	平板 1.层高:3.9 m 2.板厚度:160 mm 3.混凝土强度等级:C30 4.混凝土拌合料要求:商品混凝土	m³	2.91	556.56	1619.59
46	010405006001	阳台栏板 1.板厚度:100 mm 2.混凝土强度等级:C30 3.混凝土拌合料要求:商品混凝土	m³	0.05	556.6	27.83
47	010405006004	阳台挂板 1.板厚度:100 mm 2.混凝土强度等级:C30 3.混凝土拌合料要求:商品混凝土	m³	4.41	556.56	2454.43
48	010406001001	直形楼梯 1.混凝土强度等级:C30 2.混凝上拌合料要求:商品混凝土	m²	66.58	149.6	9960.37
49	010407001001	女儿墙压顶 1.位置:屋面 2.混凝土强度等级:C25 3.混凝土拌合料要求:商品混凝土	m³	2.07	545.67	1129.54
50	010407002001	散水、坡道 1.60 mm 厚 C15 细石混凝土面层,撒 1:1 水泥砂子压实赶光 2.150 mm 厚 3:7灰土宽出面层 300 mm 3.素土夯实,向外坡4% 4.散水伸缩缝填塞沥青砂浆 5.散水宽度:900 mm	m²	98.76	87.59	8650.39
51	010416001001	现浇混凝土钢筋 1.钢筋种类、规格:φ10 以内圆钢筋	t	6.095	5181.43	31580.82
52	010416001002	现浇混凝土钢筋 1.钢筋种类、规格:φ10 以内螺纹钢筋	t	0.352	5013.2	1764.65
53	010416001003	现浇混凝土钢筋 1.钢筋种类、规格:φ10 以上螺纹钢筋	t	180.729	5097.04	921182.94
54	010416001004	现浇混凝土钢筋 1.钢筋种类、规格:φ10 以内螺纹钢筋	t	13.907	5181.43	72058.15
55	010416001005	砌体加固钢筋 1.钢筋种类、规格:φ10 以内圆钢筋	t	1.682	5398.97	9081.07
		本页合计				1059509.78

分部分项工程量清单计价表

工程名称:1 号办公楼工程　　　　　专业:土建工程　　　　　

序号	项目编码	项目名称	计量单位	工程数量	金额(元)	
					综合单价	合价
56	010417002001	止水钢板 1.钢材种类、规格:3 mm 厚钢板 2.铁件尺寸:基础挡水墙中,宽度 300 mm	t	0.901	6650.54	5992.14
		分部小计				1863284.04
	A.7	A.7　屋面及防水工程				
57	010702001001	屋面卷材防水 1.卷材自带保护层 2.防水层:3 mm 厚 SBS 四周上卷 250 mm 3.20 mm 厚 1:3 水泥砂浆找平层 4.平均 40 mm 厚 1:0.2:3.5 水泥粉煤灰页岩陶粒找 2%坡 5.80 mm 厚现喷硬质发泡聚氨酯保温层 6.现浇混凝土屋面	m²	649.18	158.17	102680.8
58	010702001002	卷材防水(飘窗) 1.卷材品种、规格:3 mm 厚高聚物改性沥青防水卷材	m²	23.12	43.69	1010.11
59	010702004001	屋面排水管 1.排水管品种、规格:φ100PVC 水落管 2.塑料制品水落斗、铸铁制品水落口(横式)	m	59.4	99.65	5919.21
60	010703001001	外墙面卷材防水 1.卷材、涂膜品种:3 mm 厚改性沥青防水卷材 2.涂膜厚度、遍数、增强材料种类:2 层 3.防水部位:地下室外墙	m²	580.88	44.52	25860.78
61	010703001002	卷材防水 1.卷材、涂膜品种:三元乙丙防水卷材 2.涂膜厚度、遍数、增强材料种类:1 遍 3.防水部位:止水板、独立基础下	m²	1052.95	70.73	74475.15
		分部小计				209946.05
	A.8	A.8　防腐、隔热、保温工程				
62	010803001001	飘窗板保温层(顶板上面) 1.50 mm 厚聚苯板保温层 2.20 mm 厚 1:3 水泥砂浆罩面	m²	16.32	84.75	1383.12
		本页合计				217321.31

分部分项工程量清单计价表

工程名称:1号办公楼工程　　　　专业:土建工程　　　　

序号	项目编码	项目名称	计量单位	工程数量	综合单价	合价
63	010803001002	飘窗板保温层 1.30 mm 厚聚苯板保温层 2.20 mm 厚 1:3 水泥砂浆罩面 3.喷刷外墙涂料	m²	14.4	252.8	3640.32
64	010803001003	飘窗板保温层(底板下面) 1.50 mm 厚聚苯板保温层 2.10 mm 厚 1:3 水泥砂浆罩面 3.喷刷外墙涂料	m²	16.32	99.14	1617.96
65	010803003001	保温隔热墙 1.外墙外保温:墙外侧做 50 mm 厚聚苯板保温层 2.刷一道 YJ-302 混凝土界面处理剂	m²	1372.56	222.98	306053.43
66	010803005001	防水板下软垫层 1.保温隔热材料品种、规格及厚度:100 mm 厚聚苯板	m²	660.95	93.62	61878.14
		分部小计				374572.97
B.1		B.1　楼地面工程				
67	020101001001	水泥砂浆楼面 1.20 mm 厚 1:2.5 水泥砂浆抹面压实赶光 2.50 mm 厚 CL7.5 轻集料混凝土 3.钢筋混凝土楼板	m²	240.42	21.31	5123.35
68	020101001002	水泥砂浆地面 1.20 mm 厚 1:2.5 水泥砂浆抹面压实赶光 2.素水泥浆一道(内掺建筑胶) 3.50 mm 厚 C10 混凝土 4.150 mm 厚 5~32 卵石灌 M5 混合砂浆 5.素土夯实,压实系数 0.95	m²	56.1	125.51	7041.11
69	020102001001	大理石楼面(800 mm×800 mm 大理石板) 1.铺 20 mm 厚大理石板,稀水泥浆擦缝 2.撒素水泥(洒适量清水) 3.20 mm 厚 1:3 干硬性水泥砂浆黏结层 4.水泥浆一道(内掺建筑胶) 5.现浇钢筋混凝土楼板	m²	400.52	180.22	72181.71
		本页合计				457536.02

分部分项工程量清单计价表

工程名称:1号办公楼工程　　　　　　专业:土建工程　　　　　　

序号	项目编码	项目名称	计量单位	工程数量	金额(元)	
					综合单价	合价
70	020102001002	室外石材台阶地面 1.20 mm 厚花岗岩板铺面,正、背面及四周满涂防污剂,稀水泥浆擦缝 2.撒素水泥(洒适量清水) 3.30 mm 厚 1:4硬性水泥砂浆黏结层 4.素水泥浆一道(内掺建筑胶) 5.100 mm 厚 C15 混凝土,台阶面向外坡 1% 6.300 mm 厚 3:7灰土垫层分两步夯实	m²	25.77	300.59	7746.2
71	020102001003	大理石地面 1.铺 20 mm 厚 800 mm×800 mm 大理石板,稀水泥浆擦缝 2.撒素水泥(洒适量清水) 3.30 mm 厚 1:3干硬性水泥砂浆黏结层 4.100 mm 厚 C10 素混凝土 5.150 mm 厚 3:7灰土夯实,垫层下原土夯实	m²	327.94	271.86	89153.77
72	020102002001	地砖楼面 1.10 mm 厚高级地砖,稀水泥浆擦缝 2.6 mm 厚建筑胶水泥砂浆黏结层 3.素水泥浆一道(内掺建筑胶) 4.20 mm 厚 1:3水泥砂浆找平层 5.素水泥浆一道(内掺建筑胶) 6.钢筋混凝土楼板	m²	1295.11	73.59	95307.14
73	020102002002	防滑地砖防水楼面(砖采用 400 mm×400 mm) 1.10 mm 厚防滑地砖,稀水泥浆擦缝 2.撒素水泥(洒适量清水) 3.20 mm 厚 1:2干硬性水泥砂浆黏结层 4.1.5 mm 厚聚氨酯涂膜防水层,靠墙上卷 150 mm 高 5.20 mm 厚 1:3水泥砂浆找平层,四周及竖管根部抹小八字角 6.素水泥浆一道 7.平均 35 mm 厚 C15 细石混凝土从门口向地漏找 1%坡 8.现浇混凝土楼板	m²	179.07	121.73	21798.19
		本页合计				214005.3

分部分项工程量清单计价表

序号	项目编码	项目名称	计量单位	工程数量	金额(元)	
					综合单价	合价
74	020102002003	地砖地面 1.10 mm 厚高级地砖,建筑胶黏剂粘铺,稀水泥浆擦缝 2.20 mm 厚 1:2 干硬性水泥砂浆黏结层 3.素水泥结合层一道 4.50 mm 厚 C10 混凝土 5.150 mm 厚 5~32 卵石灌 M5 混合砂浆,平板振捣器振捣密实 6.素土夯实,压实系数 0.95	m²	115.32	176.62	20367.82
75	020102002004	防滑地砖地面 1.2.5 mm 厚石塑防滑地砖,建筑胶黏剂粘铺,稀水泥浆擦缝 2.素水泥浆一道(内掺建筑胶) 3.30 mm 厚 C15 细石混凝土随打随抹 4.3 mm 厚高聚物改性沥青涂膜防水层,四周往上卷 150 mm 高 5.平均 35 mm 厚 C15 细石混凝土找坡层 6.150 mm 厚 3:7 灰土夯实 7.素土夯实,压实系数 0.95	m²	64.31	167.76	10788.65
76	020105001001	水泥砂浆踢脚线 1.6 mm 厚 1:2.5 水泥砂浆罩面压实赶光,高 100 mm 2.素水泥浆一道 3.6 mm 厚 1:3 水泥砂浆打底扫毛或划出纹道	m²	27.43	84.22	2310.15
77	020105002001	大理石踢脚线 1.15 mm 厚 800 mm×100 mm 深色大理石,高度为 100 mm,稀水泥浆擦缝 2.10 mm 厚 1:2 水泥砂浆(内掺建筑胶)黏结层 3.界面剂一道甩毛(甩前先将墙面用水湿润)	m²	44.53	179.57	7996.25
78	020105003001	地砖踢脚线 1.10 mm 厚 400 mm×100 mm 深色防滑地砖踢脚,高度为 100 mm,稀水泥浆擦缝 2.8 mm 厚 1:2 水泥砂浆(内掺建筑胶)黏结层 3.5 mm 厚 1:3 水泥砂浆打底扫毛或划出纹道	m²	108.22	70.59	7639.25
		本页合计				49102.12

分部分项工程量清单计价表

序号	项目编码	项目名称	计量单位	工程数量	金额(元)	
					综合单价	合价
79	020106002001	地砖楼梯面层 1.10 mm 厚高级地砖,稀水泥浆擦缝 2.6 mm 厚建筑胶水泥砂浆黏结层 3.素水泥浆一道(内掺建筑胶) 4.20 mm 厚 1:3 水泥砂浆找平层 5.素水泥一道(内掺建筑胶) 6.钢筋混凝土楼板	m²	66.58	109.11	7264.54
80	020107001001	玻璃栏板 1.材质:玻璃栏板 2.规格:900 mm 高 3.D=60 cm 铜管扶手	m	13.4	254.35	3408.29
81	020107001002	金属扶手带栏杆、栏板 1.位置:楼梯间 2.栏杆:不锈钢管栏杆 3.扶手材料种类、规格、品牌、颜色:不锈钢管 φ50 圆管 4.高度:900 mm	m	38.34	100.92	3869.27
82	020107001003	金属扶手带栏杆 1.栏杆:不锈钢管栏杆 2.扶手材料种类、规格、品牌、颜色:不锈钢管 φ50 圆管 3.高度:900 mm	m	83.6	100.92	8436.91
83	020108001001	石材台阶 1.20 mm 厚花岗岩板铺面,正、背面及四周边满涂防污剂,稀水泥浆擦缝 2.撒素水泥面(洒适量清水) 3.30 mm 厚 1:4 硬性水泥砂浆黏结层 4.素水泥浆一道(内掺建筑胶) 5.100 mm 厚 C15 混凝土,台阶面向外坡 1% 6.300 mm 厚 3:7 灰土垫层分两步夯实 7.素土夯实	m²	12.24	292.79	3583.75
84	020109004001	楼梯踏步侧面抹灰 1.工程部位:楼梯踏步侧面抹灰 2.找平层厚度、砂浆配合比:6 mm 厚 1:2.5 水泥砂浆 3.14 mm 厚 1:3 水泥砂浆 4.素水泥浆(掺建筑胶)一道	m²	8.22	48.44	398.18
		分部小计				374414.53
		本页合计				26960.94

分部分项工程量清单计价表

序号	项目编码	项目名称	计量单位	工程数量	金额(元)	
					综合单价	合价
	B.2	B.2　墙、柱面工程				
85	020201001001	墙面一般抹灰(女儿墙压顶) 1.6 mm 厚1:2.5 水泥砂浆罩面 2.12 mm 厚1:3 水泥砂浆打底扫毛或划出纹道	m²	56.18	46.75	2626.42
86	020201001002	墙面一般抹灰(女儿墙内侧) 1.6 mm 厚1:2.5 水泥砂浆罩面 2.12 mm 厚1:3 水泥砂浆打底扫毛或划出纹道	m²	112.68	18.19	2049.65
87	020201001003	外墙刷喷涂料 1.刮防水腻子,刷丙烯酸乳胶漆两遍 2.8 mm 厚1:2.5 水泥砂浆找平 3.12 mm 厚1:3 水泥砂浆打底扫毛或划出纹道 4.刷素水泥浆一道(内掺水重5%的建筑胶)	m²	98.91	36.25	3585.49
88	020201001004	墙面一般抹灰(内墙面) 1.刷稀释乳胶漆一道,满刮腻子两遍,刷乳胶漆两道 2.5 mm 厚1:2.5 水泥砂浆找平 3.9 mm 厚1:3 水泥砂浆打底扫毛 4.素水泥浆一道甩毛(内掺建筑胶)	m²	5182.73	25.36	131434.03
89	020204001001	石材墙裙(内墙裙) 1.稀水泥浆擦缝 2.贴 10 mm 厚大理石板,正、背面及四面满刷防污剂 3.素水泥浆一道 4.6 mm 厚1:0.5:2.5 水泥石灰膏砂浆罩面 5.8 mm 厚1:3 水泥砂浆打底扫毛或划出纹道 6.素水泥浆一道甩毛(内掺建筑胶)	m²	26.22	192.72	5053.12
90	020204001002	石材墙裙(外墙裙) 1.干挂石材墙面 2.竖向龙骨间(整个墙面用聚合物砂浆粘贴35 mm 厚聚苯保温板,聚苯保温板与角钢竖龙骨交接处严贴,不得有缝隙,黏结面积20%,聚苯保温板离墙10 mm,形成 10 mm 厚空气层。聚苯保温板容重≥18 kg/m³)	m²	144.19	348.24	50212.73
		本页合计				194961.44

分部分项工程量清单计价表

序号	项目编码	项目名称	计量单位	工程数量	综合单价	合价
					金额(元)	
91	020204003001	瓷砖墙面(内墙) 1.白水泥擦缝 2.5 mm 厚釉面砖面层,面层用 200 mm×300 mm高级面砖(粘前先将釉面砖浸水 2 h 以上) 3.5 mm 厚1:2建筑水泥砂浆黏结层 4.素水泥浆一道 5.9 mm 厚1:3水泥砂浆打底压实抹平	m²	744.3	81.45	60623.24
92	020204003002	块料外墙面 1.10 mm 厚面砖,在砖粘贴面上随粘随刷一遍 YJ-302 混凝土界面处理剂,1:1水泥砂浆勾缝 2.6 mm 厚1:0.2:2水泥石灰膏砂浆(内掺建筑胶) 3.刷素水泥浆一道(内掺水重5%的建筑胶)	m²	1210.71	75.64	91578.1
		分部小计				347162.78
B.3		B.3　天棚工程				
93	020301001001	天棚抹灰 1.喷水性耐擦洗涂料 2.3 mm 厚1:2.5 水泥砂浆找平 3.5 mm 厚1:3水泥砂浆打底扫毛或划出纹道 4.素水泥浆一道甩毛(内掺建筑胶)	m²	1479.88	16.13	23870.46
94	020301001002	楼梯板底抹灰 1.喷水性耐擦洗涂料 2.3 mm 厚1:2.5 水泥砂浆找平 3.5 mm 厚1:3水泥砂浆打底扫毛或划出纹道 4.素水泥浆一道甩毛(内掺建筑胶)	m²	74.11	16.13	1195.39
95	020302001001	铝合金条板吊顶 1.1 mm 厚铝合金条板,离缝安装带插缝板 2.U 形轻钢次龙骨 LB45×48,中距≤1500 mm 3.U 形轻钢主龙骨 LB38×12,中距≤1500 mm 与钢筋吊杆固定 4.φ6 钢筋吊杆,中距横向≤1500 mm、纵向≤1200 mm 5.现浇混凝土板底预留φ10 钢筋吊环,双向中距≤1500 mm	m²	1118.5	539.9	603878.15
		本页合计				781145.34

分部分项工程量清单计价表

工程名称:1号办公楼工程　　　　　专业:土建工程　　　　　

序号	项目编码	项目名称	计量单位	工程数量	金额(元)	
					综合单价	合价
96	020302001002	岩棉吸音板吊顶 1.12 mm 厚岩棉吸音板面层,规格592 mm×592 mm 2.T 形轻钢次龙骨 TB24×28,中距 600 mm 3.T 形轻钢次龙骨 TB24×38,中距600 mm,找平后与钢筋吊杆固定 4.φ8 钢筋吊杆,双向中距≤1200 mm 5.现浇混凝土板底预留 φ10 钢筋吊环,双向中距≤1200 mm	m²	186.21	151.43	28197.78
		分部小计				657141.78
B.4		B.4　门窗工程				
97	020401004001	木质夹板门 1.门类型:夹板门 2.框截面尺寸、单扇面积:1000 mm×2100 mm 3.详细内容甲方现场决定	m²	222.6	2148.82	478327.33
98	020402007001	钢质防火门 1.门类型:乙级钢制防火门 2.洞口尺寸:1100 mm×2100 mm	m²	4.62	265.1	1224.76
99	020402007002	钢质防火门 1.门类型:甲级钢制防火门 2.洞口尺寸:1000 mm×2100 mm	m²	4.2	265.1	1113.42
100	020404002001	旋转玻璃门 1.门材质、品牌、外围尺寸:5000 mm×2100 mm 2.玻璃:单层框中空玻璃,传热系数≤3.0 3.详细内容甲方现场决定	樘	1	46612.45	46612.45
101	020406007001	飘窗 1.材质、外围尺寸:塑钢,3000 mm×2400 mm 2.玻璃品种、厚度,五金材料、品种、规格:普通玻璃	m²	8	3014.05	24112.4
102	020406007002	阳台塑钢窗 1.框材质、外围尺寸:带形窗(带纱),高2700 mm 2.扇材质、外围尺寸:塑钢窗	m²	217.14	299.01	64927.03
		本页合计				644515.17

分部分项工程量清单计价表

工程名称：1 号办公楼工程　　　　　专业：土建工程　　　　　第 16 页 共 17 页

序号	项目编码	项目名称	计量单位	工程数量	金额（元）	
					综合单价	合价
103	020406007003	塑钢窗 1.窗类型:塑钢平开窗（带纱） 2.洞口尺寸:1600 mm×2400 mm 3.玻璃:单层框中空玻璃,传热系数≤3.0	m²	30.72	299.01	9185.59
104	020406007004	塑钢窗 1.窗类型:塑钢平开窗（带纱） 2.洞口尺寸:1800 mm×2400 mm 3.玻璃:单层框中空玻璃,传热系数≤3.0	m²	69.12	299.01	20667.57
105	020406007005	塑钢窗 1.窗类型:塑钢平开窗（带纱） 2.洞口尺寸:900 mm×2400 mm 3.玻璃:单层框中空玻璃,传热系数≤3.0	m²	34.56	299.01	10333.79
106	020406007006	塑钢窗 1.窗类型:塑钢平开窗（带纱） 2.洞口尺寸:1500 mm×2400 mm 3.玻璃:单层框中空玻璃,传热系数≤3.0	m²	28.8	299.01	8611.49
107	020406007007	塑钢窗 1.窗类型:塑钢平开窗（带纱） 2.洞口尺寸:2400 mm×2400 mm 3.玻璃:单层框中空玻璃,传热系数≤3.0	m²	69.12	299.01	20667.57
108	020406007008	塑钢窗 1.窗类型:塑钢平开窗（带纱） 2.洞口尺寸:5000 mm×2700 mm 3.玻璃:单层框中空玻璃,传热系数≤3.0	m²	40.5	299.01	12109.91
109	020409003001	石材窗台板 1.窗台板材质、规格、颜色:大理石,宽度650 mm	m	24	131.21	3149.04
110	020409003002	石材窗台板 1.窗台板材质、规格、颜色:大理石,宽度200 mm	m	163.36	40.38	6596.48
		分部小计				707638.83
	B.6	B.6　其他工程				
111	020605001001	雨篷 1.成品雨篷	m²	27.71	83.26	2307.13
		分部小计				2307.13
		本页合计				93628.57

分部分项工程量清单计价表

工程名称:1号办公楼工程　　　　　　专业:土建工程　　　　　　

序号	项目编码	项目名称	计量单位	工程数量	金额(元)	
					综合单价	合价
		补充分部				
112	AB001	钢筋机械连接 1.现浇混凝土钢筋机械连接 2.钢筋种类、规格:16 螺纹钢筋 3.构件类型:柱	个	384	3.21	1232.64
113	AB002	钢筋机械连接 1.现浇混凝土钢筋机械连接 2.钢筋种类、规格:18 螺纹钢筋 3.构件类型:柱	个	1200	5.93	7116
114	AB003	钢筋机械连接 1.现浇混凝土钢筋机械连接 2.钢筋种类、规格:20 螺纹钢筋 3.构件类型:柱	个	400	3.73	1492
115	AB004	钢筋机械连接 1.现浇混凝土钢筋机械连接 2.钢筋种类、规格:22 螺纹钢筋 3.构件类型:柱	个	272	7.88	2143.36
116	AB005	钢筋机械连接 1.现浇混凝土钢筋机械连接 2.钢筋种类、规格:25 螺纹钢筋 3.构件类型:柱	个	368	10.41	3830.88
117	AB006	钢筋机械连接 1.现浇混凝土钢筋机械连接 2.钢筋种类、规格:20 螺纹钢筋 3.构件类型:其他	个	256	8.91	2280.96
118	AB007	钢筋机械连接 1.钢筋机械连接 2.现浇混凝土钢筋机械连接 3.钢筋种类、规格:22 螺纹钢筋 4.构件类型:其他	个	20	10.32	206.4
119	AB008	钢筋机械连接 1.钢筋机械连接 2.现浇混凝土钢筋机械连接 3.钢筋种类、规格:25 螺纹钢筋 4.构件类型:其他	个	144	12.48	1797.12
		分部小计				20099.36
		本页合计				20099.36
		合计				5183386.93

措施项目清单计价表

工程名称:1号办公楼工程　　　　　　专业:土建工程　　　　　　

序号	项目名称	计量单位	工程数量	金额(元)	
				综合单价	合价
一	通用项目				79869.03
2	冬雨季、夜间施工措施费	项	1	30184.09	30184.09
2.1	人工土石方	项	1	423.79	423.79
2.2	机械土石方	项	1	70.51	70.51
2.3	桩基工程	项			
2.4	一般土建	项	1	25053.03	25053.03
2.5	装饰装修		1	4636.76	4636.76
3	二次搬运	项	1	12861.23	12861.23
3.1	人工土石方	项	1	374.51	374.51
3.2	机械土石方	项	1	42.31	42.31
3.3	桩基工程	项	1		
3.4	一般土建	项	1	11207.94	11207.94
3.5	装饰装修	项	1	1236.47	1236.47
4	测量放线、定位复测、检测试验	项	1	16369.08	16369.08
4.1	人工土石方	项	1	177.4	177.4
4.2	机械土石方	项	1	28.2	28.2
4.3	桩基工程	项	1		
4.4	一般土建	项	1	13845.1	13845.1
4.5	装饰装修	项	1	2318.38	2318.38
5	大型机械设备进出场及安拆	项	1	20454.63	20454.63
6	施工排水	项	1		
7	施工降水	项	1		
8	施工影响场地周边地上、地下设施及建筑物安全的临时保护设施	项	1		
9	已完工程及设备保护	项	1		
10	其他	项	1		
二	建筑工程				477334.09
11	混凝土、钢筋混凝土模板及支架	项	1	313889.33	313889.33
12	脚手架	项	1	57730.49	57730.49
13	建筑工程垂直运输机械、超高降效	项	1	105714.27	105714.27
	合计				557203.12

其他项目清单计价表

工程名称:1号办公楼工程　　　　专业:土建工程　　　　

序号	项目名称	计量单位	工程数量	金额(元)	
				综合单价	合价
1	暂列金额	项	1	1000000	1000000
2	专业工程暂估价	项	1	800000	800000
3	计日工	项	1	11960	11960
4	总承包服务费	项	1		
	合计				1811960

计日工计价表

工程名称:1号办公楼工程 专业:土建工程 第 1 页 共 1 页

序号	项目名称	单位	暂定数量	金额(元)	
				综合单价	合价
1	人工				
001	木工	工日	10	250	2500
002	瓦工	工日	10	300	3000
003	钢筋工	工日	10	280	2800
	人工费小计				8300
2	材料				
004	砂子(中粗)	m³	5	72	360
005	水泥	m³	5	460	2300
	材料费小计				2660
3	机械				
006	载重汽车	台班	1	1000	1000
	机械费小计				1000
	总计				11960

总承包服务费计价表

工程名称:1号办公楼工程　　　　　专业:土建工程　　　　　第 1 页 共 1 页

序号	项目名称	计量单位	工程数量	金额(元)	
				综合单价	合价
1	发包人发包专业工程管理服务费		1		
2	发包人供应材料、设备保管费		1		
	合计				

规费、税金项目清单计价表

工程名称:1 号办公楼工程　　　　　专业:土建工程　　　　　第 1 页 共 1 页

序号	项目名称	计量单位	工程数量	金额(元)	
				综合单价	合价
一	规费	项	1	423813.99	423813.99
1	社会保障费	项	1	390235.58	390235.58
1.1	养老保险	项	1	322171.23	322171.23
1.2	失业保险	项	1	13612.87	13612.87
1.3	医疗保险	项	1	40838.61	40838.61
1.4	工伤保险	项	1	6352.67	6352.67
1.5	残疾人就业保险	项	1	3630.1	3630.1
1.6	女工生育保险	项	1	3630.1	3630.1
2	住房公积金	项	1	27225.74	27225.74
3	危险作业意外伤害保险	项	1	6352.67	6352.67
	规费合计				423813.99
二	安全文明施工措施费	项	1	362192.74	362192.74
	安全文明施工措施费合计				362192.74
三	增值税销项税额	项	1	815492.77	815492.77
四	附加税	项	1	45595.49	45595.49

主要材料价格表

工程名称:1号办公楼工程 专业:土建工程

序号	材料编码	材料名称、规格、型号	单位	数量	单价(元)	备注
1	C00893@2	外墙面砖周长 1600 mm 以内	m²	1259.1384	42	
2	C01253@1	10 mm 厚陶瓷地面砖周长 2000 mm 以外	m²	1459.7951	35	
3	C02132	商品混凝土 C15 32.5R	m³	108.3269	440	
4	C02135	商品混凝土 C30 32.5R	m³	795.9874	480	
5	C00025	生石灰	t	369.1498	490	
6	C00151	插接件	个	3791.715	106	
7	C00201	大理石板	m²	604.0338	140	
8	C00201@1	800 mm×800 mm 大理石板	m²	334.4988	140	
9	C00564@1	MU10 煤矸石砖 400 mm×250 mm×200 mm	m³	545.04	384	
10	C00571	净砂	m³	230.9942	267	
11	C00800	铝合金条板宽 100 mm	m²	983.1615	120	
12	C00857@1	φ10 以上螺纹钢筋(综合)	t	189.5599	3990	
13	C01079	三元乙丙丁基橡胶卷材	m²	1117.4765	52	
14	C01172	水泥 32.5	kg	122544.0033	0.502	
15	C01210	塑钢窗	m²	548.2095	251	
16	C01403@1	φ10 以内螺纹钢筋	t	13.9281	3860	
17	C01885	成品木门	m²	222.6	1937	
18	C01931	胶黏剂	kg	3445.3152	66	
19	C02145	抗渗商品混凝土 C30 P8 32.5R	m³	135.5043	490	
20	C02145@1	抗渗商品混凝土 C30 P6 32.5R	m³	384.0005	490	

甲供材料表

工程名称:1号办公楼工程　　　　专业:土建工程　　　　

序号	名称及规格	单位	甲供数量	预算价	预算价合价	市场价	市场价合价
1	商品混凝土 C15 32.5R	m³	112.2665	313	35139.41	440	49397.26
2	商品细石混凝土 C15 32.5R	m³	6.2988	313	1971.52	460	2897.45
3	商品混凝土 C25 32.5R	m³	48.0996	339	16305.76	470	22606.81
4	商品混凝土 C30 32.5R	m³	794.5503	357	283654.46	480	381384.14
5	普通混凝土(坍落度 10~90 mm) C10 砾石 10~30 mm 水泥 32.5	m³	41.9855	138.74	5825.07	440	18473.62
6	混凝土 C15	m³	6.5182	148.52	968.08	440	2868.01
7	抗渗商品混凝土 C30 P8 32.5R	m³	133.1827	368	49011.23	490	65259.52
8	抗渗商品混凝土 C30 P6 32.5R	m³	384.0005	368	141312.18	490	188160.25
	合计						731047.06

附录 其他算量软件介绍

　　装配式建筑是建造方式的重大变革,将成为建设领域节能减排、提升住房质量和品质的有效途径。装配式建筑人才需求与传统人才需求的区别在于工业化和信息化,高校课程体系构建及课程内容选取应充分反映装配式建筑工业化和信息化的特征,宜基于专业群平台课的开设同步优化建筑设计、建筑室内设计、工程造价等专业的课程体系,实现专业群装配式人才基本素养的形成。当然,在装配式建筑课程开设和优化过程中,宜结合既有师资、实习实训条件和校企合作单位等情况逐步完善。现阶段可通过广联达处理装配式相关业务,如广联达 BIM 装配式算量及广联达 BIM 钢结构算量 GJG2018 软件。

附录 1　广联达 BIM 装配式算量

　　广联达 BIM 装配式算量模块依附于土建计量平台 GTJ2018,为用户提供三维建模、智能算量,快速解决装配式算量难、操作烦琐的问题。软件提供装配式中的预制柱、预制墙、预制梁、叠合板等一系列构件(附图 1.1),为用户提供全面、专业的装配式 BIM 模型。

附图 1.1

　　(1)预制柱

　　内置坐浆单元、预制单元和后浇单元,可一次建模,实现预制柱与其他构件的混凝土扣减,实现上下层现浇柱与预制柱的钢筋节点计算(附图 1.2)。

　　(2)预制墙

　　支持常见的、较规则的预制墙,门窗装修房间等布置,校验与剪力墙等重叠绘制。剪力墙可转换为矩形预制墙(附图 1.3)。

附图 1.2

附图 1.3

　　参数化预制墙支持用户保存模板，方便后续再次使用；常见工程量有坐浆体积、预制体积、后浇体积及后浇模板（附图 1.4）。

附图 1.4

实现预制墙与剪力墙钢筋节点计算;实现预制墙与墙柱纵筋节点计算;实现梁、连梁与预制墙钢筋的扣减计算(附图1.5)。

附图 1.5

(3)预制梁

支持常见的矩形预制梁;预制梁与梁重叠布置形成叠合梁;实现梁体积、模板等与预制梁的扣减;实现梁钢筋与预制梁的扣减;预制梁标高默认与梁底平齐(附图1.6)。

附图 1.6

(4)叠合板

叠合板(整厚)包含预制底板,体积、模板工程量计算等通过扣减实现;异形预制底板边沿构造可灵活设置(附图1.7)。

附图 1.7

可以布置板洞、天棚;面筋弯折到预制板顶;预制底板标高默认与板底平齐(附图 1.8)。

附图 1.8

附录 2　广联达 BIM 钢结构算量

广联达 BIM 钢结构算量(GJG2018)是一款专业、极致的三维算量软件。它将三维建模与二维平面完美结合,基于 BIM 技术的全新应用,突破性解决了钢结构造型复杂、节点多变等核心技术难题,使得整个算量过程轻便化,真正做到了建模快、报表全、算量巧的全方位考量。

(1)可视化

基于 BIM 模型算量,所见即所得,使算量、查量、核量、对量更简单(附图 2.1、附图 2.2)。

附图 2.1

附图 2.2

（2）快

GJG2018 软件智能匹配、快速创建节点；参数化布置功能快速创建构件；强大的 CAD 识别功能，快速建模；时时计算，时时看量，瞬间汇总，快速提量；自动计算防腐防火涂料面积（附图 2.3）。

附图 2.3

（3）准

计算规则覆盖全国地区定额和清单规则，并涵盖业务常规计算方法；异形钢板、切边切肢、孔洞、翼缘增加焊接切割量、防腐防火涂料、楼板面板计算。

（4）全

①软件涵盖全国所有地区定额规则、清单规则，并实时更新。

②软件涵盖定额、清单各类报表样式，满足出量需求（附图 2.4）。

③软件内置 1000 多个参数化节点、细部，满足用户需求（附图 2.5）。

④覆盖所有门式钢架厂房构件参数化布置。

附图 2.4

附图 2.5